Zerstörungsfreie Prüfverfahren

Radiografie und Radioskopie

Von Prof. Dr.-Ing. Dieter Stegemann
Universität Hannover

Mit 170 Bildern und 20 Tabellen

B. G. Teubner Stuttgart 1995

Die Deutsche Bibliothek – CIP-Einheitsaufnahme

Stegemann, Dieter:
Zerstörungsfreie Prüfverfahren : Radiografie und Radioskopie /
von Dieter Stegemann. – Stuttgart : Teubner, 1995
    ISBN 978-3-519-06355-1   ISBN 978-3-322-94042-1 (eBook)
    DOI 10.1007/978-3-322-94042-1

Gesamtherstellung: Präzis-Druck GmbH, Karlsruhe

Vorwort

Die zunehmenden Anforderungen an Qualität und Produktivität bei der Fertigung von mechanischen und elektronischen Komponenten sowie zur Sicherung der Qualität haben auch bei den zerstörungsfreien Prüfverfahren zu neu entwickelten und verbesserten Methoden geführt. Die zerstörungsfreie Prüfung von Bauteilen mit Radiografie ist eines der ältesten Verfahren und weit verbreitet. Neben dem Einsatz von Filmen zum Strahlungsnachweis sind gerade in der letzten Zeit durch die Einführung der direkten Bildwandlung und der digitalen Bildverarbeitung große Fortschritte erzielt worden. Zu diesen neuen Entwicklungen gehört auch die Mikrofokustechnik, mit der besonders gut kleine Fehler und Mikrostrukturen nachgewiesen werden können.

Das Buch ist so verfaßt, daß die erforderlichen Grundlagen und die praktischen Anwendungsbeispiele in ausgewogenem Verhältnis stehen. Dem Anwender sollen somit die vielseitigen Einsatzmöglichkeiten aufgezeigt und ihm Hilfestellung für Problemlösungen gegeben werden. Dem Studierenden soll es fundierte Kenntnisse über Radiografie und Radioskopie, als ein Teilgebiet der zerstörungsfreien Prüfverfahren, vermitteln.

Meinen Dank möchte ich all denen aussprechen, die mir bei der Erstellung des Manuskripts geholfen haben, vor allem aber Herrn Dipl.-Ing. A. Vortriede, der viele Probleme bei der digitalen Textverarbeitung und Bilderstellung ausgeräumt hat.

Für die Überlassung von Bildmaterial bedanke ich mich sehr bei der Firma Feinfocus in Garbsen, bei Dr. Goebbels von der Bundesanstalt für Materialforschung in Berlin und bei Prof. Crostack von der Universität in Dortmund.

Hannover, im Januar 1995 Dieter Stegemann

Inhaltsverzeichnis

Vorwort III

Inhaltsverzeichnis V

Formelzeichen VIII

1 Einführung 1

2 Strahlungseigenschaften 1
2.1 Elektromagnetische Strahlung 1
2.2 Röntgenstrahlung 4
2.3 Gammastrahlung 8

3 Durchstrahlungsverfahren 12
3.1 Arbeitsprinzip 12

3.2 Strahlungsschwächung 13
    3.2.1 Schwächungsprozesse 13
    3.2.2 Schwächungsgesetz 16
    3.2.3 Halbwertsdicken 20
    3.2.4 Sekundärstrahlung 20
    3.2.5 Dosiszuwachsfaktor 22

3.3 Strahlungsdosis 24
    3.3.1 Energiedosis 25
    3.3.2 Äquivalentdosis 26

3.4 Strahlungsnachweis 28
    3.4.1 Strahlungsmessung mit Filmen 28
    3.4.2 Strahlungsmessung mit Detektoren 42

3.5 Strahlungsabbildung 49
    3.5.1 Geometrische Unschärfe 50
    3.5.2 Bildvergrößerung 52
    3.5.3 Gesamte Bildunschärfe 54
    3.5.4 Bildkontrast 57
    3.5.5 Bildgüte 59

3.6 Strahlenschutz 63
    3.6.1 Strahlenwirkung 63
    3.6.2 Schutzmaßnahmen gegen Strahlung 65
    3.6.3 Strahlenschutzbereiche und Grenzwerte 70
    3.6.4 Strahlenschutzmeßgeräte 71

4   Beugungs- und Rückstreuverfahren   74
　　4.1   Beugung von Röntgenstrahlen   74
　　　　4.1.1 Beugungsmechanismen   75
　　　　4.1.2 Laue-Gleichungen   75
　　　　4.1.3 Braggsche Reflexionsbedingung   77
　　　　4.1.4 Feinstrukturanalyse   78

　　4.2   Rückstreuverfahren   79
　　　　4.2.1 Arbeitsprinzipien   81
　　　　4.2.2 Rückstreu-Computer-Tomografie   84
　　　　4.2.3 Anwendungsbeispiele   85

5   Strahlenquellen   87
　　5.1   Mikrofokusanlagen   87
　　　　5.1.1 Aufbau von Mikrofokusanlagen   87
　　　　5.1.2 Technische Daten   90
　　　　5.1.3 Charakteristische Eigenschaften   92
　　　　5.1.4 Bestimmung der Brennfleckgröße   94

　　5.2   Röntgenanlagen   101
　　　　5.2.1 Röntgenröhren   101
　　　　5.2.2 Hochspannungsversorgung   103
　　　　5.2.3 Strahlungsfilterung   106

　　5.3   Elektronenbeschleuniger   107
　　　　5.3.1 Linearbeschleuniger   108
　　　　5.3.2 Kreisbeschleuniger   109

　　5.4   Radioaktive Quellen   110
　　　　5.4.1 Arbeitsbehälter   110
　　　　5.4.2 Technische Daten   112

6   Verarbeitung der Prüfinformation   113
　　6.1   Filmtechnik   113
　　　　6.1.1 Visuelle Auswertung   113
　　　　6.1.2 Automatisierte Auswertung   114

　　6.2   Bildwandlung   117

　　6.3   Digitale Bildverarbeitung   118
　　　　6.3.1 Bildmatrix   118
　　　　6.3.2 Bildmittelung   119
　　　　6.3.3 Bild-Charakterisierung   121
　　　　6.3.4 Methoden zur Bildaufbereitung   123
　　　　6.3.5 Beispiele zur Bildaufbereitung   127
　　　　6.3.6 Automatisierte Bildauswertung   129

6.4 Tomografie 132
6.4.1 Grundlagen der CT-Methode 132
6.4.2 Anwendungen der CT-Methode 135

7 Anwendungsbeispiele der Mikrofokustechnik 138
7.1 Halbleitertechnik 138
7.2 Leiterplatten/Multilayer 142
7.3 Metall-Industrie 143
7.4 Keramik 149
7.5 Verbundstoffe 152
7.6 Anlagentechnik 154

8 Literaturhinweise 159

9 Sachwortverzeichnis 165

Formelzeichen

Abstand Objekt-Quelle	$= b$
Abstand von Gitterpunkten	$= a$
Abstand Objekt-Nachweisebene	$= a$
Abstand Quelle-Nachweisebene	$= F$
Aktivität	$= A$
Anzahl von Gammaquanten pro Kernzerfall, ganze Zahl	$= n$
Bildgrösse	$= H$
Bildgütezahl	$= BZ$
Bildreihenzahl	$= BR$
Bildspaltenzahl	$= BS$
Dichte	$= \rho$
Dicke, Netzebenenabstand	$= d$
Differenz	$= \Delta$
Dosis	$= D$
Dosisleistung	$= \dot{D}$
Dosiszuwachsfaktor	$= B$
Durchmesser	$= \varnothing$
Ecken-Schwankungs-Funktion	$= ESF$
Elektrischer Strom, Quantenstrom, Intensität	$= I$
Energie	$= E$
Film-Empfindlichkeit	$= FE$
Filterfunktion	$= \varphi$
Flächenspezifische Leistung, Häufigkeitsverteilung	$= p$
Frequenz	$= \nu$
Frequenz, räumliche	$= f$
Grauwert	$= g$
Halbwertszeit	$= T_{1/2}$
Häufigkeit des Auftretens	$= i$
Joule	$= J$
Kernladungszahl	$= Z$
Koordinate, Ort	$= y$
Koordinate, Ort	$= x$
Ladung des Elektrons	$= e$
Länge, Punktabstand	$= l$
Leistung	$= P$
Leuchtdichte	$= L$
Lichtgeschwindigkeit	$= c$
Logarithmischer Filmgradient	$= G$
Masse, Mittelwert	$= m$
Modulation, Anzahl Bildpunkte	$= M$
Plancksche Konstante	$= h$
Punktabstand	$= k$
Quadratische Abweichung, mittlere	$= q$
Radius	$= r$

Rotationswinkel	$= \Theta$
Schwächungsfaktor	$= SF$
Schwächungskoeffizient	$= \mu$
Schwärzung, Optische Dichte	$= S$
Spannung	$= U$
Standardabweichung	$= \sigma$
Strahlungsweg	$= w$
Übertragungsfunktion	$= \ddot{U}F$
Unschärfe	$= US$
Vergrösserungsfaktor	$= V$
Wahrscheinlichkeit	$= W$
Wellenlänge	$= \lambda$
Winkel	$= \alpha, \beta, \gamma, \vartheta$
Zeit	$= t$

Indizes

Äquivalent	$= \ddot{A}$
Bild, Belichtung, Bewegung	$= b$
Compton	$= co$
Draht	$= D$
Elektronen	$= e$
Energie	$= E$
Fehler	$= F$
Film, Fokus	$= f$
Gammastrahlung	$= \gamma$
Gemessen	$= G$
geometrisch	$= g$
Innere	$= i$
Kinetik	$= K$
Linear	$= l$
Masse	$= m$
Material	$= M$
Nachweis	$= NW$
Objekt, ohne	$= o$
Paarerzeugung	$= pe$
Photo	$= ph$
Primär	$= p$
Quelle	$= q$
Schatten	$= SCH$
Strahlenquant	$= s$
Strahlung, Streuung	$= STR$
Total, gesamt	$= t$
Wärme	$= w$

1 Einführung

Bei der Behandlung von Verfahren der zerstörungsfreien Prüfung sind immer die beiden hauptsächlichen Ziele im Auge zu behalten:

- Bestimmung von Fehlern möglichst nach Lage, Größe und Form
- Charakterisierung von Materialeigenschaften.

So ist bei jedem Verfahren zu untersuchen, welche Möglichkeiten bestehen, die oben gesteckten Ziele zu erreichen. Dabei ist weiterhin von grosser Wichtigkeit, das Potential solcher Verfahren auch daraufhin zu analysieren, welche Prüfgeschwindigkeiten zu erreichen sind und ob das Verfahren automatisierbar eingesetzt werden kann. Dies führt in vielen Fällen dann zur Möglichkeit, das Prüfverfahren in den Produktions- oder Überwachungsprozeß einzugliedern, was wirtschaftliche Vorteile bringen kann.

Die Anwendung durchdringender Strahlung für Prüfzwecke wird seit der Entdeckung der Röntgenstrahlung verwirklicht, hat also bereits eine lange Tradition. Das Entstehen und die dadurch gegebenen Einsatzmöglichkeiten neuer Technologien haben auch die radiografischen Prüfverfahren, die mit durchdringender Strahlung arbeiten, positiv beeinflußt. Aus diesem Grunde wird hier ein Überblick über die Arbeitsprinzipien der Verfahren und ihrer modernen Anwendungsmöglichkeiten gegeben. Dabei wird auf die Grundlagen nur soweit eingegangen, wie dies für das Verständnis der Wirkungsweise der Verfahren und ihres Einsatzes bei der praktischen Prüfung erforderlich ist.

2 Strahlungseigenschaften

Behandelt werden hier zerstörungsfreie Prüfverfahren, die mit durchdringender elektromagnetischer Strahlung arbeiten. Hierzu gehören vor allem die Röntgenstrahlung und die Gammastrahlung. Aus diesem Grunde werden zunächst die allgemeinen Eigenschaften der elektromagnetischen Strahlung behandelt und anschließend detailliert auf die Röntgen- und Gammastrahlung eingegangen.

2.1 Elektromagnetische Strahlung

Die anschauliche Beschreibung der elektromagnetischen Strahlung kann entweder durch elektromagnetische Wellen oder durch elektromagnetische Strahlungsquanten erfolgen. Beide Darstellungsarten sind einander gleichwertig und dienen dazu, die Eigenschaften der Strahlung darzustellen und in quantitativen Größen auszudrücken.
Eine elektromagnetische Welle kann durch folgende Größen gekennzeichnet werden:
- WELLENLÄNGE λ
- FREQUENZ ν

Da sich die elektromagnetische Welle mit der Lichtgeschwindigkeit c (c $= 2,9979 \cdot 10^8$ m/s) ausbreitet, besteht zwischen Wellenlänge und Frequenz folgender Zusammenhang:

$$\nu = \frac{c}{\lambda} \qquad (2.1.1)$$

Die Energie eines elektromagnetischen Strahlungsquants ist gegeben durch die Beziehung:

$$E = h\nu \qquad (2.1.2)$$

wobei

$$h = \text{Plancksche Konstante} = 4{,}138 \cdot 10^{-15} \, [\text{eVs}] \text{ ist.}$$

In der Dimensionsausgabe für die Plancksche Konstante tritt die Größe "eV" auf, die zu erklären ist. Die Bezeichnung "eV" ist die Abkürzung für ELEKTRONVOLT. Dieses Elektronvolt ist eine Energieeinheit, die für elektromagnetische Strahlungsquanten und zur Beschreibung von ernergetischen Vorgängen im atomaren Bereich sehr praktisch und daher beliebt ist.

Die Einheit ELEKTRONVOLT ist festgelegt durch folgende DEFINITION:

1 Elektronvolt kennzeichnet diejenige Energie, die ein Elektron nach Durchlaufen einer Potentialdifferenz von 1 Volt als kinetische Energie aus der elektrischen Feldenergie gewonnen hat.

Damit zusammmen hängen die Einheiten:

$$
\begin{array}{lllllll}
1 & \text{KILOELEKTRONVOLT} & = & 1 \text{ KeV} & = & 10^3 \text{ eV} \\
1 & \text{MEGAELEKTRONVOLT} & = & 1 \text{ MeV} & = & 10^6 \text{ eV}
\end{array}
$$

Die Umrechnung der Energieeinheit Elektronvolt in die Energieeinheit JOULE (J) oder WATTSEKUNDE (Ws) des internationalen Einheiten-Systems erfolgt mit Hilfe des Wertes für die Ladung des Elektrons: $e = 1{,}601 \cdot 10^{-19}$ Amperesekunden [As]. Entsprechend der Definition des Elektronvolts ist die Ladung mit der Potentialdifferenz von 1 Volt zu multiplizieren. Aufgrund der Tatsache, daß die elektrische Leistung durch das Produkt aus Strom (in Ampere, A) und Spannung (in Volt, V) in der Einheit Watt (W = VA) gegeben ist, folgt als Umrechnungsbeziehung

$$1 \text{ eV} = 1{,}601 \cdot 10^{-19} \text{ Ws} \qquad (2.1.3)$$

oder

$$1 \text{ Ws} = 6{,}246 \cdot 10^{18} \text{ eV} \qquad (2.1.4)$$

Aus der Umrechnungsbeziehung (2.1.3) folgt, daß das Elektronvolt einen sehr kleinen Energiebetrag darstellt.Nach der Einführung des Elektronvolts sei nun wiederum auf die Kennzeichnung der Eigenschaften der elektromagnetischen Strahlung eingegangen. Wird die, durch die Beziehung (2.1.1) ausgedrückte Frequenz ν, in die Beziehung (2.1.2) eingesetzt, so folgt:

$$E = h\nu = h \, \frac{c}{\lambda} \qquad (2.1.5)$$

DISKUSSION:

Diese Beziehung verbindet die Energie der elektromagnetischen Strahlung mit ihrer Wellenlänge λ, bzw. der Frequenz ν. Sie sagt aus, daß die Energie E der elektromagnetischen Strahlung umso höher ist, je kürzer ihre Wellenlänge λ bzw. je höher ihre Frequenz ν.

Die Schlußfolgerung aus der Beziehung (2.1.5) lautet, daß wir es bei elektromagnetischer Strahlung sehr hoher Energie mit sehr kurzwelliger Strahlung zu tun haben. Mit zunehmender Wellenlänge wird die Energie immer niedriger.

Diese Kennzeichnung der elektromagnetischen Strahlung durch Energie und Wellenlänge erlaubt nun ebenfalls eine systematische Darstellung der elektromagnetischen Strahlung wie es in BILD 2.1.1 gezeigt ist.

Energie	Wellenlänge	Strahlenart	Zerstörungsfreie Prüftechniken
	10 km		
	1 km		
	100 m		
	10 m	Elektro-	
	1 m	magnetische	Elektromagnetische
	100 mm	Wellen	Verfahren
	10 mm	(Rundfunk usw.)	(Barkhausen, Streufluss)
	1 mm		(Wirbelstrom, etc.)
	100 μm	Wärmestrahlung	Thermographie
0.1 eV	10 μm		
1 eV	1 μm	Sichtbares Licht	Farbeindring
10 eV	100 nm	Ultraviolette	Laser
100 eV	10 nm	Strahlung	
1 keV	1 nm		
10 keV	100 pm	Röntgenstrahlung	
100 keV	10 pm		Verfahren mit
1 MeV	1 pm	Gammastrahlung	Durchdringender
10 MeV	0.1 pm	(Kernstrahlung)	Strahlung
100 MeV	0.01 pm		

BILD 2.1.1: SCHEMA-DARSTELLUNG DER ELEKTROMAGNETISCHEN STRAHLUNG

Aus BILD 2.1.1 ist ersichtlich in welchem Wellenlängen - und Energiebereich welche Arten von Strahlung oder Wellen auftreten. Im Wellenlängenbereich von mehreren km bis zu wenigen mm liegen die elektromagnetischen Wellen, beispielsweise für die Rundfunk - und Fernsehübertragung. Zu kleineren Wellenlängen schließt sich die Wärmestrahlung an, gefolgt vom sichtbaren Licht und der ultravioletten Strahlung im Nanometer - (nm) Bereich (1nm $= 10^{-9}$m). Im Pikometer - Bereich (1pm $= 10^{-12}$m) findet sich die Röntgen - und Gammastrahlung als besonders hochenergetische und kurzwellige elektromagnetische Strahlung, auf die in den nächsten Abschnitten genauer eingegangen wird.

In der rechten Spalte von Bild 2.1.1 sind ebenfalls diejenigen zerstörungsfreien Prüfverfahren angegeben, die auf der Grundlage elektromagnetischer Strahlung oder Wellen basieren. Dieses Schema ist für die Einordnung dieser Prüfverfahren gut geeignet und erlaubt einen systematischen Überblick.

2.2 Röntgenstrahlung

Die elektromagnetische Röntgenstrahlung entsteht, wenn beschleunigte Elektronen auf Material auftreffen und dabei abgebremst werden. Um die Vorgänge, die sich dabei abspielen verständlich zu machen, sei zunächst allgemein das Material gekennzeichnet, auf das die Elektronen auftreffen, und dann die Vorgänge bei der Abbremsung diskutiert. Materialien sind aus Atomen bzw. Molekülen aufgebaut und die Materialeigenschaften sind wesentlich durch die Art und Anordnung der Atome bedingt. Grundsätzlich bestehen die Atome aus einem positiv geladenem Atomkern und negativen Elektronen, die den Kern auf Schalen umgeben. Dabei muß das Atom insgesamt elektrisch neutral sein, was bedeutet, daß den Kern genau so viel negative Elektronen umgeben müssen, wie er positive Ladungen besitzt. Die Anzahl der positiven Ladungen des Kerns wird KERNLADUNGSZAHL genannt. Daraus folgt, daß auch die Elektronenzahl des betreffenden Atoms durch die Kernladungszahl dargestellt wird. Die Anzahl und Anordnung der Elektronen in den Schalen ist ausschlaggebend für die chemischen Eigenschaften des Atoms und damit für seine Einordnung in das PERIODISCHE SYSTEM DER ELEMENTE. Die Bindung der Elektronen an den Kern erfolgt durch elektrische Felder. Es kann also festgehalten werden, daß die KERNLADUNGSZAHL folgende Informationen enthält:

Z :   Zahl der positiven Ladungen im Kern
      :   Anzahl der Elektronen in den Schalen
      :   Kennzeichnung des chemischen Elementes

So hat zum Beispiel das Eisen - Atom ($Z=26$) insgesamt 26 Elektronen, während Wolfram - Atome ($Z=74$) insgesamt 74 Elektronen besitzen und Blei ($Z=82$) mit 82 Elektronen eine noch größere Zahl aufweist.
Die anschauliche Modellvorstellung des Aufbaus von Atomen zeigt BILD 2.2.1.

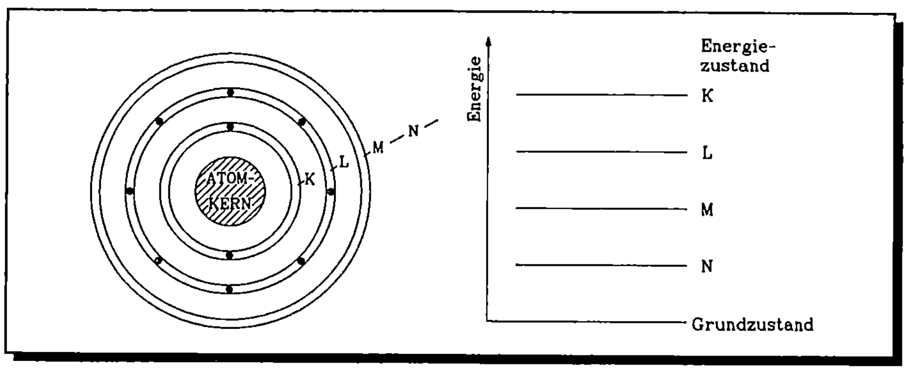

BILD 2.2.1: ATOM-MODELL

Die Elektronenschalen um den Atomkern sind mit den Buchstaben K, L, M, N,... bezeichnet. Die K-Schale ist dem Kern am Nächsten. Die Elektronen, die sich auf den Schalen befinden, sind an den Kern gebunden. Die Energie, mit der diese Bindung erfolgt, ist auf den verschiedenen Schalen unterschiedlich groß, wie in BILD 2.2.1 rechts dargestellt. Die Elektronen auf der K - Schale sind am stärksten gebunden. Soweit zur Kennzeichnung des Materials.

Beschleunigte Elektronen lassen sich in einer Anordnung erzeugen, wie sie schematisch in BILD 2.2.2 dargestellt ist. Die negativen Elektronen aus einer Elektronenquelle (Kathode), die den Elektronenstrom I_e bilden, werden durch eine positive Spannung (Beschleunigungsspannung U_e) in Richtung auf eine Metallscheibe (Anode) beschleunigt, gebündelt und treffen auf den sog. Brennfleck (Fokus).

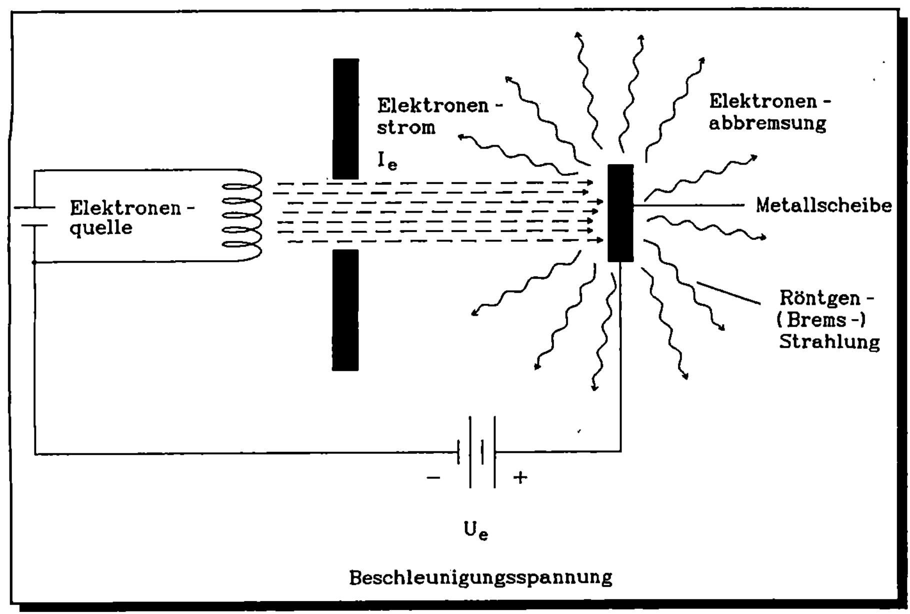

BILD 2.2.2: ERZEUGUNG VON RÖNTGENSTRAHLEN

Die kinetische Energie, die das Elektron dabei gewinnt, wird durch die Größe der Beschleunigungsspannung U_e bestimmt. Diese kinetische Energie kann in ELEKTRONVOLT [eV] ausgedrückt werden. Entsprechend der Definition des Elektronvolts (vgl. Abschnitt 2.1) ergibt sich der Wert der kinetischen Energie des Elektrons in eV direkt aus der Beschleunigungsspannung U_e in Volt [V]. Beträgt U_e z.B. 50.000 V so ist die kinetische Energie E_{ke} gleich 50.000 eV oder 50 KeV.

Beim Auftreffen der Elektronen auf die Metallscheibe werden sie abgebremst und verlieren dabei ihre kinetische Energie. Gemäß dem Energiehaltungssatz muß diese kinetische Energie in eine andere Energieform umgewandelt werden. Dieser Bremsprozeß, durch den die Röntgenstrahlung erzeugt wird, kann auf zwei verschiedene Arten erfolgen:

(1) Abbremsung durch elektrische Felder:
Wird ein schnell fliegendes Elektron im Material der Scheibe durch das elektrische Feld in der Nähe der Atomkerne abgebremst, so kann es einem Teil seiner kinetischen Energie (E_{ke}) in Form elektromagnetischer Energie abgeben. Diese dadurch entstehende elektromagnetische Strahlung ist von RÖNTGEN entdeckt worden und wurde von ihm X-Strahlung genannt. Heute wird sie zu seinen Ehren als RÖNTGEN - STRAHLUNG bezeichnet. Die Energie der Röntgen - Strahlung läßt sich, entsprechend den Gesetzmäßigkeiten für elektromagnetische Strahlung, aus der Beziehung (2.1.3) berechnen. Der Teil der kinetischen Energie des Elektrons, der nicht in elektromagnetische Strahlungsenergie umgewandelt wird, wird durch Streuprozesse an den Elektronen der Materialatome in Wärmeenergie E_W umgesetzt. Nach dem Energiehaltungssatz ergibt sich mit Beziehung (2.2.1).

$$E_{ke} = h\ \frac{c}{\lambda} + E_W \qquad\qquad (2.2.1)$$

Für den Fall, daß die gesamte kinetische Energie des Elektrons, E_{ke}, in Strahlungsenergie umgewandelt wird, d.h. $E_W = 0$ ist, ergibt sich die MAXIMALE ENERGIE DER RÖNTGEN - STRAHLUNG. Dieser Fall ist jedoch sehr selten, da der Anteil der Streuprozesse, die in Wärmeenergie resultieren, sehr hoch ist.
Bei der Umwandlung von E_{ke} liegt der Strahlungsanteil - je nach Höhe von E_{ke} und Art des Scheibenmaterials - bei nur 1-3%, während der Anteil der Wärmeenergie entsprechend bei 97-99% liegt. Dadurch, daß durch die Art des Elektronen - Bremsprozesses die Energie der Röntgenstrahlung Werte zwischen Null und E_{ke} annehmen kann, entsteht eine kontinuierliche Verteilung der Energie der Strahlungsquanten, die als KONTINUIERLICHES RÖNTGEN-SPEKTRUM oder BREMSSPEKTRUM bezeichnet wird. Eine typische Energieverteilung dieser Art ist schematisch in BILD 2.2.3 dargestellt.

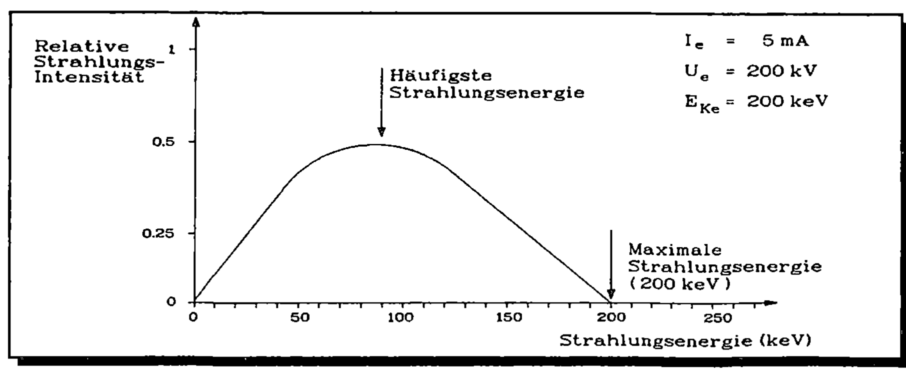

BILD 2.2.3: KONTINUIERLICHES BREMSSPEKTRUM

Aufgetragen ist die RELATIVE STRAHLUNGSINTENSITÄT (bezogen auf einen Bezugsfall) als Funktion der Strahlungsenergie [KeV].Für eine Beschleunigungsspannung von 200 Kilovolt [KV] liegt - nach den vorher gemachten Ausführungen - die maximale Energie der Röntgenstrahlung bei 200 KeV. Die Strahlungsintensität verteilt sich kontinuierlich zwischen Null und E_{kc} mit einem Maximum der Strahlungsintensität.

(2) Abbremsung durch Stoßprozesse
Wird die Beschleunigungsspannung U_c soweit erhöht, daß die kinetische Energie E_{kc} der Elektronen ausreicht, um ein kernnahes Elektron aus einem Atom herauszustoßen, so überlagert sich dem kontinuierlichen Röntgenspektrum eine Linienstrahlung. Die Energie dieser Strahlung ist charakteristisch für jedes Material der Auftreffscheibe und wird daher als CHARAKTERISTISCHE RÖNTGENSTRAHLUNG bezeichnet.
Die Entstehung der charakteristischen Röntgenstrahlung kann anhand des Atommodells (siehe BILD 2.2.1) erklärt werden. Zur Veranschaulichung der Entstehung sind die ablau-

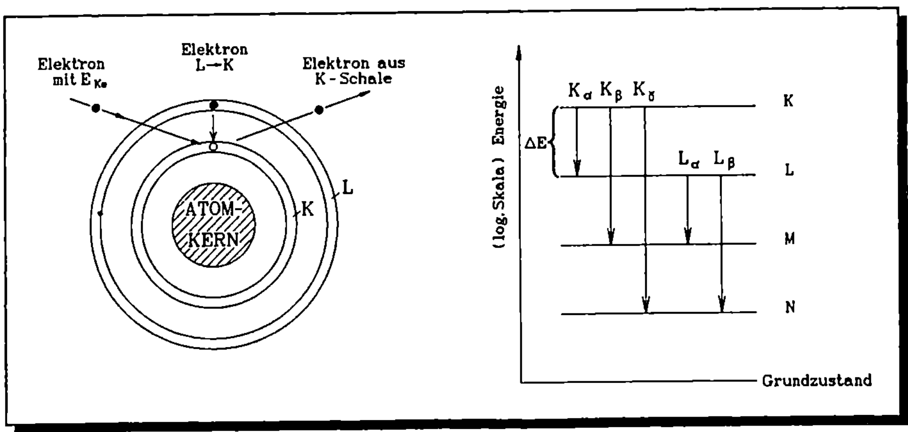

BILD 2.2.4: ERZEUGUNG VON LINIENSTRAHLUNG

fenden Vorgänge in BILD 2.2.4 verdeutlicht. Das ankommende Elektron mit der kinetischen Energie E_{kc} stößt ein Elektron der K-Schale heraus. Hierdurch gelangt das Atom in einen energiereichen, angeregten Zustand; in diesem Fall in den K - Quanten - Zustand, da das Elektron aus der K - Schale herausgeschlagen wurde. Entsprechende Vorgänge können sich auch in den L -,M - etc. Schalen abspielen. Der K - Quanten - Zustand ist, wie BILD 2.2.4 zeigt, der energiereichste. Dieser Energiezustand ist jedoch nicht stabil und wird durch Auffüllen der entstandenen Leerstelle, z.B. durch ein Elektron der L -Schale wieder in den stabilen Zustand überführt. Bei diesem Übergang von der L - in die K -Schale wird die Energiedifferenz ΔE als elektromagnetisches Strahlungsquant ausgesandt. Da die Abstände der Energiezustände K, L, M, ... für jedes Material charakteristische Werte besitzen, ist es zu dem Namen charakteristische Röntgenstrahlung gekommen. Die Art der Bezeichnung der verschiedenen Linienstrahlungen ist aus BILD 2.2.4 ersichtlich. Die wichtigste ist normalerweise die K_α - Strahlung.

Energiewerte der K_α - Strahlung für einige Materialien sind in TABELLE 2.2.1 zusammengestellt.

ELEMENT	KERNLADUNGSZAHL	K_α-LINIE [KeV]
ZIRKON	40	17,60
MOLYBDÄN	42	20,04
SILBER	47	25,59
WOLFRAM	74	69,64
GOLD	79	80,91
BLEI	82	88,23
URAN	92	116,30

TABELLE 2.2.1: ENERGIEWERTE FÜR K_α -STRAHLUNG

Mit steigender Kernladungszahl nimmt die Energie der charakteristischen K_α - Strahlung zu. Sie wird angeregt, wenn die kinetische Energie E_{ke} der Elektronen die angegebenen K_α - Werte übersteigt. In diesem Fall überlagert sich die K_α Strahlung dem kontinuierlichen Röntgenspektrum wobei paralell Stoßprozesse und Abbremsung durch elektrische Felder ablaufen können. Eine solche kombinierte Energieverteilung (Spektrum) ist in BILD 2.2.5 gezeigt. Hieraus wird deutlich, daß sich durch geeignete Wahl des Anodenmaterials und der Beschleunigungsspannung mit Hilfe der charakteristischen Linien Röntgenstrahlung einheitlicher Energie herstellen läßt, was für spezielle Anwendungsbereiche von Interesse ist (siehe Kapitel 4).

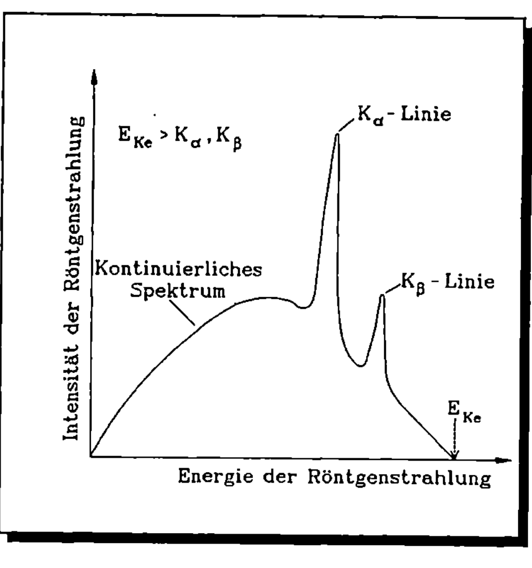

BILD 2.2.5:   KOMBINIERTES RÖNTGEN-SPEKTRUM

2.3 Gammastrahlung

Die Gammastahlung ist eine hochenergetische elektromagnetische Strahlung, die aus radioaktiven Atomkernen ausgesandt wird. Zur Erklärung ihrer Entstehung sei zunächst auf die energetische Struktur von Atomkernen eingegangen.

Ein stabiler Atomkern befindet sich normalerweise in seinem energetisch stabilsten Zustand, dem sog. GRUNDZUSTAND. Dies ist in BILD 2.3.1 schematisch dargestellt. Ähnlich den diskreten Energiezuständen der Elektronenschalen in der Atomhülle (vgl. BILD 2.2.1) existieren auch im Atomkern höhere Energiezustände, die sich durch die Größe der Energiewerte unterscheiden. Diese erhöhten Energiezustände werden als ANGEREGTE ZUSTÄNDE bezeichnet. Der Atomkern kann durch unterschiedliche Anregungsmechanismen (z.B. durch Stöße, Einfang von Neutronen etc.) in angeregte Zustände versetzt werden, die als solche nicht stabil sind, sodaß der Atomkern in seinen energetisch stabilen Grundzustand zurückzukehren versucht.

Beim Übergang von einem angeregten Zustand in den Grundzustand wird vom Atomkern die Energiedifferenz als elektromagnetische Strahlungsenergie in Form von GAMMAQUANTEN ausgesandt. Geht z.B. der Atomkern von dem 1. angeregten Zustand in den Grundzustand über, so wird ein Gammaquant der Energie $E_{\gamma 1}$ ausgesandt; vom 2. angeregten Zustand mit $E_{\gamma 2}$ usw. Da die Energieabstände der Zustände charakteristisch für den betreffenden Atomkern sind, wird auch von jedem radioaktiven Atomkern für ihn kennzeichnende Gammaquanten ausgesandt. Dies sei an zwei Beispielen verdeutlicht, die in BILD 2.3.2 dargestellt sind.

Beim ersten Beispiel (im Bild links) handelt es sich um den radioaktiven Atomkern Kobalt - 60, der sich in den Atomkern Nickel - 60 umwandelt, welcher dabei von angeregten Zuständen in den Grundzustand übergeht. Bei diesem sog. Zerfallsprozeß von Kobalt - 60 werden zwei charakteristische Gammaquanten mit der Energie E_γ = 1,33 MeV bzw. 1,17 MeV ausgesandt. Im zweiten Beispiel (im Bild rechts) handelt es sich um den radioaktiven Atomkern Caesium - 137,

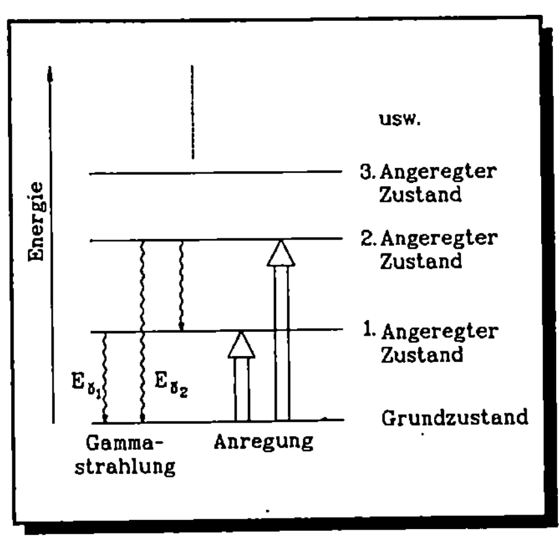

BILD 2.3.1: ENERGIEZUSTÄNDE VON ATOMKERNEN

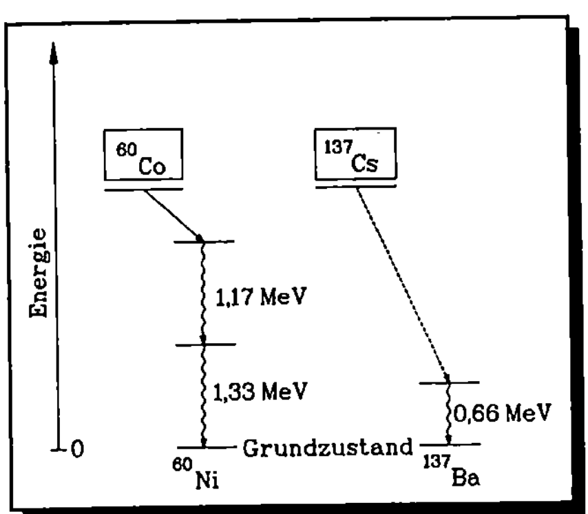

BILD 2.3.2: CHARAKTERISTISCHE GAMMASTRAHLUNG

der in den Atomkern Barium - 137 zerfällt. Aus der Darstellung in BILD 2.3.2 ist ersichtlich, daß in diesem Fall nur ein charakteristisches Gammaquant ausgesandt wird, das die Energie E_γ = 0,66 MeV besitzt. Es läßt sich also festhalten, daß von bestimmten radioaktiven Materialien (Strahlern) charakteristische Gammastrahlung ausgesandt wird, deren Energie vom Typ des Gammastrahlers abhängt. Zur Erfassung der Intensität der ausgesandten Strahlung ist die Anzahl von Zerfallsprozessen pro Zeiteinheit ausschlaggebend, die im radioaktiven Strahlermaterial stattfinden. Zur Kennzeichnung wird der Begriff der AKTIVITÄT verwendet. Sie ist definiert als:

AKTIVITÄT A: Anzahl von radioaktiven Kernzerfällen pro Sekunde

Die dazu gehörende Einheit im SI - System ist das BEQUEREL. Die Festlegung ist:

$$1 \text{ BEQUEREL (Bq)} = 1 \text{ Kernzerfall pro Sekunde}$$

Früher wurde als Aktivitätseinheit das CURIE verwendet, festgelegt durch:

$$1 \text{ CURIE (Ci)} = 3{,}7 \cdot 10^{10} \text{ Zerfälle /s}$$

Da das Bequerel eine sehr kleine Aktivitätseinheit darstellt, sind auch folgende Einheiten in Verwendung:

$$1 \text{ KILOBEQUEREL [KBq]} \qquad = 10^3 \text{ Bq}$$
$$1 \text{ MEGABEQUEREL [MBq]} \qquad = 10^6 \text{ Bq}$$
$$1 \text{ GIGABEQUEREL [GBq]} \qquad = 10^9 \text{ Bq}$$

Es sei jedoch angemerkt,daß die Aktivität nicht gleichbedeutend ist mit der Intensität des Strahlers, die die Anzahl von ausgesandten Gammaquanten pro Sekunde angibt. Wie die Beispiele in BILD 2.3.2 zeigen, können ein oder mehrere Gammaquanten pro Kernzerfall ausgesandt werden. Um die Gamma - Intensität des Gammastrahlers zu errechnen, ist seine Aktivität mit der Anzahl von Gammaquanten pro Kernzerfall zu multiplizieren. Als Beispiel werde der Gammastrahler Kobalt - 60 betrachtet.
Ist

$$n = \text{Anzahl von Gammaquanten pro Kernzerfall}$$

so gilt n = 2 für Kobalt - 60, da das eine die Energie von 1,33 MeV und das andere von 1,77 MeV besitzt. Bei einer Aktivität des Kobalt - 60 - Strahlers von

$$A = 10^9 \text{ Bq}$$

ergibt sich die Intensität I der Strahlung zu

$$I = n{\cdot}A = 2 \cdot 10^9 \text{ Gammaquanten /s} \qquad (2.3.1)$$

Für die Zwecke der zerstörungsfreien Prüfung ist der Einsatz der Gammastrahlung genauso interessant wie der der Röntgenstrahlung. In diesem Zusammenhang ist jedoch auch die Frage wichtig wie es bei den Gammastrahlern mit dem zeitlichen Verlauf der Aktivität bzw. der Intensität aussieht. Bei der Behandlung der charakteristischen Gammastrahlung war gezeigt worden, daß sich bei ihrer Entstehung ein radioaktiver Kern umwandelt und als solcher danach nicht mehr vorhanden ist. Das bedeutet, daß das Strahlermaterial mit der Zeit abnimmt und dadurch auch die Aktivität kleiner wird.
Für die zeitliche Abnahme der Aktivität aufgrund der Kernzerfälle gilt das ZER-FALLSGESETZ, welches folgende Form besitzt:

$$A(t) = A_o \, \exp\left(-\frac{0{,}693}{T_{\frac{1}{2}}}\right) \qquad (2.3.2)$$

wobei

$$A(t) = \text{Aktivität zur Zeit t}$$
$$A_o = \text{Aktivität zum Zeitpunkt } t = t_o$$
$$T_{1/2} = \text{Halbwertzeit}$$

Nach dem Zerfallsgesetz (2.3.2) nimmt die Aktivität des Strahlers exponentiell mit der Zeit ab. Hinsichtlich der Beschreibung der zeitlichen Abnahme der Aktivität bzw. Intensität, besitzt die HALBWERTZEIT $T_{1/2}$ eine besondere Bedeutung:

HALBWERTZEIT $T_{1/2}$: *Diejenige ZEITDAUER nach der die ursprüngliche Strahleraktivität auf die HÄLFTE abgenommen hat.*

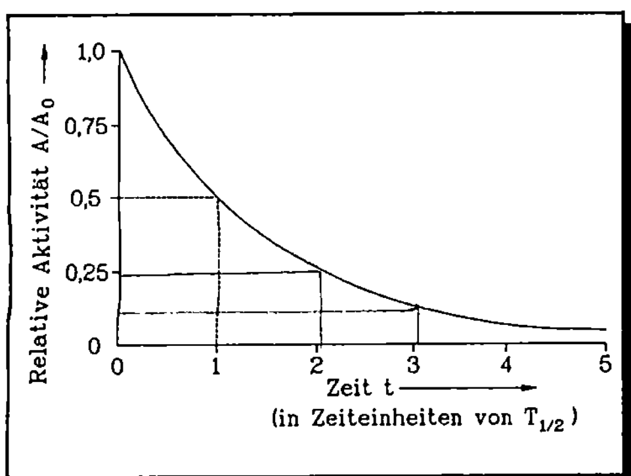

BILD 2.3.3: ZEITLICHER VERLAUF DER STRAHLERAKTIVITÄT

Jeder Strahler hat eine für ihn charakteristische Halbwertszeit. So besitzt beispielsweise der Strahler Kobalt - 60 eine Halbwertszeit von 5,2 Jahren. Dies bedeutet, daß er nach einer Zeit von 5,2 Jahren die Hälfte seiner Aktivität verloren hat oder nur noch mit der halben Intensität strahlt. Wegen dieser großen Bedeutung der Halbwertzeit als charakteristische Eigenschaft der Strahler wird der zeitliche Verlauf der Aktivität in Vielfachen der Halbwertszeit dargestellt, wie BILD 2.3.3 zeigt. Aus der exponentiellen Kurve ergibt sich direkt ablesbar der Verlauf der Aktivität. So ist nach zwei Halbwertzeiten nur noch ein Viertel, nach drei Halbwertzeiten nur noch ein Achtel und nach zehn Halbwertszeiten ungefähr noch ein PROMILLE der ursprünglichen Aktivität vorhanden. Diese Tatsache ist beim Prüfeinsatz entsprechend zu beachten.

In TABELLE 2.3.1 sind einige gebräuchliche Gammastrahler für die zerstörungsfreie Prüfung mit ihren charakteristischen Größen zusammengestellt. Die Anzahl n von Gammaquanten pro Kernzerfall ist insgesamt und für jede Gammaenergie einzeln angegeben.

QUELLE	$T_{1/2}$	n	$E_{\gamma 1}$[MeV]	n_1	$E_{\gamma 2}$[MeV]	n_2	$E_{\gamma 3}$[MeV]	n_3
KOBALT-60	5,27 a	2,00	1,33	1,00	1,17	1,00	--	--
CAESIUM-137	30,1 a	0,92	0,66	0,92	--	--	--	--
IRIDIUM-192	74,3 d	2,41	0,60	0,27	0,47	0,67	0,31	1,47
THULIUM-170	129 d	0,08	0,084	0,03	0,052	0,05	--	--

Erklärung: a = Jahre; d = Tage

TABELLE 2.3.1: GAMMASTRAHLER

3 Durchstrahlungsverfahren

Als Durchstrahlungsverfahren werden solche Verfahren bezeichnet, bei der die elektromagnetische Strahlung auf das zu prüfende Werkstück auffällt, es teilweise durchdringt und dann austritt. Durchstrahlungsverfahren sind infolgedessen besonders gut geeignet um Volumenfehler im Inneren des Werkstücks festzustellen.

3.1 Arbeitsprinzip

Das Arbeitsprinzip der Durchstrahlungsverfahren werde anhand einer Prüfanordnung erläutert, die aus einer Strahlenquelle, dem Prüfkörper und einer Vorrichtung zum Strahlennachweis besteht. Eine derartige Prüfanordnung ist in BILD 3.1.1 skizziert. Die elektromagnetische Strahlung (Röntgen - oder Gammastrahlung) tritt aus der Strahlenquelle aus und trifft auf den Prüfkörper. Im BILD 3.1.1 ist auf der linken Seite ein PRÜFKÖRPER OHNE

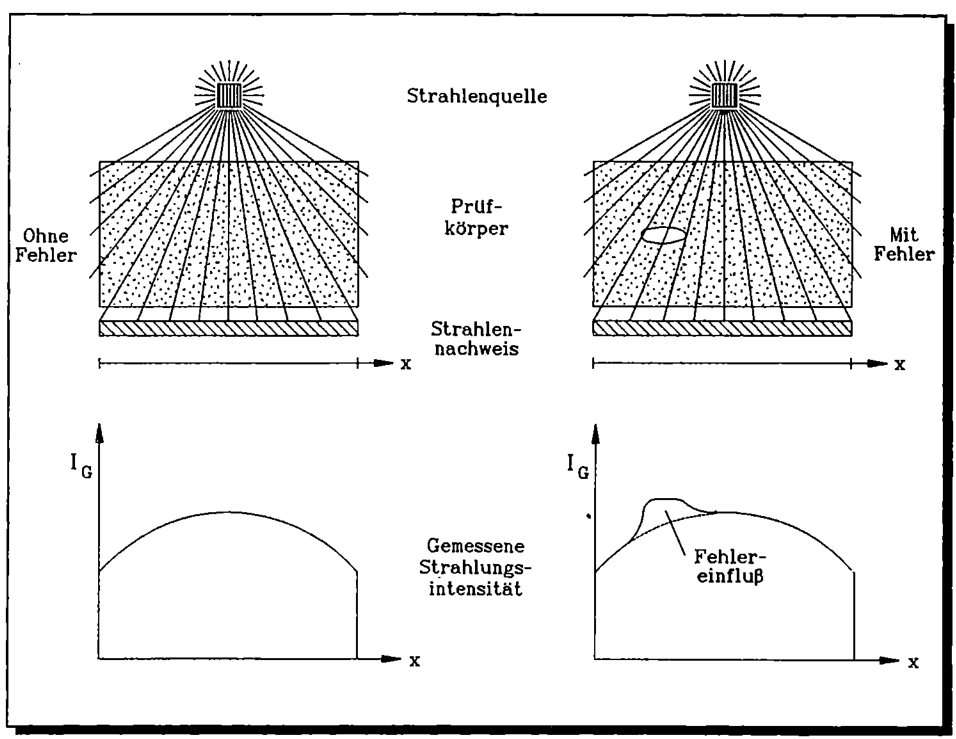

BILD 3.1.1: PRINZIP DER DURCHSTRAHLUNGSPRÜFUNG

FEHLER dargestellt. Die auftreffende Strahlung wird vom Material des Prüfkörpers geschwächt, sodaß nur ein Teil der ursprünglichen Strahlung an der Unterseite des Prüfkörpers austritt und von der Strahlennachweis - Anordnung gemessen wird. Die gemessene Strahlungsintensitätsverteilung ist links unten über der Ortskoordinate x aufgetragen. Der gebogene Verlauf der Kurve kommt dadurch zustande, daß die Strahlung an den Seiten einen längeren Weg durch den Prüfkörper hat als in der Mitte und deshalb stärker geschwächt wird. Ansonsten ergibt sich ein glatter Verlauf.

Auf der rechten Seite von BILD 3.1.1 ist ein PRÜFKÖRPER MIT FEHLER dargestellt. Der Fehler soll aus einem Hohlraum im Material bestehen. Wegen Fehlens von Material im Hohlraum wird die Strahlung in diesem Fehlerbereich infolgedessen nicht geschwächt. Das bedeutet, daß die Strahlung in diesem Bereich durch den Prüfkörper weniger stark geschwächt durchtritt als im Fall ohne Fehler. Die gemessene Strahlungsintensität I_G muß deswegen im Bereich, wo der Fehler auftritt, größer sein, was im BILD 3.1.1 rechts unten skizziert ist. Aus den geschilderten Gründen ist es möglch, den Volumenfehler mit Hilfe des Strahlungsnachweises extern abzubilden. Von dieser Möglichkeit wird natürlich nicht nur in der Technik Gebrauch gemacht, sondern auch in der Medizin, was die meisten aus eigener Erfahrung kennen.

Aus dem Arbeitsprinzip ist zu entnehmen, daß das Schwächungsverhalten der beteiligten Materialien für das Durchstrahlungsverfahren ausschlaggebend ist. Wesentlich für die Möglichkeit der Fehlerbestimmung sind Differenzen der Strahlungsschwächung in den Bereichen des fehlerbehafteten und fehlerfreien Materials. Aus diesem Grunde ist der Strahlungsschwächung besondere Aufmerksamkeit zu widmen. Da sich die elektromagnetischen Strahlen geradlinig ausbreiten – wie das Licht – und damit die Abbildung des Fehlers auch optischen Gesetzmäßigkeiten gehorchen muß, spielt auch die geometrische Anordnung des Prüfsystems eine wichtige Rolle. Oberstes Ziel ist es, eine möglichst kontrastreiche und scharfe Abbildung des Fehlers zu erhalten.

3.2 Strahlungsschwächung

Beim Auftreffen elektromagnetischer Röntgen – und Gammastrahlung auf Materialien tritt eine Schwächung der Strahlung auf. Da dieser Vorgang von besonderer Wichtigkeit für das Arbeitsprinzip der Durchstrahlungsprüfung ist, soll er genauer behandelt werden.

3.2.1 Schwächungsprozesse

Die elektromagnetische Strahlung läßt sich anschaulich durch Strahlungsquanten bekannter Energie darstellen. Das Material, auf das diese Strahlungsquanten einwirken, ist aus Atomen aufgebaut. Der Aufbau von Atomen, aus Atomkern und Elektronenschalen, ist im Abschnitt 2.2 erläutert. Basierend auf dieser Modellvorstellung des Atoms kann die Wechselwirkung der Röntgen – und Gammastrahlung mit den Materialatomen auf folgende drei Arten erfolgen:

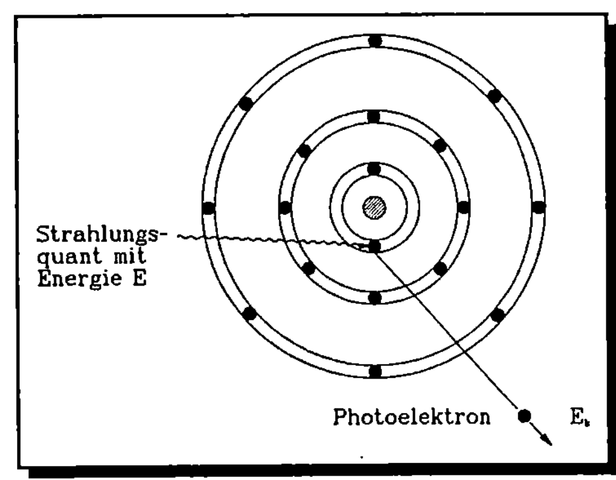

BILD 3.2.1: PHOTOEFFEKT

PHOTOEFFEKT: Die Vorgänge beim Photoeffekt sind in BILD 3.2.1 skizziert. Das Strahlungsquant tritt mit dem Materialatom in Wechselwirkung, indem es seine gesamte Energie auf ein Hüllenelektron überträgt. Das Hüllenelektron wird dabei aus der Elektronenschale herausgeschlagen und als PHOTOELEKTRON bezeichnet. Es wird im Material abgebremst.

Bei diesem Prozess verschwindet das Strahlungsquant vollständig - es wird ABSORBIERT - und seine Energie wird letztlich in Wärmeenergie umgewandelt. Im Material bleibt ein positiv geladenes Restatom (ION) übrig, da ihm die negative Ladung des Elektrons fehlt. Generell werden Prozesse, bei denen Elektronen aus den Schalen herausgeschlagen werden IONISIERUNGSPROZESSE genannt.

Die Wahrscheinlichkeit, mit der ein Photoeffekt stattfindet hängt ab:

(a)   von der Energie des Strahlungsquants
(b)   von der Materialart, gekennzeichnet durch die Kernladungszahl

Wird eingeführt:

W_{ph} = Wahrscheinlichkeit, daß ein γ-Quant durch Photoeffekt absorbiert wird
so gilt

$$W_{ph} \text{ proportional } \frac{Z^5}{\sqrt{E^7}} \qquad (3.2.1)$$

Diskussion der Beziehung (3.2.1): Die Wahrscheinlichkeit für das Auftreten des Photoeffekts nimmt mit der fünften Potenz der Kernladungszahl Z zu. Dies bedeutet, daß die Strahlungsabsorption durch Photoeffekt besonders stark bei schweren Atomkernen mit hohem Z (Blei, Uran etc.) erfolgt. Die Abhängigkeit von der Quadratwurzel aus der siebten Potenz der Strahlungsenergie im Nenner bedeutet, daß der Photoeffekt besonders bei niedriger Energie auftritt.

COMPTON-EFFEKT: Die Vorgänge beim Compton-Effekt sind im BILD 3.2.2 skizziert.Es handelt sich hierbei um einen Streuprozeß, bei dem das Strahlungsquant nur einen Teil seiner Energie auf das gebundene Elektron überträgt und es aus der Elektronenschale herausschlägt. Mit dem übriggebliebenen Energiebetrag fliegt das gestreute Strahlungsquant (STREUQUANT) weiter. Dieser Streuprozeß, der nach seinem Entdecker COMPTON benannt wurde, ist ebenfalls ein Ionisierungsprozess. Es ist

W_{CO} =   Wahrscheinlichkeit für das Auftreten des Compton - Effekts

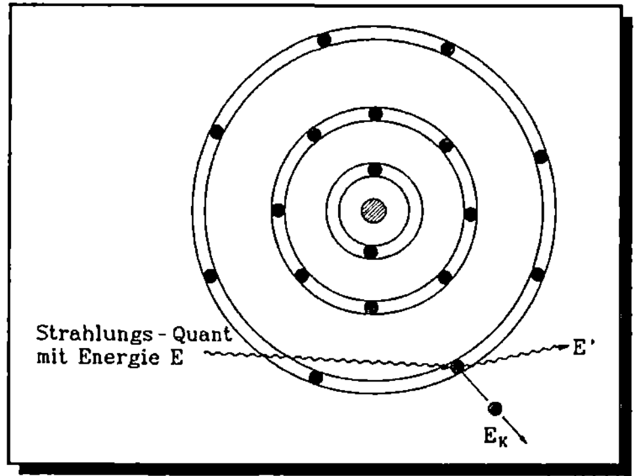

BILD 3.2.2: COMPTON-EFFEKT

$$W_{CO} \text{ proportional } \frac{Z}{E} \qquad (3.2.2)$$

Diskussion der Beziehung (3.2.2): Die Wahrscheinlichkeit für das Auftreten des Compton-Effektes nimmt linear mit der Kernladungszahl Z zu. Das bedeutet, daß er bei schweren

Kernen häufiger auftritt als bei leichten. Hinsichtlich der Energie nimmt er mit steigender Strahlungsenergie ab, d.h er tritt bei niedrigen Werten häufiger auf.
Anzumerken ist, daß beim Compton - Effekt das Strahlungsquant nicht durch Absorption verschwindet, sondern als Streuquant mit verminderter Energie weiter besteht. Das bedeutet, daß hier sekundäre Streustrahlung (SEKUNDÄRSTRAHLUNG) entsteht, die erst durch weitere Wechselwirkungsprozesse absorbiert werden kann.

PAAR-ERZEUGUNG: Die Vorgänge bei der Paar-Erzeugung zeigt BILD 3.2.3. Das Strahlungsquant erzeugt in der Nähe eines Atomkerns ein negatives Elektron (NEGA-TRON) und ein positives Elektron (POSITRON). Das Strahlungsquant verschwindet bei diesem Prozeß indem es seine gesamte Energie erstens zur Erzeugung der beiden Elektronen und zweitens für deren kinetische Energie aufwendet.

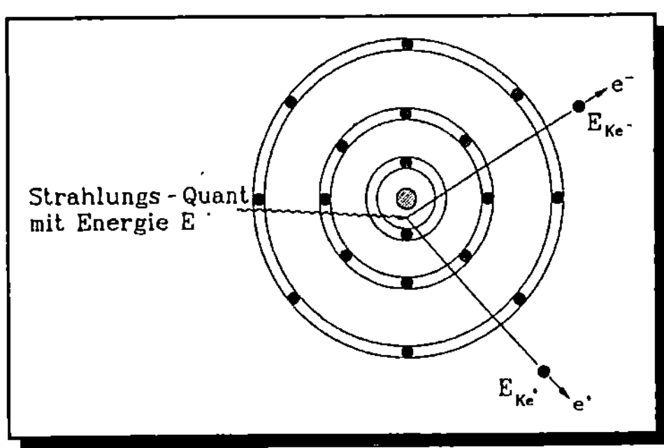

BILD 3.2.3: PAAR-ERZEUGUNG

Wird eingeführt:

W_{pe} = Wahrscheinlichkeit für das Auftreten der Paar - Erzeugung

so gilt:

$$W_{pe} \text{ proportional } Z^2 \ln E \qquad E > 1.02 \text{ MeV} \qquad (3.2.3)$$

Diskussion der Beziehung (3.2.3):
Die Wahrscheinlichkeit für das Auftreten der Paar -Erzeugung wächst quadratisch mit der Kernladungszahl Z. Auch hier nimmt deswegen die Wechselwirkungswahrscheinlichkeit bei schweren Kernen stark zu. Mit der Strahlungsenergie nimmt die Wahrscheinlichkeit logarithmisch zu. Das bedeutet,daß im Gegensatz zum Photo- und Compton - Effekt, hier eine Steigerung mit wachsender Energie zu verzeichnen ist. Wegen der Erzeugung der beiden Elektronenmassen muß das Strahlungsquant jedoch eine Mindestenergie von 1,02 MeV besitzen um die Paar -Erzeugung einleiten zu können.
Als Folge der Paarerzeugung tritt folgender Effekt auf: Während es sich bei dem Negatron um ein stabiles Teilchen handelt, ist dies beim Positron nicht der Fall. Das Positron vereinigt sich mit einem negativen Elektron und zerstrahlt in zwei Gammaquanten. Dieser als VERNICHTUNGSSTRAHLUNG bezeichnete Prozess erzeugt bei der Paar - Erzeugung eine Sekundärstrahlung, sodaß zwar das primäre Strahlungsquant absobiert wird, jedoch zwei Strahlungsquanten als Folgeprodukte resultieren. Die gesamte Wahrscheinlichkeit, daß es zwischen dem Strahlungsquant und Materialatomen zu einer Wechselwirkung mit Schwächung und Absorption kommt, setzt sich aus der Summe der drei Einzelwahrscheinlichkeiten

(3.2.1) bis (3.2.3) zusammen, sodaß

$$W = W_{ph} + W_{co} + W_{pe} \qquad (3.2.4)$$

gilt. Die Gesamtwechselwirkung ist eine Überlagerung der drei Prozesse.

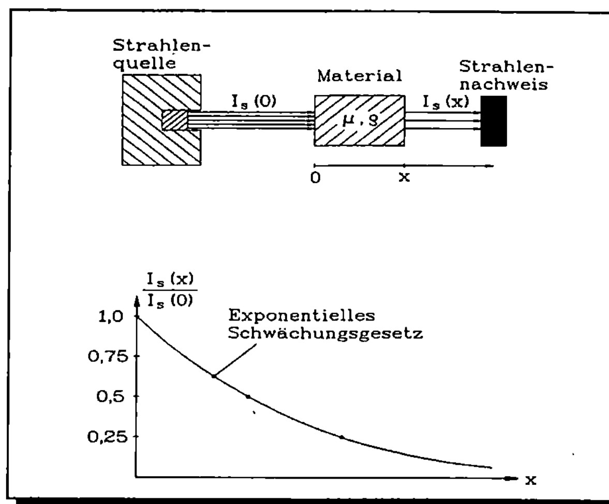

BILD 3.2.4: STRAHLUNGSSCHWÄCHUNG

Zur QUANTITATIVEN BEHANDLUNG der Schwächung oder Absorption von elektromagnetischer Strahlung wird ein Strom von Strahlungsquanten, I_s, betrachtet, der auf ein Material der Dicke x auftrifft, so wie es schematisch in BILD 3.2.4 dargestellt ist.
Der Quantenstrom I_s(o) trifft auf das Material auf, wird beim Durchdringen des Materials der Dicke x geschwächt und nach Austritt als Quantenstrom $I_s(x)$ nachgewiesen.

3.2.2 Schwächungsgesetz

Die Schwächung berechnet sich nach dem sog. "EXPONENTIELLEN SCHWÄCHUNGSGESETZ" zu

$$I_s (x) = I_s(o)\, e^{-\mu x} \qquad (3.2.5)$$

wobei

I_s (x)	=	Anzahl von Strahlungsquanten pro m² und s nach Durchlaufen der Materialdicke x
I_s (o)	=	Anzahl von Strahlungsquanten pro m² und s die auf das Material auftreffen
x	=	Materialdicke [m]
μ	=	Totaler linearer Schwächungskoeffizient [m⁻¹]

Die Schwächung des Stroms von Strahlungsquanten erfolgt exponentiell mit der Materialdicke. Je größer der Schwächungskoeffizient μ des Materials, desto stärker die Abschwächung. Die Größe des Schwächungskoeffizienten μ und seine Abhängigkeit von der Energie der Strahlungsquanten und der Art des Materials ist aber in der Wechselwirkungswahrscheinlichkeit W (siehe Beziehung 3.2.4) enthalten, da die dort auftretenden Wechselwirkungsprozesse die Absorption bewirken.

Infolgedessen ist der Schwächungskoeffizient μ abhängig von

(a)   Materialart, ausgedrückt durch Kernladungszahl Z und Materialdichte ρ

(b)   Energie E der Strahlungsquanten

Der Schwächungskoeffizient μ wird auf zwei verschiedene Arten angegeben:

(1)   LINEARER SCHWÄCHUNGSKOEFFIZIENT = μ_l [m⁻¹]

(2)   MASSENSCHWÄCHUNGSKOEFFIZIENT = μ_m [m²/kg]

Die beiden Koeffizienten sind über die Beziehung

$$\mu_l = \mu_m \cdot \varrho \tag{3.2.6}$$

ρ = Materialdichte [kg/m³]

miteinander verbunden. Wird im Schwächungsgesetz (3.2.5) der lineare Schwächungskoeffizient μ_l [m⁻¹] verwendet, so ist die Materialdicke x [m] in Metern einzusetzen, da der Exponent immer dimensionslos sein muß. Wird der Massenschwächungskoeffizient μ_m verwendet, so ist die Materialdicke x als Flächenbelegung in kg/m² oder g/cm² anzugeben. Beispiel: Betrachtet werde das Material Eisen (Z = 26; ρ = 7,87 g /cm³) als Hauptbestandteil vieler Stähle. Für die Strahlungsenergie von 1 MeV ergibt sich ein Massenschwächungskoeffizient von μ_m = 0,06 cm² /g. Der lineare Schwächungskoeffizient ergibt sich nach der Beziehung (3.2.6) zu μ_l = 0,47.

Da mit Hilfe der linearen Schwächungskoeffizienten das Verhalten der Strahlung beim Durchgang durch Materialien einfach beschreibbar ist, sind in TABELLE 3.2.1 lineare Schwächungskoeffizienten für verschiedene Materialien und Strahlungsenergien angegeben.

STRAHLUNGS-ENERGIE	μ_l [cm⁻¹] ALUMINIUM	μ_l [cm⁻¹] EISEN	μ_l [cm⁻¹] KUPFER	μ_l [cm⁻¹] BLEI
50 KeV	0,964	15,2	22,9	65,0
100 KeV	0,459	2,93	4,10	62,0
150 KeV	0,373	1,54	1,98	21,8
200 KeV	0,329	1,15	1,39	10,7
300 KeV	0,281	0,866	0,997	4,29
400 KeV	0,250	0,740	0,837	2,49
500 KeV	0,228	0,662	0,742	1,72
1 MeV	0,166	0,471	0,524	0,798
2 MeV	0,116	0,334	0,374	0,524
3 MeV	0,0959	0,283	0,320	0,482
4 MeV	0,0837	0,260	0,295	0,484
5 MeV	0,0769	0,247	0,284	0,494
6 MeV	0,0718	0,239	0,277	0,505
8 MeV	0,0656	0,235	0,271	0,538
10 MeV	0,0621	0,233	0,272	0,570

TABELLE 3.2.1: LINEARE SCHWÄCHUNGSKOEFFIZIENTEN

Wie bei der Diskussion der Wechselwirkungsprozesse erläutert, wird die Strahlungsschwächung bei Materialien mit schweren Atomkernen und hoher Dichte besonders stark, weswegen diese auch besonders gerne zur Strahlenabschirmung beim Strahlenschutz eingesetzt werden. Der Schwächungskoeffizient ist bei diesen Materialien besonders groß. Die Abhängigkeit des Schwächungskoeffizienten von der Energie der Strahlungsquanten ist am Beispiel von μ_m für Blei in BILD 3.2.5 dargestellt. Dabei ist aufgetragen der totale

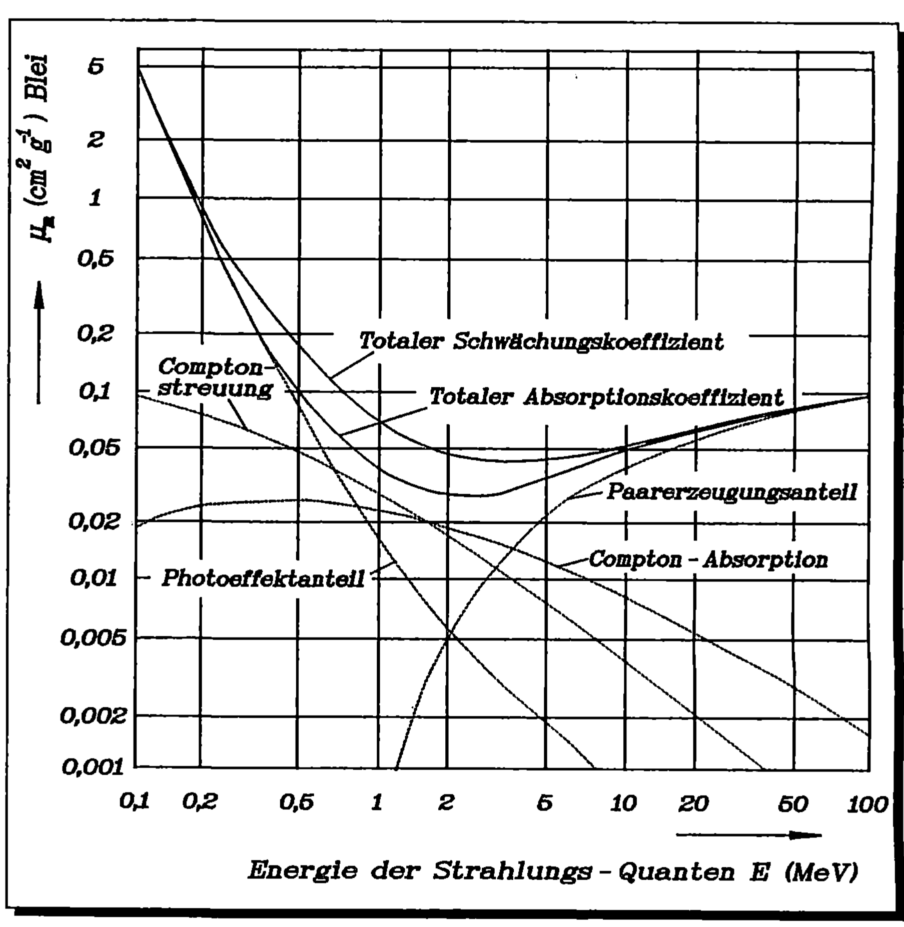

BILD 3.2.5: MASSENSCHWÄCHUNGSKOEFFIZIENT VON BLEI ALS FUNKTION DER STRAHLUNGSENERGIE

SCHWÄCHUNGSKOEFFIZIENT μ_m und der totale ABSOPTIONSKOEFFIZIENT μ_m, sowie die Einzelbeiträge von Photo - und Compton - Effekt, sowie Paar - Erzeugung. Von SCHWÄCHUNG wird gesprochen, wenn der primär auf das Material auffallende Strom von Strahlungsquanten nach Beziehung (3.2.5) gemäß dem Wert vom μ_m geschwächt wird und, entsprechend dem Wechselwirkungsprozeß, Sekundärstrahlung auftritt. Von ABSORPTION ist die Rede, wenn die auffallenden Strahlungsquanten beim Wechselwirkungsprozeß vollständig verschwinden.

Die Energieabhängigkeit der Einzelbeiträge ist aus BILD 3.2.5 ebenfalls gut zu entnehmen. Der Photoeffekt ist gemäß Beziehung (3.2.1) bei niedrigen Energien besonders stark ausgeprägt und nimmt mit größer werdender Energie stark ab. Das bedeutet, daß bis zu Strahlungenergien von etwa 0,5 MeV der Photoeffekt den Hauptbeitrag zu μ_m liefert. Im Energiebereich von etwa 0,5 bis 5 MeV ist es der Compton - Effekt und darüber die Paar - Erzeugung. Durch die Überlagerung der drei Effekte ergibt sich für den Schwächungskoeffizienten μ_m eine starke Abnahme mit der Energie bis etwa 3 MeV, wo ein Minimum liegt, und danach eine schwache Zunahme.

Allgemein bedeutet ein hoher Schwächungskoeffizient eine starke Abschwächung der Strahlung und ein kleiner Wert ein hohes Durchdringungsvermögen der Strahlung durch das Material. Für die Durchstrahlungsprüfung ist diese quantitative Beschreibung der Strahlungsschwächung sehr wichtig, da die Fehlerbestimmung, wie am Arbeitsprinzip in BILD 3.1.1 gezeigt, auf Unterschieden in der Strahlungsschwächung beruht. Hinsichtlich des Schwächungskoeffizienten läßt sich zusammenfassend festhalten, daß er eine charakteristische Materialgröße darstellt und von der Energie der Strahlungsquanten abhängt.

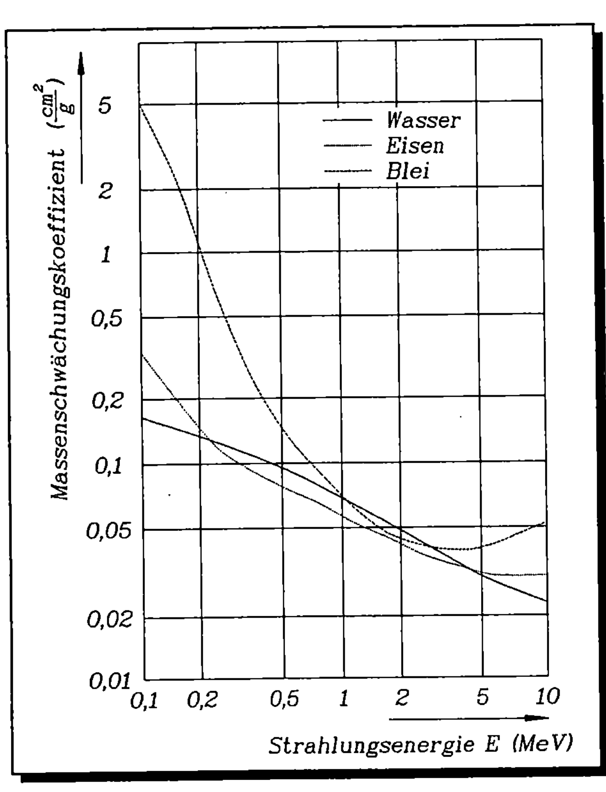

BILD 3.2.6: VERGLEICH VON MASSENSCHWÄCHUNGS-KOEFFIZIENTEN

Zur Veranschaulichung dieses Sachverhalts sind in BILD 3.2.6 Massenschwächungskoeffizienten für die drei Materialien Blei, Wasser und Eisen zusammen dargestellt. Blei und auch Wasser sind typische Beispiele für Abschirmmaterialien, während Eisen als Hauptbestandteil vieler Stähle ein typisches Beispiel für ein Prüfmaterial ist.

3.2.3 Halbwertsdicken

Bei der Durchstrahlungsprüfung ist die Frage interessant, wie stark die eingesetzte Prüf-
strahlung durch das zu prüfende Material geschwächt wird. Dies kann mit Hilfe des Schwä-
chungsgesetzes nach Beziehung (3.2.5) bei Kenntnis der Materialdicke x und des
Schwächungskoeffizienten μ berechnet werden. Das exponentielle Schwächungsgesetz erlaubt
jedoch auch eine sehr hilfreiche Antwort auf die Frage nach der Abschwächung in Form der
sog. "HALBWERTSDICKE", die folgendermaßen eingeführt wird:

HALBWERTSDICKE: *Materialdicke, durch die die auffallende Strahlungsintensität auf die Hälfte abgeschwächt wird.*

Entsprechend der Beziehung (3.2.5) wird I_s (x) auf die Hälfte reduziert, wenn die Materialdicke den Wert

$$d_{\frac{1}{2}} = \frac{\ln 2}{\mu} = \frac{0,693}{\mu} \qquad\qquad (3.2.7)$$

annimmt. Bei Kenntnis des Schwächungskoeffizienten μ läßt sich die Halbwertsdicke $d_{1/2}$
einfach berechnen oder über die Messung der Halbwertsdicke kann der Schwächungskoeffizient bestimmt werden. Wichtig ist dabei zu beachten, daß μ bzw. $d_{1/2}$ von der
Strahlungsenergie abhängen. In TABELLE 3.2.1 sind Halbwertsdicken für einige Materialien bei unterschiedlichen Strahlungsenergien angegeben.

STRAHLUNGS-ENERGIE	$d_{1/2}$ (cm) STAHL	$d_{1/2}$ (cm) ALUMINIUM	$d_{1/2}$ (cm) BLEI	$d_{1/2}$ (cm) BETON
100 KeV	0,24	1,51	0,01	
500 KeV	1,05	3,04	0,40	
1 MeV	1,60	3,90	0,75	4,50
2 MeV	2,00	5,40	1,25	6,20
6 MeV	2,80	8,90	1,70	10,20

TABELLE 3.2.1: HALBWERTSDICKEN

In einigen Fällen werden auch ZEHNTELWERTSDICKEN angegeben. Es sind dies
Materialdicken, bei der die auffallende Strahlung auf ein Zehntel geschwächt wird.

3.2.4 Sekundärstrahlung

Bei der Behandlung von Compton - Effekt und Paar - Erzeugung war gezeigt worden, daß
die Primärstrahlung durch die Wechselwirkungsprozesse Sekundärstrahlung erzeugt, die bei
der Durchstrahlungsprüfung und bei der Strahlungsabschirmung eine wichtige Rolle spielt.
Zur Verdeutlichung der Bedeutung der Streustrahlung besonders im Hinblick auf die

Durchstrahlungsprüfung werden zwei Extremfälle der Strahlungsführung betrachtet:

FALL 1:   Die Strahlung aus der Strahlenquelle wird stark ausgerichtet durch zwei
            Kollimatoren, deren Aufgabe es ist die Strahlung zu begrenzen.
            (Schmalstrahlgeometrie)

Dieser Fall ist in BILD 3.2.7 dargestellt. Durch die Abschirmwirkung des Kollimators I ist
die Primärstrahlung auf einen engen Bereich begrenzt und fällt in dieser Form auf den

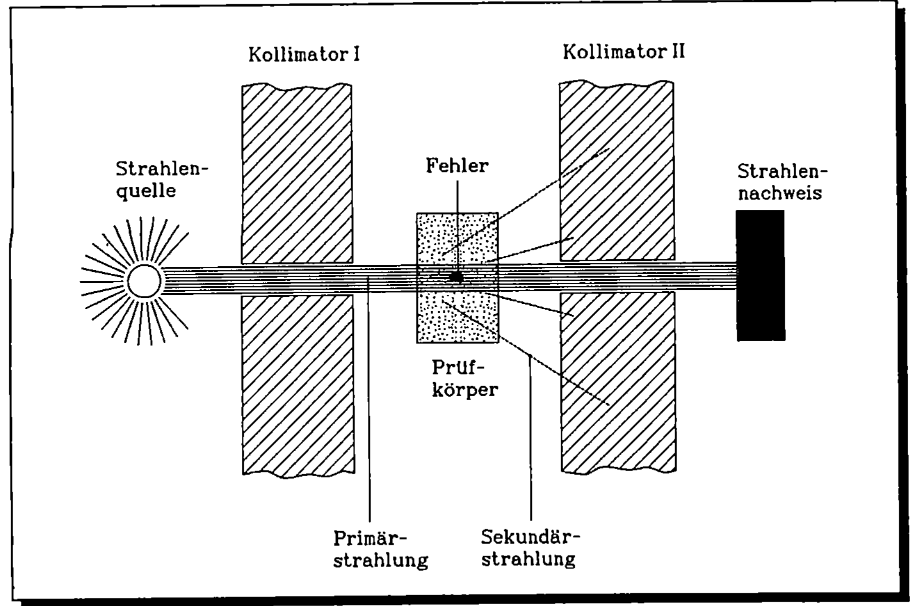

BILD 3.2.7: STRAHLUNG MIT KOLLIMATOREN

Prüfkörper. Im Prüfkörper erfolgt die Strahlungsabschwächung der Primärstrahlung, die zur
Fehlerabbildung beim Strahlungsnachweis führt. Die im Prüfkörper entstehende
Sekundärstrahlung wird durch den Kollimator II weitgehend abgeschirmt, sodaß sie nicht
zum Strahlungsnachweis - Gerät gelangen kann. Diese Sekundärstrahlung enthält keine
Informationen über den Fehler, weswegen sie eliminiert wird, da sie die Fehlerabbildung
durch die Primärstrahlung nur stört.

FALL 2:   Die Strahlung aus der Strahlenquelle gelangt ohne Kollimatoren zum
            Prüfkörper und Strahlungsnachweis. (Breitstrahlgeometrie)

Dieser Fall ist in BILD 3.2.8 dargestellt. Die Primärstrahlung trifft den Prüfkörper, wird in
ihm abgeschwächt und bewirkt die Fehlerabbildung beim Strahlungsnachweis. Die im
Prüfkörper erzeugte Sekundärstrahlung trifft in diesem Fall ungehindert auf den Strahlungsnachweis und wird von ihm registriert. Da die Sekundärstrahlung keine Information über den
Fehler enthält, ist sie eine Störgröße, die die Fehlerabbildung verschlechtert. Auf die
quantitative Erfassung dieser Verschlechterung wird bei der Behandlung der Strahlungsabbildung in Abschnitt 3.4 eingegangen.

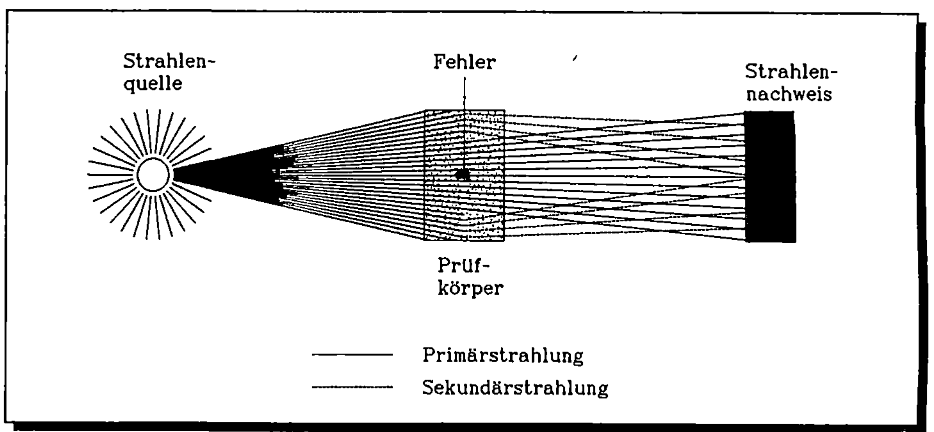

BILD 3.2.8: STRAHLUNG OHNE KOLLIMATOREN

3.2.5 Dosiszuwachsfaktor

Die Intensität der Sekundärstrahlung im Vergleich zur Primärstrahlung, die durch den Strahlungsnachweis registriert wird, kann quantitativ durch den DOSISZUWACHSFAKTOR (BUILD - UP - FAKTOR) erfaßt werden.

Die DEFINITION des Dosiszuwachsfaktors B lautet:

$$B = \frac{\text{GESAMTE STRAHLUNGSINTENSITÄT}}{\text{STRAHLUNGSINTENSITÄT DER PRIMÄRSTRAHLUNG}} \qquad (3.2.8)$$

oder

$$B = 1 + \frac{\text{STRAHLUNGSINTENSITÄT DER SEKUNDÄRSTRAHLUNG}}{\text{STRAHLUNGSINTENSITÄT DER PRIMÄRSTRAHLUNG}} \qquad (3.2.9)$$

da sich die gesamte Strahlungsintensität aus der Intensität der Primär - und Sekundärstrahlung zusammensetzt.

Ist keine Sekundärstrahlung vorhanden, so wird der Dosiszuwachsfaktor in diesem günstigsten Fall gleich eins; beim Vorhandensein von Sekundärstrahlung ist er immer größer als eins. Für die Durchstrahlungsprüfung sollte der Dosiszuwachsfaktor so klein wie möglich gehalten werden.

Der Dosiszuwachsfaktor B ist von folgenden Größen abhängig:
* Materialart des Prüfkörpers
* Energie der Strahlung
* Dicke des Prüfkörpers

Die Abhängigkeit des Dosiszuwachsfaktors von diesen drei Größen ist zum Teil recht kompliziert und am besten in Form von parametrischen Kurvendarstellungen zu verdeutlichen. Für die beiden Materialien Stahl (Prüfmaterial) und Blei (Abschirmmaterial)

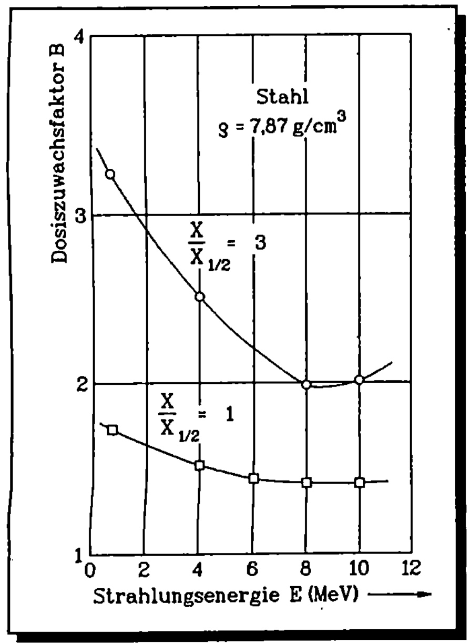

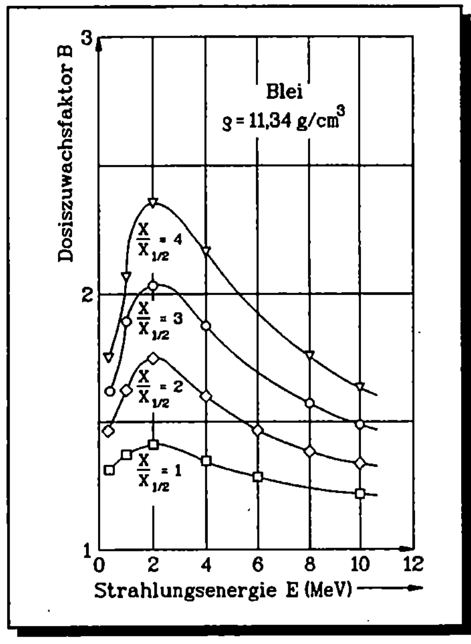

BILD 3.2.9: DOSISZUWACHSFAKTOREN FÜR STAHL

BILD 3.2.10: DOSISZUWACHSFAKTOREN FÜR BLEI

sind Verläufe für die Dosiszuwachsfaktoren in BILD 3.2.9 und 3.2.10 dargestellt. Für Stahl ist in BILD 3.2.9 der Dosiszuwachsfaktor als Funktion der Strahlungsenergie aufgetragen und zwar für zwei Materialdicken, die als Vielfache der Halbwertsdicke angegeben sind. Es zeigt sich, daß der Dosiszuwachsfaktor mit steigender Energie eine fallende Tendenz hat, und mit größerer Materialdicke zunimmt. Beim Beispiel Blei zeigt das BILD 3.2.10, daß der Dosiszuwachsfaktor zunächst mit der Energie zunimmt, ein Maximum durchläuft und dann abnimmt. Die Zunahme mit der Materialdicke -ebenfalls ausgedrückt im Vielfachen der Halbwertsdicke - ist deutlich sichtbar.

Die allgemein gültige Zunahme des Dosiszuwachsfaktors mit größer werdender Materialdicke ist auch anschaulich verständlich durch die Darstellung in BILD 3.2.8. Bei größeren Materialdicken werden vorallem Streuprozesse (Compton - Effekt) häufiger, was zu einem Anwachsen der Sekundärstrahlung im Vergleich zu Primärstrahlung führt.

Für die Durchstrahlungsprüfung folgt daraus, daß vorallem bei der Prüfung von Bauteilen großer Wandstärke der Dosiszuwachsfaktor und damit die Sekundärstrahlung zunimmt. Andererseits muß aber die Prüfung dicker Bauteile wegen der geringen Strahlungsschwächung bei höherer Energie erfolgen, bei denen der Dosiszuwachsfaktor dann wieder kleiner ist. Ist der Dosiszuwachsfaktor bei einer Durchstrahlungsprüfung sehr hoch, so empfiehlt es sich Kollimatoren einzusetzen um die Sekundärstrahlung zu reduzieren. Zu beachten beim Aufbau einer Prüfanordnung ist weiterhin, daß auch von den umgebenden Wänden Sekundärstrahlung zum Strahlungsnachweis gelangen kann, was möglichst vermieden werden sollte.

3.3   Strahlungsdosis

Bei der Behandlung der Strahlungsschwächung war die Wechselwirkung von Strahlungs-
quanten mit den Atomen des betreffenden Materials anhand der drei Prozesse Photoeffekt,
Compton - Effekt und Paar - Erzeugung beschrieben worden. Bei jedem Prozeß wird ein
Energiebetrag der Strahlung an die Elektronen der Materialatome übertragen. Mit anderen
Worten: Bei jedem Wechselwirkungsprozeß wird Strahlungsernergie im Material absorbiert.
Es ist nun von Interesse die Größe dieses Energiebetrages zu kennen.

Hierzu sei ein einfaches Beispiel untersucht, das in BILD 3.3.1 dargestellt ist.

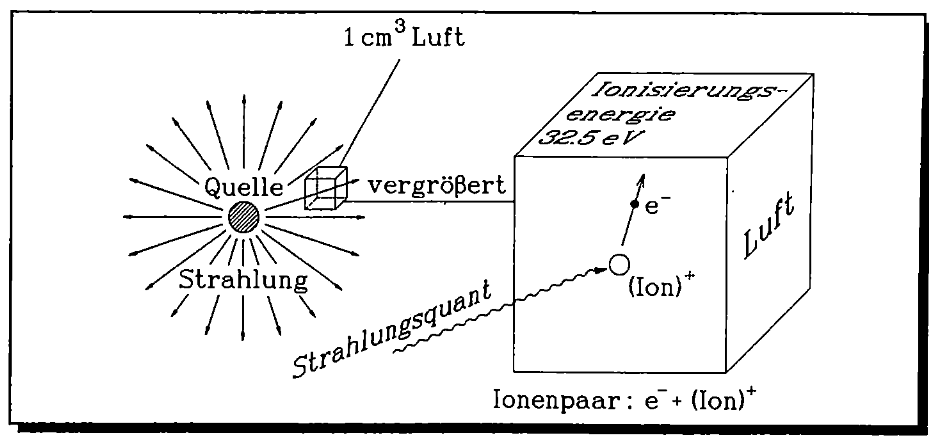

BILD 3.3.1: STRAHLUNGSABSORPTION IN LUFT

Betrachtet wird die Strahlungsabsorption in Luft. Bei der Ionisierung des Atoms durch das
Strahlungsquant wird ein negatives Elektron (e⁻) abgetrennt und es verbleibt ein positiv
geladenes Restatom (Ion). Der Energiebetrag, der vom Strahlungsquant für die Ionisierung
in Luft aufgebracht werden muß, beträgt 32,5 eV. Das bedeutet: In Luft wird pro Ionisierungsprozeß ein Strahlungsenergiebetrag von 32,5 eV absorbiert, wobei ein Ionenpaar
erzeugt wird. Werden die gebildeten Ladungen durch eine angelegte elektrische Spannung
gemessen, so läßt sich die Anzahl von erfolgten Ionisierungen bestimmen.

Beispiel: Werden in 1 cm³ Luft unter Normalbedingungen (1 bar Druck, 20°C) eine Anzahl
von $2,08 \cdot 10^9$ Ionenpaare erzeugt, so ist das gleichbedeutend mit einem absorbierten
Strahlungsenergiebetrag von $2,08 \cdot 10^9 \cdot 32,5 = 6,76 \cdot 10^{10}$ eV. Wird dieser Energiebetrag
nach Beziehung (2.1.3) umgerechnet, so ergeben sich $1,08 \cdot 10^{-8}$ Ws (Joule). Wird entsprechend in 1g Luft eine Anzahl von $1,61 \cdot 10^{12}$ Ionenpaare erzeugt, so entspricht dies einem
absorbierten Strahlungsenergiebetrag von $2,58 \cdot 10^{-6}$ Ws (Joule).

3.3.1 Energiedosis

Die absorbierte Strahlungsenergie pro Masseneinheit wird als ENERGIEDOSIS bezeichnet und entsprechend lautet ihre DEFINITION:

$$\text{ENERGIEDOSIS} = D_E = \frac{\text{ABSORBIERTE STRAHLUNGSENERGIE}}{\text{MASSE}} \qquad (3.3.1)$$

Im internationalen SI-System der Einheiten besitzt die Energiedosis die Einheit GRAY. Ihre DEFINITION:

$$1 \text{ GRAY (Gy)} = 1 \ \frac{J}{kg} \qquad (3.3.2)$$

Früher übliche Einheiten waren:

$$1 \text{ RÖNTGEN (R)} = 2{,}58 \cdot 10^{-3} \text{ J/kg Luft}$$
$$1 \text{ RAD} = 10^{-2} \text{ J/kg Luft}$$

Die Festlegung der Einheit Röntgen ist aus dem oben erwähnten Beispiel gut verständlich. Für die Durchstrahlungsprüfung ist die Energiedosis eine wichtige Größe um z.B. quantitativ angeben zu können, wieviel Strahlung auf das Nachweisgerät gelangt ist (vgl. BILD 3.1.1).

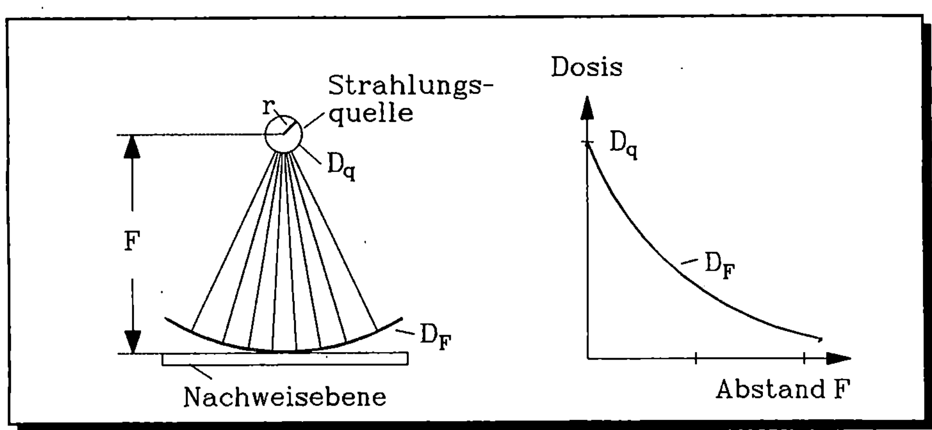

BILD 3.3.2: DOSIS-ABSTANDS-KURVE

Die Energiedosis D_E, die auf das Nachweisgerät gelangt, ist abhängig von der Dosis, die die Strahlungsquelle aussendet und dem Abstand F zwischen Strahlenquelle und Nachweisebene, so wie es in BILD 3.3.2 dargestellt ist.

Betrachtet wird eine Strahlenquelle mit dem Radius r um die eine Kugel mit dem Radius F, dem Abstand Quelle - Nachweisebene, gelegt ist. Die aus der Quelle austretende Strahlendosis muß auch die Kugeloberfläche im Abstand F durchdringen. Die Energiedosis im Abstand F, D_F, ergibt sich dann aus dem Verhältnis der Kugeloberfläche der Strahlenquelle zur Kugeloberfläche im Abstand F:

$$D_F \ (F) \ = \ \frac{4 \ \pi \ r^2}{4 \ \pi \ F^2} \cdot D_q \ = \ \frac{r^2}{F^2} \ D_q \qquad (3.3.3)$$

Bei vorgegebener Strahlenquelle (r = const) nimmt die Dosis D_F quadratisch mit dem Abstand Quelle - Nachweisebene ab, was im rechten Teil von BILD 3.3.2 dargestellt ist.

ENERGIEDOSISLEISTUNG
Wird die Energiedosis auf die Zeiteinheit bezogen, so ergibt sich die ENERGIEDOSIS-LEISTUNG. Es lautet ihre DEFINITION:

$$\text{ENERGIEDOSISLEISTUNG} \ = \ \dot{D}_E \ = \ \frac{\text{ENERGIEDOSIS } D_E}{\text{ZEIT } t} \qquad (3.3.4)$$

Ihre Einheit im SI - System ist

$$\text{EINHEIT} : \ \frac{\text{GRAY}}{\text{SEKUNDE}} \ = \ \frac{Gy}{s}$$

3.3.2 Äquivalentdosis

Die Energiedosis gibt an, wieviel Strahlungsenergie pro Masseneinheit absorbiert worden ist, sagt jedoch nichts über die *biologische Wirkung* der absorbierten Strahlung aus, was für den Strahlenschutz wichtig ist, auf den im Abschnitt 3.6 eingegangen ist. Die Wirkung der Strahlung im menschlichen Körper ist nun nicht nur von den pro Masseneinheit gebildeten Ionenpaaren abhängig, sondern auch von der Ionisierungsdichte, d.h. wieviel Ionenpaare pro Volumeneinheit von der auffallenden Strahlungsart gebildet werden. Da dies von der Art der Strahlung abhängt, ist damit auch die biologische Wirkung abhängig von der Strahlenart. Diese Abhängigkeit wird durch die RELATIVE BIOLOGISCHE WIRKSAMKEIT (RBW) in Form des RBW - FAKTORS ausgedrückt.

RBW - Faktoren von unterschiedlichen Strahlenarten sind in TABELLE 3.3.1 zusammengestellt. Diejenige Dosis, die - im Unterschied zur Energiedosis - die biologische Wirkung der Strahlung mitberücksichtigt wird ÄQUIVALENTDOSIS $D_Ä$ genannt. Die Äquivalentdosis ergibt sich aus der Energiedosis durch Multiplikation mit dem Faktor für die relative biologische Wirksamkeit (RBW) zu:

$$D_{\ddot{A}} = D_E \cdot RBW \hspace{4cm} (3.3.5)$$

Die SI - Einheit für die Äquivalentdosis ist das SIEVERT [Sv].

DEFINITION: 1 SIEVERT ist gleich der Äquivalentdosis, die sich als Produkt aus
                   der Energiedosis 1 GRAY und dem Bewertungsfaktor RBW $= 1$
                   ergibt.

Als Untereinheiten dienen:

$$1 \text{ Milli - Sievert (mSv)} \quad = 10^{-3} \text{ Sievert (Sv)}$$
$$1 \text{ Mikro - Sievert } (\mu Sv) \quad = 10^{-6} \text{ Sievert (Sv)}$$

In früherer Zeit wurde für die Äquivalentdosis die Einheit REM (Röntgen equivalent man)
verwendet. Die Umrechnung erfolgt nach der Beziehung:

$$1 \text{ Sv } = 100 \text{ rem} \hspace{4cm} (3.3.6)$$

STRAHLENART	RBW-FAKTOR
RÖNTGEN-, GAMMA- UND BETASTRAHLUNG	1
PROTONEN $\qquad E_p \rangle$ 2 MeV	2
NEUTRONEN $\qquad E_n \langle$ 10 KeV $\qquad\qquad\qquad E_n \rangle$ 10 KeV	3 10
ALPHA-STRAHLEN	20

TABELLE 3.3.1: RBW-FAKTOREN

ÄQUIVALENTDOSISLEISTUNG

Wird die Äquivalentdosis auf die Zeit bezogen, so ergibt sich die ÄQUIVALENTDOSIS-
LEISTUNG durch die Beziehung:

$$\text{ÄQUIVALENTDOSISLEISTUNG } \dot{D}_{\ddot{A}} = \frac{\text{Äquivalentdosis } D_{\ddot{A}}}{\text{Zeit } t} \hspace{2cm} (3.3.7)$$

Für Röntgen - und Gammastrahlung haben, wegen RBW $= 1$, die Energiedosis und die
Äquivalentdosis die gleichen Zahlenwerte, sodaß in diesen Fällen für beide der Begriff Dosis
verwendet werden kann.

3.4 Strahlungsnachweis

Es werden im wesentlichen zwei Verfahren zum Strahlungsnachweis eingesetzt:

- Strahlungsmessung mit strahlungsempfindlichen Filmen
- Strahlungsmessung mit Detektoren

Da bei der Durchstrahlungsprüfung die Verwendung von strahlungsempfindlichen Filmen sehr weit verbreitet ist, soll mit diesem Verfahren begonnen werden.

3.4.1 STRAHLUNGSMESSUNG MIT FILMEN

Der strahlungsempfindliche Film dient dazu, die Abbildung des Fehlers oder einer Materialstruktur nachzuweisen. Da diese Abbildung durch die Strahlung erfolgt muß die Verteilung der Strahlungsintensität durch den Film darstellbar sein. Das Arbeitsprinzip von strahlungsempfindlichen Filmen soll anhand von BILD 3.4.1 erläutert werden. Zu diesem sog. FILMSYSTEM gehören der Filmtyp und die Filmverarbeitung, die nach den Empfehlungen des Filmherstellers und des Herstellers der Verarbeitungs-Chemikalien erfolgen soll.

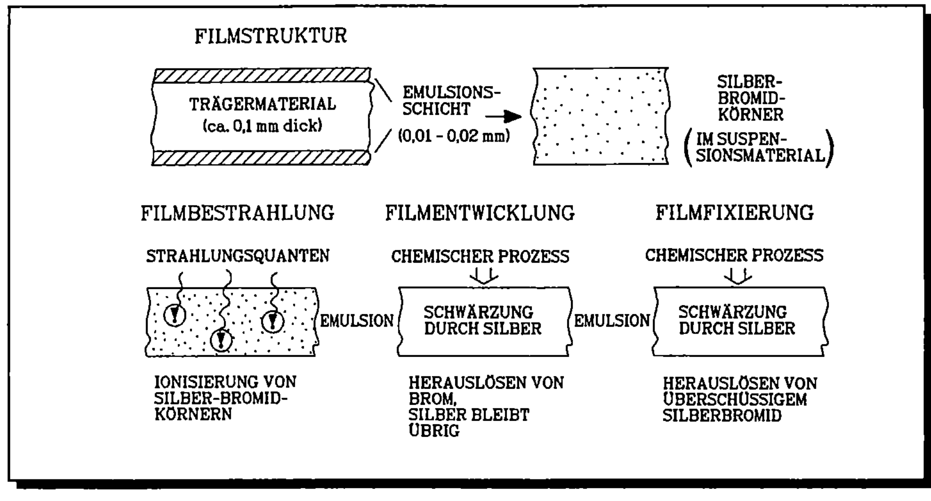

BILD 3.4.1: STRAHLUNGSMESSUNG MIT FILMSYSTEM

Der Film besteht aus einem Trägermaterial (z.B. Polyester) auf das eine dünne Emulsionsschicht aufgebracht ist. In dieser Emulsionsschicht sind Silberbromid - Körner suspendiert. Die Vorgänge, die sich bei der Strahlungsmessung abspielen, lassen sich in folgende Abschnitte unterteilen:

FILMBESTRAHLUNG: Die auffallenden Strahlungsquanten treten mit den Silberbromid-Körnern in Wechselwirkung und rufen durch die im Abschnitt 3.2 beschriebenen Wechselwirkungsprozesse eine Ionisierung von Körnern hervor. Je größer die absorbierte Strahlungsdosis, desto stärker die Ionisation. Durch den Ionisationsprozeß wird das Silberbromid - Korn verändert, was für den nächsten Behandlungsschritt wichtig ist.

FILMENTWICKLUNG: Bei den durch die Ionisation betroffenen Silberbromid - Körnern wird durch einen chemischen Prozeß das Brom herausgelöst. Bei diesen Körnern bleibt nur das Silber übrig, welches zu einer optischen Schwärzung der Emulsionsschicht führt. Je höher die absorbierte Strahlungsdosis, desto größer der Silbergehalt und die dadurch hervorgerufene Filmschwärzung.

FILMFIXIERUNG: Die von der Ionisation NICHT betroffenen Silberbromid - Körner werden durch einen chemischen Prozeß herausgelöst.

3.4.1.1 Filmschwärzung

Die Messung der Strahlungsdosis D im Film erfolgt über die Schwärzung S des Films. Dabei ist die Schwärzung S proportional zur Dosis D im Film. Formelmäßig ausgedrückt:

$$S \text{ proportional } D \qquad (3.4.1)$$

Die Strahlungsdosis D ist im Abschnitt 3.3 genau behandelt worden. Ihre Maßeinheit ist das Gray (Gy).

SCHWÄRZUNG: Die von den Strahlungsquanten verursachte Filmschwärzung läßt sich - wie in BILD 3.4.2 dargestellt - optisch messen. Eine Lichtquelle sendet durch eine Trübglasscheibe Licht der Leuchtdichte L_0, welches auf den Film auffällt und in ihm entsprechend der Filmschwärzung geschwächt wird. An der Filmunterseite tritt die Leuchtdichte L_1 aus. Die

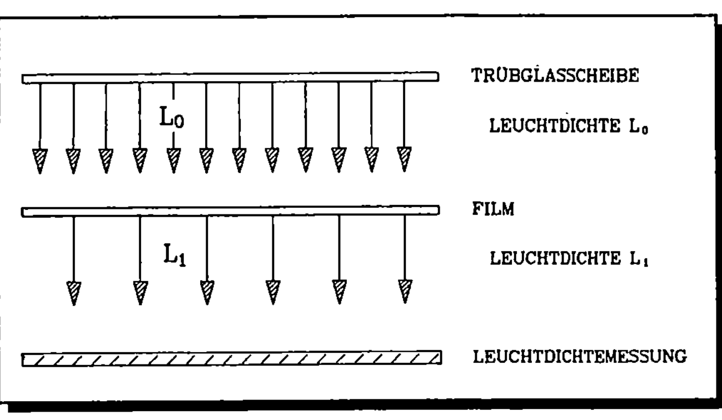

BILD 3.4.2: BESTIMMUNG DER SCHWÄRZUNG

Leuchtdichten können optisch gemessen werden. Über das Verhältnis läßt sich die Schwärzung S - auch als OPTISCHE DICHTE bezeichnet - festlegen durch die DEFINITION:

$$S = \log \frac{L_0}{L_1} \qquad (3.4.2)$$

Ein Film mit $S = 0$ ist völlig durchsichtig. Durch einen Film mit $S = 1$ läßt sich gedruckte Schrift gerade noch lesen. Ein Film mit $S = 5$ ist praktisch lichtundurchlässig.

Da die Filmschwärzung S nach Beziehung (3.4.1) proportional zur Strahlungsdosis D ist, soll nun auf den Zusammenhang zwischen diesen beiden Größen eingegangen werden.

Bei einer Durchstrahlungsprüfung wird gemäß BILD 3.1.1 der Film zur Fehlerabbildung mit Strahlung beaufschlagt, ein Vorgang der auch mit "BELICHTUNG", in Analogie zu normalen Bildaufnahmen, bezeichnet wird. Das Produkt aus der auf den Film auffallenden Dosisleistung und der Belichtungszeit ergibt die Dosis D am Ort des Films, Beziehung (3.4.3), welche die

$$D = \dot{D} \cdot t_b \qquad (3.4.3)$$

Schwärzung hervorruft. Der Zusammenhang zwischen Schwärzung S und Dosis D kann für einen gegebenen Film durch eine Kurve dargestellt werden. Die schematische Darstellung einer derartigen Kurve zeigt BILD 3.4.3.

Aufgetragen ist die Schwärzung über der Strahlungsdosis für drei verschiedene Filmtypen G1, G2 und G3. Die Schwärzung wird hierbei bestimmt zu

$$S = S_1 + S_0 \qquad (3.4.4)$$

wobei

$S_1 =$ Schwärzung, hervorgerufen durch die Bestrahlung

$S_0 =$ Schwärzung des unbelichteten, verarbeiteten Films einschließlich Unterlage

Es ergibt sich eine lineare Beziehung zwischen der, durch die Bestrahlung hervorgerufenen Schwärzung, und der Strahlendosis am Ort des Films. Diese lineare Beziehung ist aufgrund des Entstehungsprozesses der Schwärzung durch das gebildete Silber verständlich.

3.4.1.2 Linearer Filmgradient

Die Steigung der jeweiligen Schwärzung - Dosis - Kurve kann durch den Gradienten folgendermaßen ausgedrückt werden:

$$\text{LINEARER FILMGRADIENT} = \frac{dS}{dD} \qquad (3.4.5)$$

Der lineare Filmgradient besitzt, wie BILD 3.4.3 zeigt, für die verschiedenen Filmtypen unterschiedliche Werte. So hat z.B. der Filmtyp G3 die stärkste Steigung. Das bedeutet,daß der Film G3 bei einer gegebenen Dosis D von den drei Filmtypen die stärkste Schwärzung erfährt. Der Filmtyp G1 dagegen besitzt die niedrigste Steigung und besitzt damit auch die niedrigste Schwärzung. Je größer die Schwärzung eines Films bei einer gegebenen Dosis ist, umso empfindlicher reagiert der Film auf die Strahlung. Mit anderen Worten ausgedrückt: Je kleiner die erforderliche Dosis ist um eine bestimmte Schwärzung zu erreichen, umso empfindlicher ist der Film. Die gestrichelte Linie in BILD 3.4.3 verdeutlicht diesen Sachverhalt. Danach besitzt der Filmtyp G3 die höchste Empfindlichkeit und der Filmtyp G1 die niedrigste. Generell läßt sich feststellen, daß Filme mit einem großen linearen Filmgradienten eine hohe Empfindlichkeit besitzen und Filme mit kleinen linearen Filmgradienten eine niedrige Empfindlichkeit.

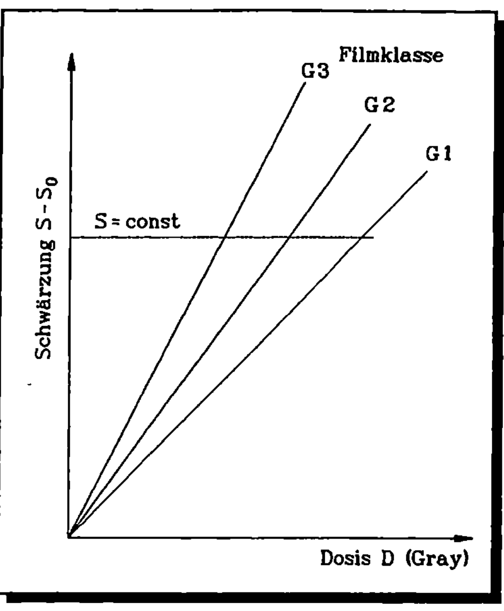

BILD 3.4.3:   LINEARE SCHWÄRZUNG-DOSIS-KURVE

Bei empfindlichen Filmen (Typ G3) ist infolgedessen schon bei relativ niedriger Dosis eine bestimmte Schwärzung erreicht. Ist die Strahlungsintensität, ausgedrückt durch die Dosisleistung der Durchstrahlungsanordnung, gegeben, so bedeutet nach Beziehung (3.4.3), daß für eine niedrige Dosis nur eine kurze Belichtungszeit erforderlich ist und deswegen ist die Prüfgeschwindigkeit relativ hoch. Wird dagegen ein unempfindlicher Film (Typ G1) verwendet, so ist die erforderliche Belichtungszeit, um eine bestimmte Schwärzung zu erreichen, größer und die Prüfgeschwindigkeit nimmt ab. Diese Zusammenhänge sind in TABELLE 3.4.1 zusammengestellt:

FILMTYP	EMPFINDLICHKEIT	BELICHTUNGSZEIT	PRÜFGESCHWIN-DIGKEIT
G1	GERING	HOCH	KLEIN
G2	MITTEL	MITTEL	MITTEL
G3	HOCH	KURZ	HOCH

TABELLE 3.4.1: FILMEIGENSCHAFTEN

3.4.1.3 Körnigkeit

Die Empfindlichkeit eines Films hängt stark von der KÖRNIGKEIT ab. Die Körnigkeit ist durch die Größenverteilung der Silberkörner im belichteten und fertig verarbeiteten Film gegeben. Sie läßt sich quantitativ über die stochastischen Schwärzungsschwankungen im Film bestimmen, die durch die Verteilung der Silberkörner ausgelöst werden.
Die Bestimmung der Körnigkeit kann durch eine lineare Abtastung eines Films konstanter Schwärzung (S = 2,0) mit einem Mikrophotometer erfolgen.
Ein solches Gerät erlaubt die feinen Schwärzungsschwankungen zu erfassen,wenn sein Blendendurchmesser im Bereich von 10 - 100 μm liegt. Je größer die Schwärzungsschwankungen bei der Abtastung sind, desto grobkörniger ist der Film. Aus diesem Grunde wird die Körnigkeit über die Standardabweichung σ_S der Schwärzungsschwankungen bestimmt.

$$\boxed{\text{KÖRNIGKEITSMASS} = \sigma_S \hspace{3cm} (3.4.6)}$$

Zur Erläuterung des Zusammenhangs zwischen Filmkörnigkeit und Filmempfindlichkeit sei noch einmal der Entstehungsprozeß der Silberkörner aus den Silberbromidkörnern durch die auffallende Strahlung betrachtet. Der Ionisierungsprozeß der Strahlungsquanten im Silberbromidkorn führte zur Entstehung des Silberkorns. Die Wahrscheinlichkeit daß die Strahlungsquanten große Silberbromidkörner treffen ist sehr viel höher als in kleinen Körnern Ionisierungen auszulösen. Deswegen werden in grobkörnigen Filmen bei gleicher Dosis mehr Silberkörner gebildet als in feinkörnigen und die Schwärzung ist entsprechend größer. Das bedeutet, daß grobkörnige Filme empfindlicher sind als feinkörnige.

Die Auswahl der Empfindlichkeit eines Films hängt sehr von der Größe der nachzuweisenden Fehler ab. Die Körnigkeit muß deutlich kleiner als die Abmessung der nachzuweisenden Fehler sein, da sonst keine gute Fehlerabbildung möglich ist. Das führt dazu, daß zum Nachweis sehr kleiner Fehler notwendigerweise Filme kleiner Körnigkeit verwendet werden müssen, die sehr unempfindlich sind und dementsprechend hohe Dosen benötigen, was normalerweise mit längeren Bestrahlungszeiten verbunden ist.

3.4.1.4 Filmempfindlichkeit

Die Abhängigkeit der Schwärzung von der Strahlendosis war in BILD 3.4.3 als lineare Schwärzung - Dosis - Kurve dargestellt worden. Die Dosis wird dabei direkt am Film gemessen. Die Dosen liegen üblicherweise im Bereich von Milli - Gray (mGy). Die Steigung der Kurve gibt den linearen Filmgradienten $d(S-S_0)/dD$ der jeweiligen Filmklasse an. Je größer die Steigung der Kurve desto geringer die Dosis für eine bestimmte Schwärzung und damit umso größer die Empfindlichkeit des Films.
Die Filmempfindlichkeit FE läßt sich somit direkt aus der linearen Schwärzung-Dosis- Kurve bestimmen. Allgemein ergibt sie sich aus dem Verhältnis von erzielter Schwärzung $(S - S_0)$ zu Bestrahlungsdosis D (in Gy) am Film. Zur Messung ist eine Schwärzung von $(S - S_0) = 2$ festgelegt worden, sodaß die Bestimmung erfolgt nach:

$$FE = \frac{(S - S_0) = 2}{D} \qquad (3.4.7)$$

Wird also diejenige Dosis (in Gy) gemessen, die für die Herstellung einer Schwärzung von $(S - S_0) = 2$ erforderlich ist, so folgt daraus direkt die Filmempfindlichkeit. Die TABELLE 3.4.2 zeigt die Beziehung zwischen Dosis am Film und Filmempfindlichkeit.

D [Gy]	Log$_{10}$ D [Gy]	Filmempfindlichkeit
Für $(S - S_0) = 2$	Für $(S - S_0) = 2$	FE [1 /Gy]
$0,5 \cdot 10^{-3}$	-3,30	4.000
$1,0 \cdot 10^{-3}$	-3,00	2.000
$2,0 \cdot 10^{-3}$	-2,69	1.000
$3,0 \cdot 10^{-3}$	-2,52	667
$4,0 \cdot 10^{-3}$	-2,40	500
$5,0 \cdot 10^{-3}$	-2,30	400
$1,0 \cdot 10^{-2}$	-2,00	200
$5,0 \cdot 10^{-2}$	-1,30	40
$1,0 \cdot 10^{-1}$	-1,00	20

TABELLE 3.4.2: BERECHUNG DER FILMEMPFINDLICHKEIT

In BILD 3.4.4 ist dieser Zusammenhang in Kurvenform dargestellt. Um vergleichbare Bestrahlungsbedingungen für die Bestimmung von FE zu erhalten, wird eine Röhrenspannung um 200 KV festgelegt, sodaß die Halbwertsschicht (3,5 ± 0,2 mm) Kupfer entspricht. Die Filmempfindlichkeit spielt für die praktische Anwendung im Hinblick auf die erforderliche Belichtungszeit eine große Rolle. Hohe Werte von FE bedeuten kürzere Belichtungszeiten und kleine Werte von FE längere Belichtungszeiten. Aus diesem Grunde wird für die Filmempfindlichkeit auch der Begriff der FILMGESCHWINDIGKEIT verwendet, wobei hohe FE großen Geschwindigkeiten entsprechen und niedrige FE kleinen Geschwindigkeiten.

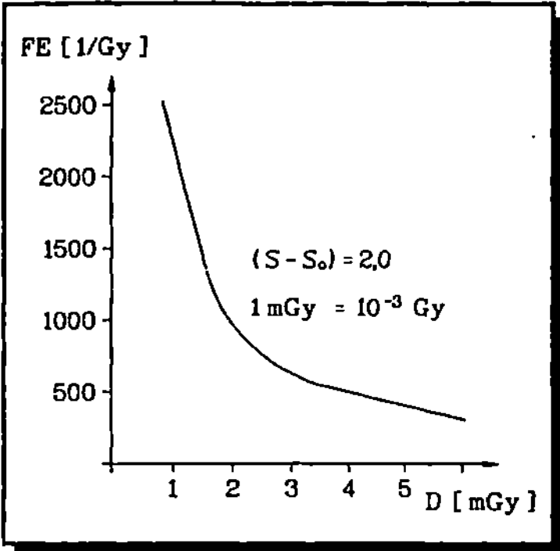

BILD 3.4.4:   FILMEMPFINDLICH-KEITSKURVE

3.4.1.5 Charkteristische Filmkurven, Logarithmischer Filmgradient

Wird die Schwärzung S als Funktion des Logarithmus der Dosis D dargestellt - in allgemeiner Form geschrieben -

$$S = f (\log_{10} D) \qquad (3.4.8)$$

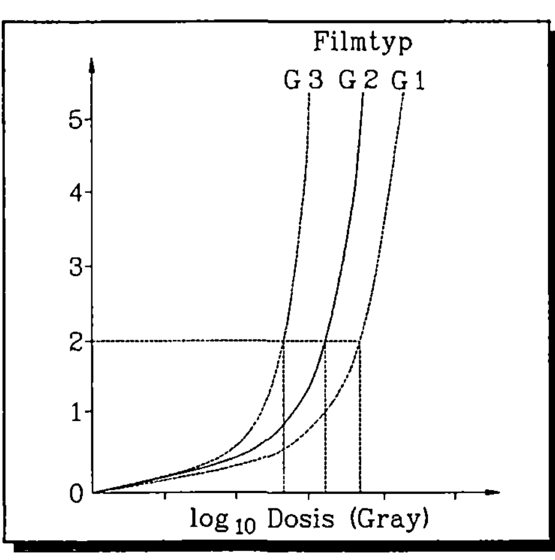

BILD 3.4.5:   CHARAKTERISTISCHE FILMKURVEN

so wird dies als CHARAKTERISTISCHE FILMKURVE bezeichnet. Normalerweise bringt eine logarithmische Darstellung nur Vorteile, wenn die darzustellende Funktion exponentiellen Charakter hat. Dies ist jedoch bei der Schwärzung - Dosis - Kurve nicht der Fall, sodaß der praktische Nutzen dieser Darstellung zweifelhaft ist. Da jedoch die charakteristische Kurve in einigen Fällen verwendet wird, soll sie auch hier behandelt werden. Für die Filmklassen G1, G2 und G3 sind die charakteristischen Filmkurven in BILD 3.4.5 gezeigt. In Analogie zum linearen Filmgradienten, entsprechend Beziehung (3.4.5), kann hier aus der Steigung der charakteristischen Filmkurven der LOGARITHMISCHE FILMGRADIENT gebildet werden:

$$\text{LOG. FILMGRADIENT } G = \frac{dS}{d \log_{10} D} \qquad (3.4.9)$$

Der logarithmische Filmgradient läßt sich aus dem linearen Filmgradient dS/dD durch folgende Umformung berechnen:

$$\frac{dS}{dD} = \frac{dS}{dD} \cdot \frac{d \ln D}{d \ln D} \cdot \frac{d \log_{10} D}{d \log_{10} D} \qquad (3.4.10)$$

oder

$$\frac{dS}{dD} = \frac{dS}{d \log_{10} D} \cdot \frac{d \ln D}{dD} \cdot \frac{d \log_{10} D}{d \ln D} \qquad (3.4.11)$$

Da

$$\frac{d\,\ln D}{dD} = \frac{1}{D} \quad \text{und} \quad \frac{d\,\log_{10}D}{d\,\ln D} = \frac{1}{2,303} \qquad (3.4.12)$$

folgt für den logarithmischen Filmgradienten:

$$G = 2,303\ D \cdot \frac{dS}{dD} \qquad (3.4.13)$$

Er errechnet sich aus dem linearen Filmgradienten dS/dD durch Multiplikation mit der Dosis und einem konstanten Faktor 2,303. Ist für einen Film der lineare Filmgradient z.B. aus BILD 3.4.3 oder anderweitig bekannt, so kann für eine bestimmte Dosis D der logarithmische Filmgradient nach Gleichung (3.4.13) berechnet werden. Hier zeigt sich der Nachteil dieser Darstellung, da der logarithmische Filmgradient von der Dosis abhängt und infolgedessen zur eindeutigen Definition neben dem Wert von G auch der Wert der Dosis D mit angegeben werden muß, was beim linearen Filmgradienten nicht erforderlich ist.

Als Beispiele sind in TABELLE 3.4.3 logarithmische Filmgradienten für verschiedene Strahlungsdosen im Film und für verschieden empfindliche Filme, ausgedrückt durch den linearen Filmgradienten, nach Gleichung (3.4.13) berechnet worden.

DOSIS [mGy]	LINEARER FILMGRADIENT $[\text{mGy}]^{-1}$	LOGARITHMISCHER FILMGRADIENT [-]
0,5	4,0	4,6
1,0	4,0	9,2
2,0	4,0	18,4
3,0	4,0	27,6
0,5	2,0	2,3
1,0	2,0	4,6
2,0	2,0	9,2
3,0	2,0	13,8
0,5	1,0	1,2
1,0	1,0	2,3
2,0	1,0	4,6
3,0	1,0	6,9

TABELLE 3.4.3: LOGARITHMISCHE FILMGRADIENTEN

3.4.1.6 Gradient - Rausch - Verhältnis

Bei der Auswertung von Radiografiebildern spielt die Körnigkeit eine Rolle, da sie bei der Auswertung zu einem "Bildrauschen" führt. Beim Film wird dieses Bildrauschen durch die von der Körnigkeit hervorgerufenen Schwärzungsschwankungen sichtbar. Je stärker die Schwärzungsschwankungen desto größer das Bildrauschen. Wie bei einem "verrauschten " Fernsehbild führt dies auch hier dazu, daß der abzubildende Gegenstand schlechter erkennbar wird, weil das eigentliche Signal - der vom Gegenstand hervorgerufene Kontrast - von diesen Schwankungen überlagert wird. Es kann also hier, wie in der Nachrichtentechnik üblich, von einem SIGNAL / RAUSCH - VERHÄLTNIS gesprochen werden, welches durch das Bildrauschen verschlechtert wird. Quantitativ läßt sich dies beschreiben indem das Verhältnis vom Filmgradienten, der die Güte des Signals mitbestimmt, zum Körnigkeitsmaß, das das Bildrauschen bestimmt, gebildet wird:

$$\boxed{\text{GRADIENT} - \text{RAUSCH} - \text{VERHÄLTNIS} = \frac{G}{\sigma_S} \qquad (3.4.14)}$$

Gebildet wird das Verhältnis mit dem Filmgradienten, der sich bei der Schwärzung
$(S\text{-}S_0)$ = 2 ergibt und der bei diesem Zustand gemessenen Standardabweichung σ_S der Schwärzungsschwankungen.
Mit Hilfe von Filmgradient und Gradient - Rausch - Verhältnis lassen sich die wesentlichen Eigenschaften eines Films bestimmen. Aus diesem Grunde können die beiden Größen auch zur Klassifizierung von Filmen dienen.

3.4.1.7 Verstärkerfolien

Eine Erhöhung der Schwärzung S bei vorgegebener Dosis D würde die Filmempfindlichkeit und den Filmgradienten vergrößern. Um dies zu erreichen werden Verstärkerfolien eingesetzt, die aus schweren Metallen - vorzugsweise Blei - bestehen. Mit Hilfe der Verstärkerfolien soll erreicht werden, daß die auf den Film treffende Strahlung noch besser ausgenutzt wird, um über eine zusätzliche Ionisation von Silberbromid - Körnern eine größere Schwärzung des Films zu erzielen. Die Arbeitsweise von Verstärkerfolien sei anhand von BILD 3.4.6 erläutert. Ausgenutzt werden Wechselwirkungsprozesse der Strahlung mit der Verstärkerfolie die eine zusätzliche Ionisation im Film erzeugen. Die Wechselwirkungsprozesse sind im Abschnitt 3.2 erläutert. Da diese Prozesse besonders intensiv bei schweren Metallen ablaufen, werden vorzugsweise Bleifolien eingesetzt. In einer Bleifolie treten folgende Effekte auf:

(1)   Verstärkte Schwärzung des Films durch Ionisation von Sekundärelektronen und sekundären Strahlungsquanten, die aus der Folie in den Film gelangen.
(2)   Verstärkte Absorption der niederenergetischen Streustrahlung im Vergleich zur Primärstrahlung. Dadurch wird der Dosiszuwachsfaktor (vgl. Abschnitt 3.2) verringert.
(3)   Größere Verstärkung der höherenergetischen Primärstrahlung im Vergleich zur niederenergetischen Strahlung im Film.

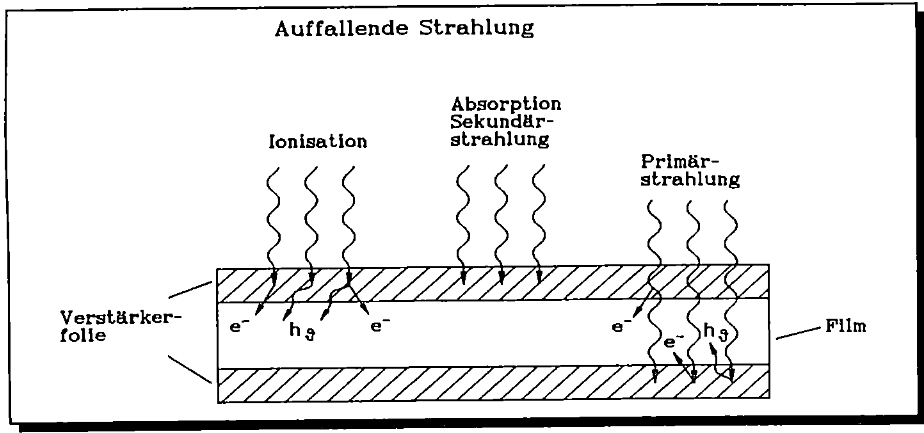

BILD 3.4.6: ARBEITSWEISE VON VERSTÄRKERFOLIEN (BLEI)

Der Verstärkungsfaktor, ausgedrückt durch das Verhältnis der Filmschwärzung mit Folie zur Filmschwärzung ohne Folie, hängt ab von:

- Material und Dicke der Verstärkerfolie
- Art des Films
- Energie der auffallenden Strahlung

Ein Beispiel für den Verlauf des Verstärkungsfaktors in Abhängigkeit von Beschleunigungsspannung und Dicke der Bleifolie bei der Durchstrahlungsprüfung zeigt BILD 3.4.7. Bei sehr dünnen Bleifolien können die bei den Wechselwirkungsprozessen gebildeten Sekundärelektronen und sekundären Strahlungsquanten gut aus der Folie austreten und in den Film gelangen. Voraussetzung dazu ist immer, daß ein ausgezeichneter Kontakt zwischen Film und Folie herrscht. Um dies zu erreichen werden oftmals Vakuumkassetten eingesetzt. Bei dickeren Folien ist zwar wegen des größeren Volumens die Wechselwirkung größer, doch kann ein Teil der gebildeten Sekundärstrahlung wegen Absorption die Folie nicht verlassen.

Weitere Beispiele:

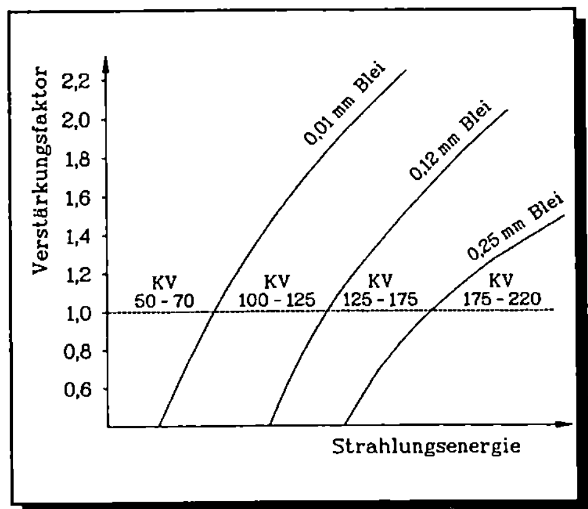

BILD 3.4.7:   **VERSTÄRKUNGSFAKTOR VON BLEIFOLIEN**

☐ Bei der Durchstrahlung von 30 mm starkem Stahl mit Strahlungsenergien von 200 KeV können mit Bleifolien Verstärkungsfaktoren um 3

erreicht werden, was einer Reduzierung der Bestrahlungszeit auf 1/3 entspricht.
☐   Bei der Durchstrahlung von 30 mm starkem Stahl mit Co 60 - Gammastrahlung
     können mit Bleifolien Verstärkungsfaktoren um 2 erreicht werden.

Außer Blei können andere Metalle hoher Dichte (Tantal) oder bleihaltige Materialien
verwendet werden. Dazu gehören z.B. Bleioxid - Folien. Diese Folien bestehen aus bleioxid-
beschichteten Papierfolien, die lichtdicht verpackt sind. Der Vorteil dieser Folien ist eine
einfache Handhabung und eine große Flexibilität. Ihr Anwendungsbereich liegt ebenfalls im
Bereich von 100-300 KV Beschleunigungsspannung. Die Verstärkungsfaktoren sind denen
von Bleifolien ähnlich.

FLUORESZENZ-FOLIEN
Zur Erhöhung der Filmschwärzung wird noch eine weitere Folienart verwendet, die auf
einem anderen Arbeitsprinzip basiert, das in BILD 3.4.8 erläutert ist. Eingesetzt werden

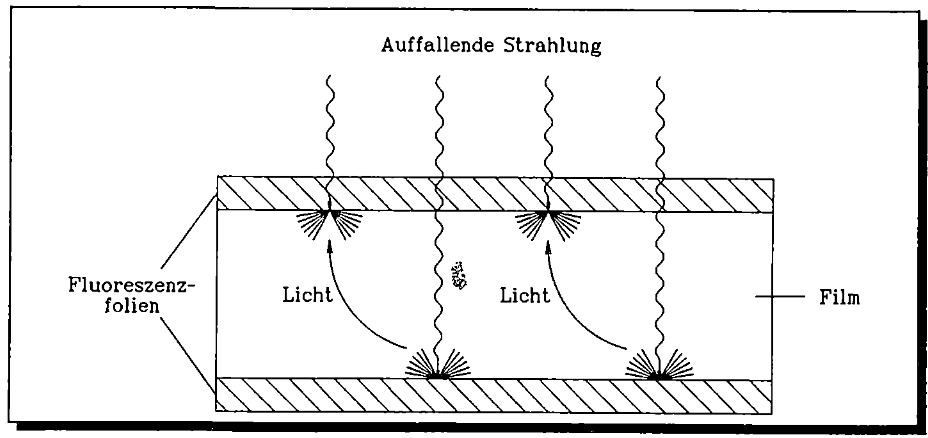

BILD 3.4.8: ARBEITSWEISE VON FLUORESZENZFOLIEN

Materialien, bei denen die auftretende Röntgen - oder Gammastrahlung in Lichtstrahlung
umgewandelt wird. Dies geschieht dadurch, daß die auftreffende Strahlung durch
Wechselwirkungsprozesse die Hüllenelektronen in angeregte Zustände versetzt und diese
dann durch Aussendung von Lichtquanten in die Grundzustände zurückkehren. Dieser
Vorgang wird mit FLUORESZENZ bezeichnet. Die erzeugten Lichtquanten rufen dann eine
zusätzliche Schwärzung des Films hervor.
Vielfach benutzte chemische Verbindungen sind Salze in Form von

☐   Kalzium - Wolframat
☐   Barium - Bleisulfat

weswegen diese Folien auch als Salzfolien bezeichnet werden. Auch hier hängt der
Verstärkungsfaktor ab von:

- ■ Material der Fluoreszenzfolie
- ■ Art des Films
- ■ Energie der auffallenden Strahlung

Verstärkungsfaktoren von Fluoreszenzfolien für Betriebsspannungen von 100 bis 300 KV liegen im Bereich von 60 bis 100. Bei der Verwendung von Co-60 - Strahlung für die Prüfung großer Stahldicken sind mit Fluoreszenzfolien Verstärkungsfaktoren bis 10 erreichbar.
Ein wesentlicher Nachteil der Anwendung dieser Folien ist ein unschärferes Bild, da die Lichtausbreitung, wie auch aus BILD 3.4.8 ersichtlich, über einen größeren Bereich erfolgt und dadurch die Bildschärfe abnimmt, in der englischsprachigen Literatur als SCREEN - MOTTLE bezeichnet.

Metallfolien und Fluoreszenzfolien werden beidseitig vom Film auch als Kombination angebracht, wobei die Fluoreszenzfolien zwischen Metallfolie und Film zu legen sind.

3.4.1.8 Belichtungsdiagramme
Die Belichtung des Films erfolgt durch die auf den Film auffallende Strahlungsdosis. Die entsprechende Schwärzung des Films ist aus der für den betreffenden Fall gültigen Schwärzung - Dosis - Kurve (vgl. BILD 3.4.3) oder der charakteristischen Filmkurve (vgl. BILD 3.4.5) bestimmbar. Dies setzt voraus, daß die Dosis am Filmort bekannt ist oder gemessen wird. In vielen Fällen ist jedoch die Dosis am Filmort nicht bekannt, sodaß die Belichtung durch andere Größen gekennzeichnet werden muß.

Die Strahlungsdosis am Film, D_f, hängt von folgenden Größen ab:

- ■ **Dosisleistung der** Strahlenquelle
- ■ **Abstand F zwischen Strahlenquelle und Filmebene**
- ■ Belichtungszeit t_b
- ■ Materialart und Materialdicke d des Prüfkörpers

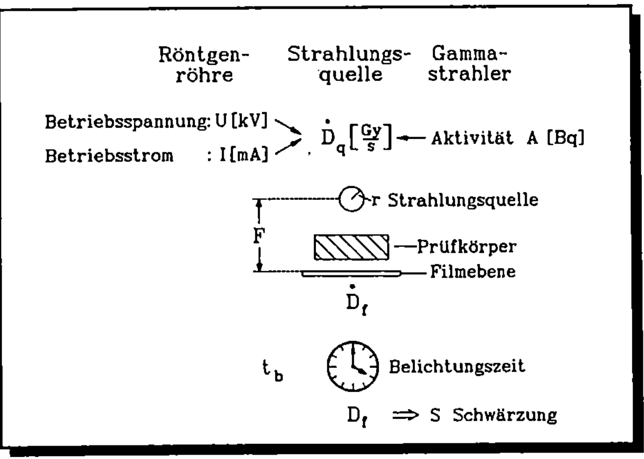

BILD 3.4.9: BELICHTUNGSVORGANG

Der Belichtungsvorgang und die für ihn wichtigen Größen sind in BILD 3.4.9 zur Erläuterung zusammengestellt. Die Dosisleistung der Strahlenquelle ergibt sich bei einer Röntgenanlage durch das Produkt aus Betriebsspannung U ⟦ KV ⟧ und und Betriebsstrom I ⟦ mA ⟧. Normalerweise wird die Betriebsspannung fest eingestellt und die Dosisleistung über den Röhrenstrom I geregelt.

In diesem Fall kann der Röhrenstrom I [mA] als Maß für die Dosisleistung der Strahlenquelle verwendet werden. Das bedeutet, die Dosisleistung läßt sich durch den Röhrenstrom I [mA] darstellen.

Bei einer Strahlenquelle mit Gammastrahler läßt sich die Dosisleistung der Quelle durch die Aktivität A [Bq] darstellen.

Die Dosisleistung am Film ergibt sich aufgrund des quadratischen Abstandsgesetzes nach Gleichung (3.3.3) zu

$$\dot{D}_f = \frac{r^2}{F^2}\,\dot{D}_q \qquad\qquad (3.4.15)$$

und die für die Schwärzung S verantwortliche Dosis nach Gleichung (3.3.4) zu

$$D_f = \dot{D}_f \cdot t_b \qquad\qquad (3.4.16)$$

als Produkt aus Dosisleistung am Film und Bestrahlungszeit.

Als Schlußfolgerung kann festgehalten werden, anstelle der Dosisleistung [Gy/s] können Spannungen U [KV] oder Strom I [mA] verwendet werden, sodaß diese Größen nur mit der Bestrahlungszeit t_b [min] zu multiplizieren sind um ein Maß für die Schwärzung S zu erhalten. Die Belichtung läßt sich danach als Produkt aus Stromstärke I [mA] - bei fest gehaltener Spannung - und Bestrahlungszeit t_b [min] darstellen:

$$\text{BELICHTUNG} = I \cdot t_b \ [\text{mA} \cdot \text{min}] \qquad\qquad (3.4.17)$$

bzw. bei radioaktiven Quellen

$$\text{BELICHTUNG} = A \cdot t_b \ [\text{GBq} \cdot \text{Stdn}] \qquad\qquad (3.4.18)$$

Da die Belichtung des Films außer von dem Produkt $I \cdot t_b$ bzw. mit der Aktivität, $A \cdot t_b$, auch noch nach Gleichung (3.4.15) vom quadratischen Abstand, F^2, abhängt, können zur Kennzeichnung BELICHTUNGSFAKTOREN gebildet werden:

$$\text{BELICHTUNGSFAKTOR für Röntgenstrahlung} = \frac{I \cdot t_b}{F^2} \qquad\qquad (3.4.19)$$

$$\text{BELICHTUNGSFAKTOR für Gammastrahlung} = \frac{A \cdot t_b}{F^2} \qquad\qquad (3.4.20)$$

Weiterhin muß bei der Belichtung noch die Materialart und die Materialdicke d des Prüfkörpers berücksichtigt werden, da durch das Material eine Strahlungsschwächung hervorgerufen wird. Da hierdurch die Dosis am Film kleiner wird, muß zur Erzielung der gleichen Filmschwärzung die Belichtung zunehmen. Das bedeutet generell, daß mit größerer

Materialdicke die Belichtung steigen muß. Der Zusammenhang der Größen

- Belichtung $I \cdot t_b$ bei gegebener Spannung U, bzw $A \cdot t_b$
- Materialdicke d
- Filmschwärzung S

wird in sog. BELICHTUNGSDIAGRAMMEN dargestellt. Zur vollständigen Kennzeichnung eines derartigen Diagramms gehört vor allem

- ☐ Eingestellte Prüfspannung U
- ☐ Art der Verstärkerfolien
- ☐ Filmtyp

Ein Belichtungsdiagramm für Stahl bei Verwendung einer Röntgenanlage mit U = 200 KV, F = 1m und Verstärkerfolien von 0,02 mm Blei zeigt BILD 3.4.10. Für eine Schwärzung S = 3 bei 25 mm Stahl und einer Stromstärke I von 10 mA ist eine Bestrahlungszeit von 10 Minuten erforderlich.

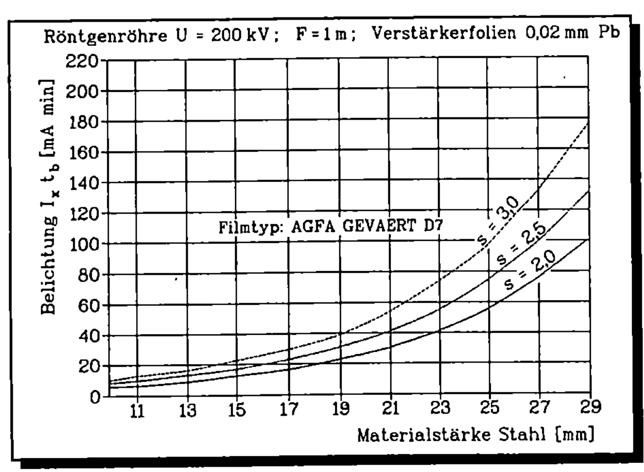

BILD 3.4.10: BELICHTUNGSDIAGRAMM, TYP 1

Ein Belichtungsdiagramm für konstante Schwärzung S = 2 und Verwendung einer Röntgenanlage von 400 KV/ 10 mA bei der die Spannung verändert wurde zeigt BILD 3.4.11 für das Prüfmaterial Stahl. Angezeigt ist im BILD 3.4.11 wie für eine bestimmte Stahldicke und Betriebsspannung die erforderliche Belichtung bestimmt werden kann.
Für die Verwendung von radioaktiven Strahlungsquellen sind in den BILDERN 3.4.12 und 3.4.13 zwei weitere Belichtungsdiagramme gezeigt. BILD 3.4.12 gilt für einen Co-60 - Gammastrahler und BILD 3.4.13 für einen Iridium - 192 Gammastrahler.

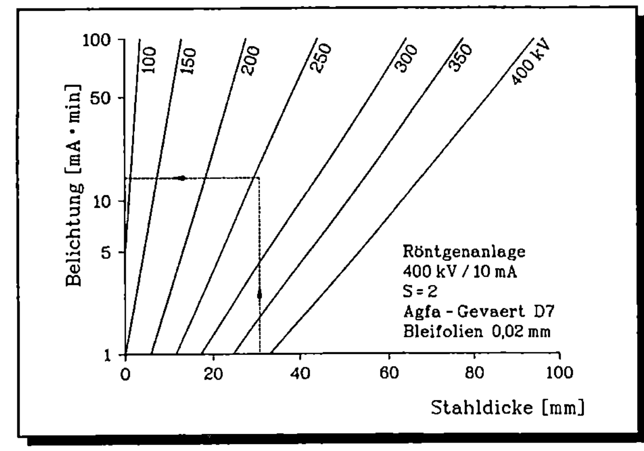

BILD 3.4.11: BELICHTUNGSDIAGRAMM, TYP 2

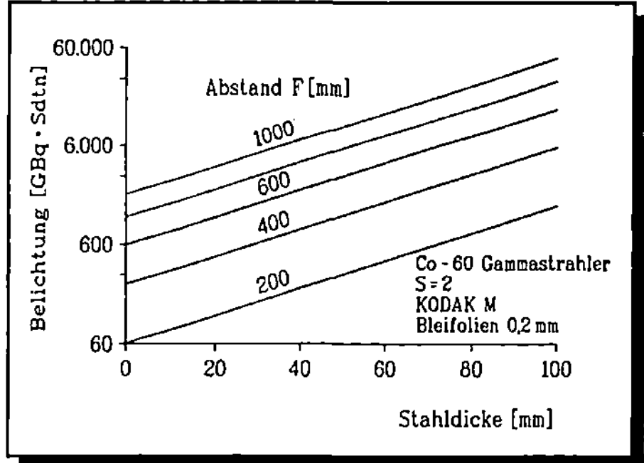

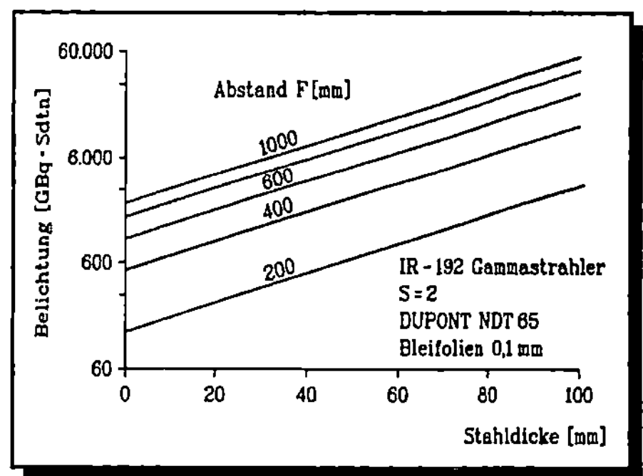

BILD 3.4.12: BELICHTUNGSDIAGRAMM FÜR CO-60

BILD 3.4.13: BELICHTUNGSDIAGRAMM FÜR IR-192

Mit Hilfe der Belichtungsdiagramme läßt sich mit gegebenen Größen, wie Strom und Spannung bei Röntgenröhren bzw. Aktivität bei Strahlungsquellen, die Bestrahlungszeit für eine bestimmte Filmschwärzung entnehmen. Nach der Bestrahlungszeit ist dann die Filmbehandlung vorzunehmen, was ebenfalls eine bestimmte Zeitdauer erfordert. Danach ist dann die Auswertung möglich. Alle diese Zeiten sind wichtig für die Prüfgeschwindigkeit von Bauteilen mit der Durchstrahlungsprüfung. Diese Zeiten setzen der Prüfgeschwindigkeit naturgemäß obere Grenzen. Hohe Prüfgeschwindigkeiten sind deshalb mit Filmen nicht zu erreichen. Dies ist ein deutlicher Nachteil der Filmtechnik, weswegen große Anstrengungen unternommen worden sind, die Strahlungsabbildung schneller und am besten in Echtzeit durchzuführen, um das Ergebnis direkt bei der Prüfung zu erhalten. Dies ermöglicht dann auch die Prüfung in Echtzeit automatisiert ablaufen zu lassen, was für viele Prüfanwendungen von großer Bedeutung ist. Die Möglichkeiten hierfür werden im folgenden Abschnitt behandelt.

3.4.2 Strahlungsmessung mit Detektoren

Bei der radiografischen Prüfung von Bauteilen ist eine auswertbare Abbildung des Inneren des Bauteils erforderlich. Die Abbildung erfolgt mit Hilfe der elektromagnetischen Röntgen - oder Gammastrahlung, wozu diese nachgewiesen werden muß. Im Abschnitt 3.4.1 ist behandelt wie dieser Nachweis mit Hilfe von strahlungsempfindlichen Filmen erfolgt. In diesem Abschnitt soll der Strahlennachweis mit Detektoren behandelt werden. Das Ziel ist dabei eine direkt und schnell auswertbare Abbildung des Prüfkörpers durch die Strahlung zu erhalten. Dazu muß die Röntgen- oder Gammastrahlung entweder in Lichtstrahlung umgewandelt werden um ein sichtbares Bild der Strahlungsabbildung zu erhalten oder sie muß in meßbare Strom- oder Spannungssignale umgeformt werden, um die Abbildung auf elektronischem Wege auf einem Bildschirm darzustellen.

3.4.2.1 Arbeitsprinzip von Strahlungsdetektoren

Da die hochenergetische Röntgen- und Gammastrahlung weder direkt sichtbar noch fühlbar ist, muß sie in eine sichtbare Strahlung (Licht) oder in meßbare Signale umgewandelt werden. Dazu sind Materialien erforderlich, die einen solchen Umwandlungsprozeß möglich machen.

Zur Umwandlung können im Detektormaterial verschiedene Prozesse ausgenutzt werden:

ANREGUNG: Wie schon behandelt besitzen Atome und Moleküle Elektronen mit diskreten Energiezuständen, die schematisch als Energieniveaus dargestellt werden können, wie in BILD 3.4.14 (links) gezeigt. Die hochenergetischen Strahlungsquanten der Röntgen - oder Gammastrahlung treten mit den Atomen des Detektormaterials in Wechselwirkung.

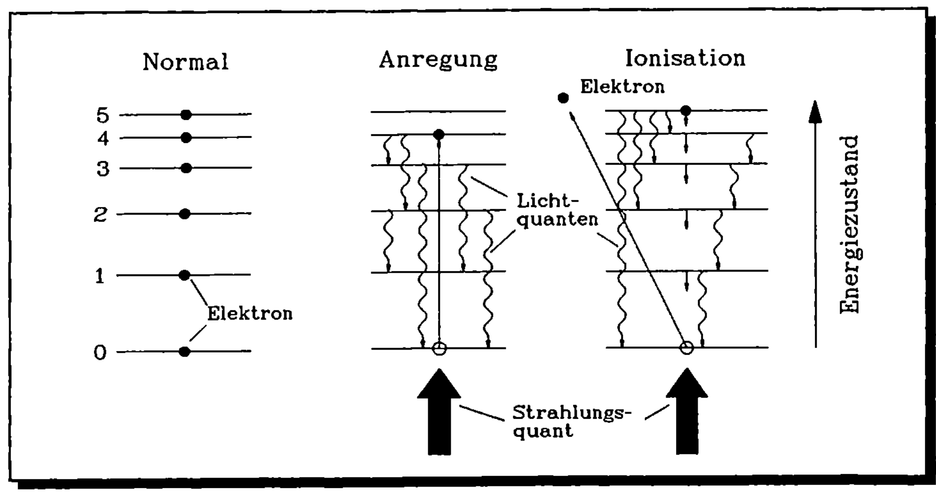

BILD 3.4.14: WANDLUNG DER STRAHLUNGSENERGIE

Dabei gibt das Strahlungsquant einen Teil seiner Energie durch Stoß an eines der Elektronen des Detektoratoms ab und befördert es dadurch in einen höheren Energiezustand. Dieser Vorgang wird als ANREGUNG bezeichnet und ist in der Mitte von BILD 3.4.14 schematisch dargestellt. Das Atom ist jedoch bestrebt wieder den stabilen Ausgangsenergiezustand herzustellen und sendet die aufgenommene Energie von den angeregten Zuständen als Strahlung ab. Wird das Detektormaterial so gewählt, das die von den Detektoratomen abgesandte Strahlung im sichtbaren Bereich liegt, so kann durch dieses Licht die ursprüngliche Röntgen - oder Gammastrahlung sichtbar gemacht werden. Dieser Vorgang wird als Fluoreszenz bezeichnet.

IONISATION: Das Strahlungsquant der Röntgen - oder Gammastrahlung kann auch durch Stoß so viel Energie auf ein Elektron des Detektoratoms übertragen, daß dies aus dem Elektronenverband herausgeschlagen wird. In diesem Fall wird von IONISATION gesprochen, die auf der rechten Seite von BILD 3.4.14 skizziert ist. Hierbei können die anderen Elektronen den frei gewordenen Platz einnehmen und die Energiezustandsänderungen führen ebenfalls zur Strahlungsaussendung wie im Fall der Anregung. Bei richtiger Wahl des Detektormaterials wird auch hier die Energie der Strahlungsquanten in Licht umgewandelt.

3.4.2.2 Fluoreszenzdetektoren

Diese Art von Detektor verwendet fluoreszierendes Material, welches mit einem Bindemittel auf ein Trägermaterial aufgebracht wird. Der schematische Aufbau ist in BILD 3.4.15 gezeigt. Die durch das Trägermaterial durchtretenden Strahlungsquanten erzeugen im Fluoreszenzmaterial Anregungs - oder Ionisationsprozesse. Hierbei werden Lichtquanten

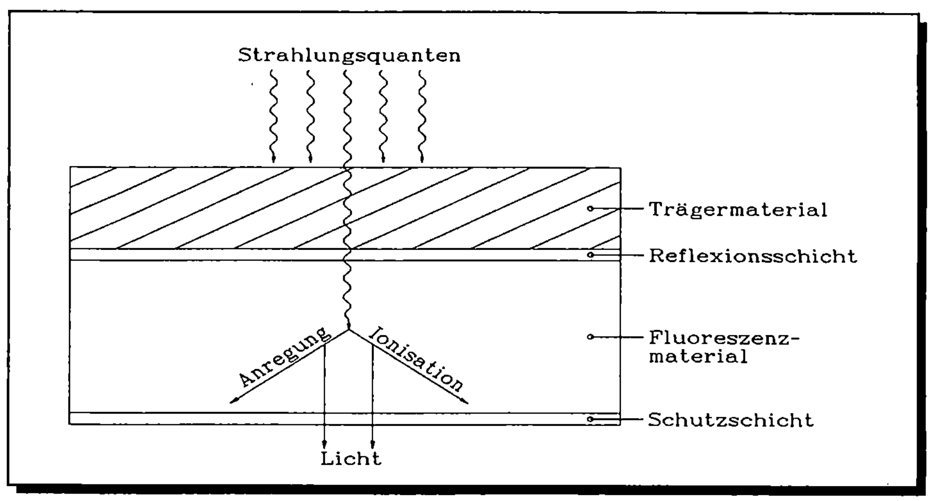

BILD 3.4.15: FLUORESZENZDETEKTOR

freigesetzt, die nach allen Seiten ausgesandt werden. Um möglichst viele von ihnen sichtbar zu machen ist am Trägermaterial eine Reflexionsschicht aufgebracht um das Licht nach vorne austreten zu lassen. Durch diese Fluoreszenz wird die Strahlung mit dem Auge sichtbar. Damit nicht zuviel Licht im Fluoreszenzmaterial absorbiert wird, darf dies nicht zu dick aufgetragen werden. Üblich sind Belegungsdicken im Bereich von 50 bis 100 mg/cm^2. Typische Fluoreszenzmaterialien sind mit ihrer Dichte und der Wellenlänge des ausgesandten Lichtes in TAB 3.4.4 angegeben. Die Lichtausbeute bei den Anregungs - und Ionisationsprozessen ist relativ niedrig, sodaß die Leuchtdichte derartiger Fluoreszenzdetektoren klein ist. Der einfachste Aufbau einer Meßanordnung mit Fluoreszenzdetektor ist in BILD 3.4.16 dargestellt. Von der Strahlenquelle gelangt die Strahlung durch den Prüfkörper auf den Fluoreszenzdetektor.

MATERIAL	DICHTE (g/cm³)	WELLENLÄNGE (nm)	FARBE
ZnS	4,1	450	VIOLETT/BLAU
ZnCdS	4,5	550	GRÜN
CsJ	4,5	420	VIOLETT
$CaWO_4$	6,1	430	VIOLETT
Gd_2O_2	7,3	544	GELB/GRÜN

TABELLE 3.4.4: FLUORESZENZMATERIALIEN

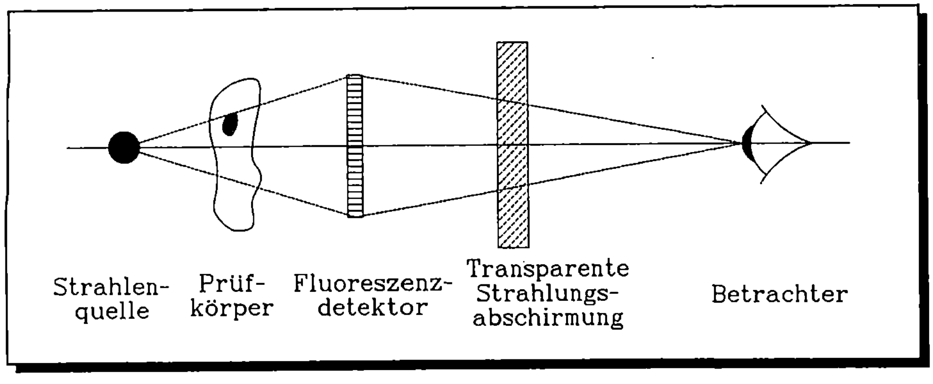

BILD 3.4.16: MESSANORDNUNG MIT FLUORESZENZDETEKTOR

In ihm wird der Prüfkörper abgebildet und durch den Fluoreszensprozeß als Bild sichtbar gemacht. Bei einer direkten Betrachtung des Bildes ist jedoch noch eine transparente Strahlungsabschirmung erforderlich, da sonst die Strahlendosis für den Betrachter zu groß wird.

3.4.2.3 Szintillationsdetektoren

Werden lichtdurchlässige Materialien verwendet in denen die Energie der Strahlungsquanten durch Anregung und Ionisation in Lichtquanten umgesetzt wird, so wird von SZINTILLATIONEN im Material gesprochen. Mit ihnen kann die Strahlung sichtbar gemacht werden, woher der Detektor seinen Namen erhalten hat. Der schematische Aufbau eines SZINTILLATIONSDETEKTORS ist in BILD 3.4.17 gezeigt. Er besteht aus dem SZINTILLATOR, in dem die Szintillationen durch die Strahlungsquanten hervorgerufen werden. Das Szintillatormaterial besteht aus einem lichtdurchlässigen Kristall, wozu vorallem Alkalijodide in Form von Natriumjodid (NaJ), Caesiumjodid (CsJ) oder Lithiumjodid (LiJ) Verwendung finden. Um den Kristall befindet sich ein Reflektor um das Licht zur offenen Seite zu leiten. Auf diese Weise werden die Strahlungsquanten sichtbar und können beobachtet werden.

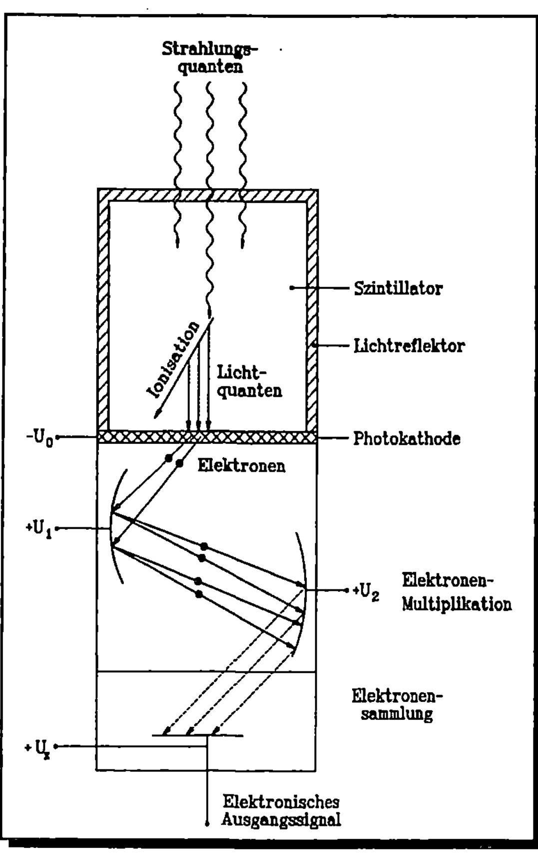

BILD 3.4.17: SZINTILLATIONSDETEKTOR

In BILD 3.4.17 ist jedoch eine Bauart gezeigt, bei der das Licht nicht direkt beobachtet, sondern in ein elektrisches Signal umgesetzt wird. Dies geschieht auf folgendem Wege: Die Lichtquanten fallen auf eine Materialschicht (PHOTOKATHODE) in der durch ihre Energie Elektronen herausgelöst werden. Diese Elektronen werden durch eine angelegte Spannung (U_1) beschleunigt und treffen auf eine Materialschicht in der durch den Aufprall weitere Elektronen freigesetzt werden. Dies wird in mehreren aufeinanderfolgenden Stufen fortgesetzt und bedingt eine Elektronenmultiplikation. Dadurch wird das ursprüngliche Lichtsignal in ein verstärktes elektrisches Signal umgewandelt, welches zu einer Bilddarstellung weiterverarbeitet werden kann. Die Verstärkung erfolgt dabei durch den Elektronenvervielfacher mit dem hohe Signalverstärkungsfaktoren erreicht werden können.

3.4.2.4 Bildwandler

Für die Durchstrahlungsprüfung ist es von großer Wichtigkeit von dem Prüfkörper eine Abbildung zu erhalten, die in der erforderlichen Form - auch automatisch - weiterverarbeitet werden kann, um die Güte des Prüfkörpers auf Eigenschaften und Fehler zu analysieren. Mit Hilfe der Fluoreszenz - und Szintillationsdetektoren ist die Möglichkeit gegeben, das STRAHLUNGSBILD in eine andere BILDFORM zu übertragen. Dies geschieht mit den sog. BILDWANDLERN von denen es verschiedenartige Ausführungen gibt.

BILDWANDLER MIT FLUORESZENZDETEKTOR: Bei der Behandlung der Fluoreszenzdetektoren war erwähnt worden, daß die Lichtausbeute des Fluoreszenzprozesses sehr klein
ist und dadurch die Leuchtdichte gering ist. Aus diesem Grunde wird hinter den
Fluoreszenzdetektor ein Lichtverstärker geschaltet um die Leuchtdichte zu vergrößern. Ein
derartiger Aufbau eines Bildwandlers ist in BILD 3.4.18 gezeigt.
Durch Lichtverstärkung und optische Verarbeitung des Fluoreszenzbildes kann eine

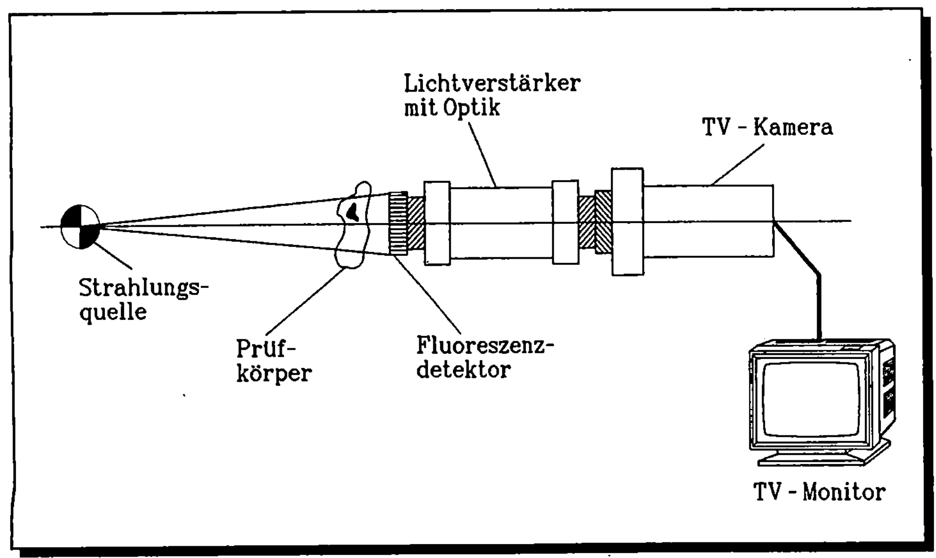

BILD 3.4.18: BILDWANDLER MIT FLUORESZENZDETEKTOR

Dunkellicht-Fernsehkamera nachgeschaltet werden, deren aufgenommenes Bild dann auf
einem Fernseh-Monitor dargestellt werden kann. Auf diese Weise ist eine ECHTZEIT -
BILDDARSTELLUNG der radiografischen Abbildung erreichbar.

BILDWANDLER MIT SZINTILLATIONSDETEKTOREN: Aufgrund ihrer günstigen
Eigenschaften eignen sich Szintillationsdetektoren besonders gut für den Aufbau von
Bildwandlern. Ein Beispiel ist in BILD 3.4.19 schematisch dargestellt. Die Strah-
lungsabbildung des Prüfkörpers wird mit einer Mehrfachanordnung von Szintil-
lationsdetektoren vorgenommen, um ein gutes Bild zu erzielen. Entsprechend der
Arbeitsweise des Detektors können die verstärkten elektrischen Bildsignale direkt einem
Signalwandler zugeführt werden, der sie in eine fernsehgerechte Norm umformt. Auf diese
Weise ist das Bild dann auf einem Fernseh - Monitor als ECHTZEIT -BILDDAR-
STELLUNG verfügbar und betrachtbar, weswegen von RADIOSKOPIE gesprochen wird.
Für viele Prüfaufgaben ist diese radioskopische Echtzeit - Bilddarstellung von großem
Vorteil. Für sehr zeitkritische Prüfungen oder hohe Prüfgeschwindigkeiten ist sie oftmals
eine zwingende Notwendigkeit, da sich anders das Prüfproblem nicht sinnvoll lösen lassen

würde. Diese Art der Bilddarstellung ist daher eine starke Konkurrenz zur Filmtechnik, die
in Abschnitt 3.4.1 behandelt wurde. Da beim Strahlungsnachweis mit Detektoren, die

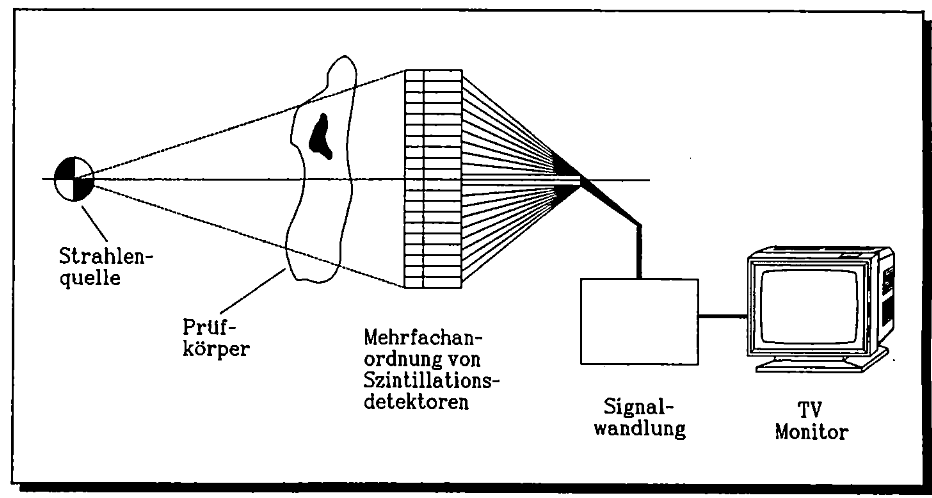

BILD 3.4.19: BILDWANDLER MIT SZINTILLATIONSDETEKTOREN

Darstellung des Bildes, wie gezeigt, in unterschiedlicher Signalform darstellbar ist, bietet die
Radioskopie die Möglichkeit einer direkten Weiterverarbeitung der Bildwandler - Signale mit
Digitalrechnern.
Infolgedessen ergeben sich für die Bildsignale folgende Möglichkeiten:

■ DOKUMENTATION in Form von

   ☐ VIDEOFILMEN

   ☐ DIGITALDATEN auf Disketten oder Platten

■ SIGNALWEITERVERARBEITUNG im Hinblick auf

   ☐ VERBESSERUNG DER BILDGÜTE

   ☐ FEHLERANALYSE

3.5 STRAHLUNGSABBILDUNG

Bei der Durchstrahlungsprüfung ist - wie schon bei der Behandlung des Arbeitsprinzips im Abschnitt 3.1 erläutert - das wichtigste Ziel eine möglichst gute Fehlererkennung zu erreichen. Diese Forderung gilt für jede Form der Strahlungsabbildung.

Bei der Abbildung des im Prüfkörper befindlichen Fehlers durch das Strahlungsnachweisgerät muß das Fehlerbild folgende Eigenschaften erfüllen:

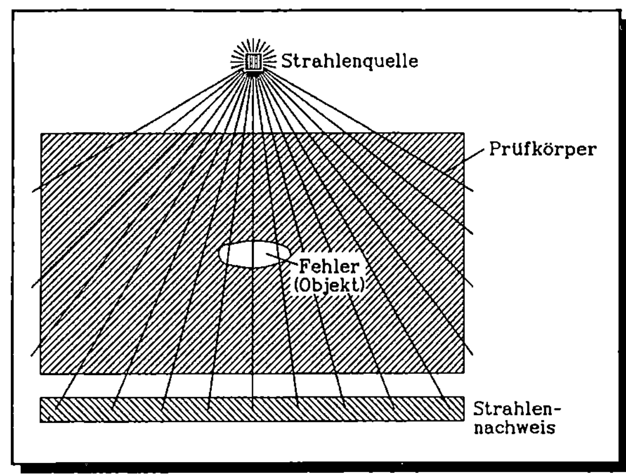

BILD 3.5.1: FEHLERABBILDUNG

■   SCHÄRFE

■   KONTRAST

Die Art der Fehlerabbildung beim Durchstrahlungsverfahren war schon beim Arbeitsprinzip in Abschnitt 3.1 anhand von BILD 3.1.1 erläutert worden. Die wesentlichen Punkte bei der Fehlerabbildung sollen mit Hilfe von BILD 3.5.1 noch einmal deutlich herausgestellt werden.

Die von der Quelle ausgehende Strahlung wird im Prüfkörper entsprechend Schwächungskoeffizient μ_M und Dichte ρ_M geschwächt. Da im Bereich des Fehlers im Material ein anderer Schwächungskoeffizient μ_F und eine andere Dichte ρ_F herrscht, ändert sich in diesem Bereich auch die Strahlungsschwächung entsprechend dem Unterschied zwischen μ_M und μ_F sowie der Fehlerausdehnung in Strahlungsrichtung. Bei Hohlräumen oder Einschlüssen ist μ_F normalerweise kleiner als μ_M, sodaß die Strahlung im Fehlerbereich weniger stark geschwächt wird als im übrigen Bereich des Prüfkörpers. Dieser Sachverhalt führt dazu, daß im Fehlerbereich eine höhere Strahlenenergiedosis D_E durch den Strahlungsnachweis registriert wird als außerhalb des Fehlerbereichs. In BILD 3.5.2 ist ebenfalls der Verlauf der Energiedosis über der Ortskoordinate x gestrichelt eingetragen, die sich ohne

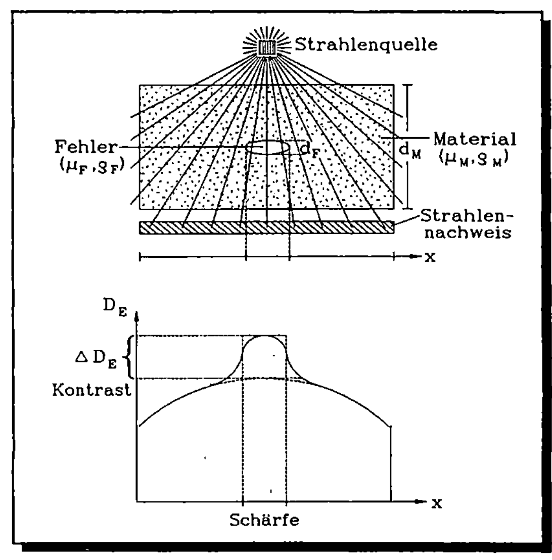

BILD 3.5.2: PRÜFANORDNUNG

Fehler ergeben würde. Die Differenz der Energiedosis, die durch den Fehler hervorgerufen wird, wird KONTRAST genannt und sollte für eine gute Fehlererkennbarkeit möglichst groß sein. Die örtliche Abbildung des Fehlers auf der Fläche des Strahlungsnachweises sollte möglichst scharf sein, was durch die SCHÄRFE des Bildes ausgedrückt wird. Im folgenden sollen Schärfe und Kontrast, die beide die BILDGÜTE bestimmen, genauer behandelt werden.

3.5.1 GEOMETRISCHE UNSCHÄRFE

Da sich die elektromagnetische Strahlung geradlinig ausbreitet, gelten für sie auch die Gesetze der Optik. Bei der Durchstrahlungsprüfung besteht die Anordnung aus der Strahlenquelle, dem Prüfkörper mit dem Fehler als abzubildendem Objekt und dem Strahlennachweis. Eine derartige Anordnung zeigt BILD 3.5.2. Die Strahlenquelle sei als kreisrund angenommen und ihre Abmessung durch den Durchmesser gekennzeichnet. Das Objekt, das mit einer guten Schärfe, bzw. kleinen Unschärfe abgebildet werden soll, ist der Fehler im Prüfkörper. Die Fehlerabbildung erfolgt über den Strahlennachweis. Die entsprechende optische Geometrieanordnung ist in BILD 3.5.3 gezeigt.

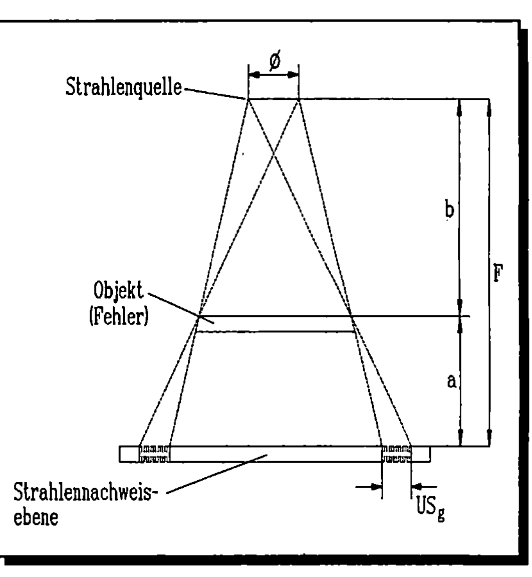

BILD 3.5.3: GEOMETRISCHE UNSCHÄRFE

Ist

Φ =   Durchmesser der Strahlenquelle
F =   Abstand Quelle - Nachweisebene
a =   Abstand Objekt (quellenseitig) - Nachweisebene
b =   Abstand Quelle - Objekt

so ergibt sich aufgrund der Gesetze der optischen Abbildung (Strahlensatz) als Berechnungsgleichung für die GEOMETRISCHE UNSCHÄRFE US$_g$:

$$US_g = \frac{\Phi \cdot a}{F - a} = \Phi \cdot \frac{a}{b} \qquad (3.5.1)$$

Diskussion der Beziehung (3.5.1): Das Ziel einer möglichst kleinen geometrischen Unschärfe wird erreicht durch

■ *Möglichst großen Abstand Strahlenquelle-Objekt*

Aus praktischer Sicht ist der Abstand nach oben begrenzt durch die Abnahme der Strahlungsintensität mit größer werdendem b. Um jedoch den Fehler durch die Strahlung abbilden zu können, ist eine ausreichende Strahlungsdosis für den Nachweis erforderlich, sodaß der Abstand b nicht zu ·groß gemacht werden darf. Quantitativ läßt sich die Abnahme der Strahlungsdosis anhand der Darstellung in BILD 3.5.4 berechnen.

Aus der Oberfläche der Strahlenquelle tritt die Dosisleistung $\bar{D}_1$. Die Oberfläche der Strahlenquelle ist gegeben durch das Produkt $\pi\Phi^2$. Im Abstand b muß die Strahlung durch die Kugeloberfläche $4\pi b^2$ durchtreten und besitzt hier die Dosisleistung $\bar{D}_2$, welche sich aus dem Verhältnis der beiden Oberflächen berechnen läßt zu

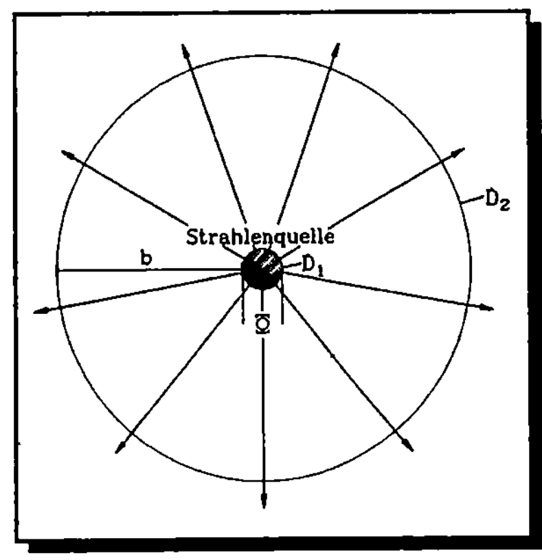

BILD 3.5.4:   ABNAHME DER DOSIS-LEISTUNG

$$\dot{D}_2(b) = \frac{\pi\Phi^2\,\dot{D}_1}{4\pi b^2} = \frac{\Phi^2}{4b^2}\,\dot{D}_1 \qquad (3.5.2)$$

Die Dosisleistung nimmt mit dem Quadrat des Abstands von der Strahlenquelle ab, weswegen der Wert nach oben begrenzt werden muß, da sich sonst bei einigen Verfahren des Strahlungsnachweises zu lange Belichtungszeiten ergeben würden um eine ausreichende Dosis für den Fehlernachweis zu erhalten.

■ *Möglichst kleiner Abstand Objekt - Nachweisebene*

Der kleinste mögliche Abstand wird erreicht, wenn der Strahlennachweis direkt an der Rückseite des zu prüfenden Gegenstand erfolgt. So werden beispielsweise bei der Verwendung von strahlungsempfindlichen Filmen (siehe Abschnitt 3.4) diese direkt auf der Rückseite des Prüfkörpers angebracht.

■ *Möglichst kleiner Durchmesser der Strahlenquelle.*

Bei den radioaktiven Gammaquellen ist die untere Grenze der Abmessungen durch die Materialmenge gegeben, die erforderlich ist um die notwendige Strahlungsaktivität zu erreichen. Die erzielbaren Abmessungen liegen im Bereich von Millimetern. Bei der Röntgenstrahlung wird der Durchmesser des Fokus nach unten begrenzt durch die bei der Elektronenabbremsung entstehende Wärmeleistung.

Im Hinblick auf den Fokusdurchmesser von Röntgenanlagen können drei Bereiche unterschieden werden, wie sie in TABELLE 3.5.1 zusammengestellt sind. Nach Beziehung (3.5.1) ist bei vorgegebenen Abständen von Strahlenquelle - Objekt und Objekt -

Nachweisebene, die geometrische Unschärfe umso geringer je kleiner der Fokusdurchmesser ist.

BEZEICHNUNG	FOKUSGRÖSSE
Normalfokus	4 - 1 mm
Minifokus	1 - 0,1 mm
Mikrofokus	100 - 1 μm

TABELLE 3.5.1: FOKUSBEREICHE VON RÖNTGENANLAGEN

Beispiel: Eine Anordnung zur Durchstrahlungsprüfung besitzt einen Abstand Strahlenquelle - Objekt von b = 1500 mm und einem Abstand Objekt - Nachweisebene von a = 100 mm. Bei einem Fokusdurchmesser von 3 mm ergibt sich eine geometrische Unschärfe von 0,2 mm. Bei einem Durchmesser von 30μm beträgt die geometrische Unschärfe nur 2μm.

Um eine scharfe Abbildung des Fehlers in der Nachweisebene zu erhalten muß die geometrische Unschärfe kleiner als die Abmessung des Fehlers senkrecht zur Strahlrichtung sein. Bei vorgegebenen Abständen a und b spielt infolgedessen die richtige Wahl des Fokusdurchmessers für die Bildschärfe eine wichtige Rolle. Insbesondere der Nachweis kleiner Fehler erfordert kleine Durchmesser.

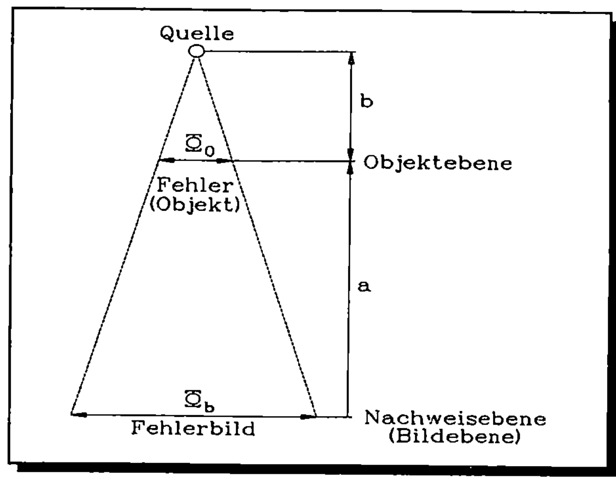

BILD 3.5.5: BILDVERGRÖSSERUNG

3.5.2 Bildvergrößerung

Beim Nachweis von kleinen Fehlern mit dem Durchstrahlungsverfahren ist eine Vergrößerung des Fehlerbildes wünschenswert und notwendig.

Der VERGRÖßERUNGSFAKTOR V läßt sich aus der geometrischen Anordnung, wie sie in BILD 3.5.5 gezeigt ist, berechnen.

Nach dem Strahlensatz der Optik ergibt sich für den Vergrößerungsfaktor

$$V = \frac{\Phi_b}{\Phi_o} = \frac{a + b}{b} = 1 + \frac{a}{b} \qquad (3.5.3)$$

wobei

Φ_b = Bilddurchmesser
Φ_o = Objektdurchmesser

Durch Verschieben des Prüfkörpers mit Fehler (Objekt) zwischen Strahlungsquelle und Nachweisebene kann die Bildvergrößerung eingestellt werden. Je näher sich der Fehler an der Strahlenquelle befindet umso größer ist V. Die Auswirkungen einer Bildvergrößerung auf die geometrische Unschärfe lassen sich zeigen, wenn Beziehung (3.5.3) in Beziehung (3.5.1) eingesetzt wird. Es ergibt sich

$$US_g = \Phi(V - 1) \qquad (3.5.4)$$

Die geometrische Unschärfe hängt sowohl vom Fokusdurchmesser als auch vom Vergrößerungsfaktor ab.
Die graphische Darstellung der Beziehung (3.5.4) zeigt BILD 3.5.6.

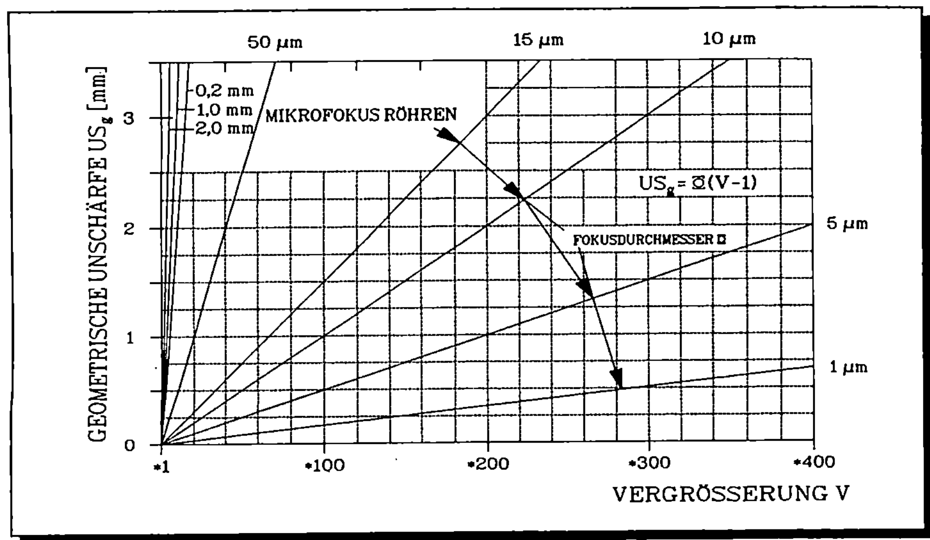

BILD 3.5.6: BEZIEHUNG ZWISCHEN US_g, Φ und V

Bei großen Fokusdurchmessern steigt die geometrische Unschärfe mit der Vergrößerung sehr stark an. Aus diesem Grunde wird beim Einsatz normaler Röntgenröhren (Fokusdurchmesser 1-4 mm) normalerweise nicht vergrößert. Eine Bildvergrößerung ist unter folgenden Bedingungen günstig:

(1)   Der Fehler ist so klein, daß er sich als Bild kaum nachweisen läßt.
(2)   Die Fehlerabmessungen sind sehr klein im Vergleich zur geometrischen Unschärfe

Dies ist der Anwendungsbereich der sog.MIKROFOKUSTECHNIK, die speziell entwickelt wurde zum Nachweis kleiner Fehler und zur Sichtbarmachung der Struktur kleiner Komponenten. Ein sehr weites Anwendungsfeld dieser relativ neuen Technik liegt im Bereich der Mikroelektronik und Mikromechanik. Aber auch in vielen anderen Bereichen wird sie vorteilhaft eingesetzt, worauf noch genauer im Kapitel 7, Anwendungsbeispiele, eingegangen wird.

3.5.3 Gesamte Bildunschärfe

Ziel bei der Strahlungsabbildung ist es ein möglichst scharfes Bild des zu untersuchenden Objektes zu erhalten. Im Falle der Anwendung der Filmtechnik bedeutet dies, daß der örtliche Verlauf der Schwärzung auf dem Film den Konturen des abzubildenden Gegenstandes genau folgen sollte. Als Beispiel ist in BILD 3.5.7 der Fall eines Prüfkörpers mit sprungförmiger Dickenänderung dargestellt. Diese Anordnung dient zur Definition der GESAMTEN UNSCHÄRFE US_t.

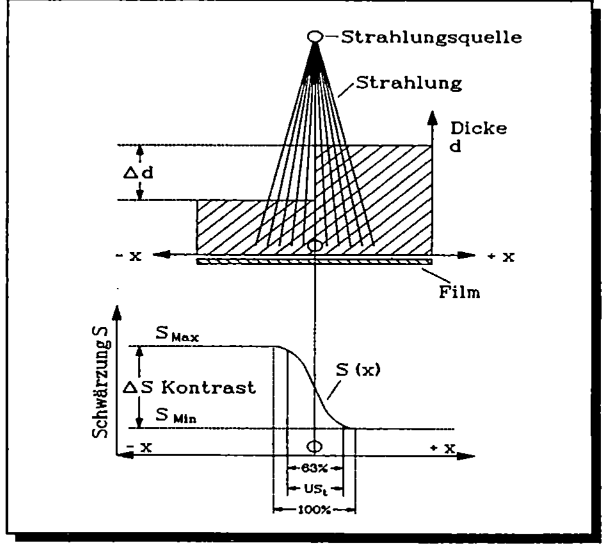

BILD 3.5.7: GESAMTE UNSCHÄRFE

In BILD 3.5.7 ist der Verlauf der Schwärzung des Films als Funktion der Ortskoordinate x, S (x), aufgetragen. Bei einer sprungförmigen Dickenänderung wird S(x) die ECKEN-SCHWANKUNGS-FUNKTION ESF (Edge-Spread-Function) genannt und der Bereich in dem sie sich durch den Dickensprung ändert dient der Definition der GESAMTEN RADIOGRAFISCHEN BILDUNSCHÄRFE US_t. US_t ist dabei die Breite der ESF für 63 % der gesamten Änderung zwischen S_{max} und S_{min}. Die formelmäßige Näherung für die ESF lautet:

$$S(x) = \frac{1}{2} \Delta S \left[1 - \exp \frac{2x}{US_t} \right]$$

$$S(-x) = \frac{1}{2} \Delta S \left[1 - \exp \left(- \frac{2x}{US_t} \right) \right]$$

(3.5.5)

Die gesamte radiograhpische Unschärfe US_t setzt sich zusammen aus:

- Geometrische Unschärfe US_g
- Innere Unschärfe US_i des Nachweissystems
- Bewegungsunschärfe US_b

Die *geometrische Unschärfe US_g* ist im Abschnitt 3.5.1 behandelt

Die *innere Unschärfe US_i* des Strahlen - Nachweissystems wird hervorgerufen durch statistische Streuungen in den Eigenschaften der Informationsträger. Bei der Filmtechnik ist sie abhängig von der Größenverteilung der Silberbromidkörner, den Ionisationsprozessen der Strahlung und der Art der Filmentwicklung. Bei den Strahlendetektoren ist sie abhängig vom Detektormaterial und ebenfalls von den Ionisationsprozessen, die ihrerseits von der Strahlungsenergie abhängen. Zusammenfassend läßt sich sagen, daß die innere Unschärfe im wesentlichen abhängt von:

- ☐ Material für Strahlungsnachweis
- ☐ Strahlungsenergie

Generell nimmt die innere Unschärfe mit steigender Strahlungsenergie zu. Als Beispiel sind in TABELLE 3.5.2 Richtwerte für die innere Unschärfe bei Verwendung eines feinkörnigen Films (Klasse G1) mit einer Schwärzung S = 2 angegeben.

ENERGIE DER STRAHLUNG	INNERE UNSCHÄRFE [mm]
RÖNTGEN 200 KeV	0,06
RÖNTGEN 1 MeV	0,18
RÖNTGEN 2 MeV	0,3
RÖNTGEN 4 MeV	0,4
RÖNTGEN 8 MeV	0,6
RÖNTGEN 10 MeV	0,8
RÖNTGEN 16 MeV	1,0
Co - 60 1,1 - 1,3 MeV	0,4

TABELLE 3.5.2: WERTE FÜR INNERE UNSCHÄRFE

Die *Bewegungsunschärfe* US_b tritt auf, wenn sich das Objekt oder die Strahlenquelle während des Abbildungsvorgangs bewegt. Bei der Prüfung wo keinerlei Bewegung auftritt ist $US_b = 0$.

Die gesamte Bildunschärfe US_t setzt sich, wie erwähnt, aus den drei Anteilen zusammen. Zur Berechnung sind verschiedene Vorschläge gemacht worden, die sich in ihrem Ergebnis nicht wesentlich unterscheiden. Die einfachste Berechnungsformel lautet:

$$U_t = \sqrt[3]{US_g^3 + US_i^3 + US_b^3} \qquad (3.5.6)$$

Für eine radiografische Prüfung ohne Bewegungsvorgänge ($US_b = 0$) ergibt sich entsprechend

$$U_t = \sqrt[3]{US_g^3 + US_i^3} \qquad (3.5.7)$$

BEISPIEL 1: Vorhanden ist eine Mikrofokus-Röntgenanlage mit einer Betriebsspannung von 200 KV und einem Brennfleckdurchmesser von 10 μm. Die Prüfanlage besitzt die Daten: Abstand Prüfkörper - Nachweisebene a = 100 mm und Abstand Prüfkörper - Strahlenquelle b = 1000 mm. Verwendet wird ein feinkörniger Film der Klasse G1. Nach Gleichung (3.5.1) berechnet sich die geometrische Unschärfe zu US_g = 10^{-3} mm = 1μm. Nach TABELLE 3.5.2 ergibt sich die innere Unschärfe zu US_i = 0,06 mm = 60 μm. Die gesamte Bildunschärfe ergibt sich nach Gleichung (3.5.7) zu US_t = 60μm. Aufgrund des kleinen Brennflecks spielt die geometrische Unschärfe im Vergleich zur inneren Unschärfe keine Rolle.Erst bei Vergrößerungen um 60, erreicht die geometrische Unschärfe den Wert der inneren Unschärfe.

BEISPIEL 2: Vorhanden ist eine Röntgenanlage mit einer Betriebsspannung von 200 KV und einem Brennfleckdurchmesser von 2 mm. Die Prüfanlage besitzt die gleichen Daten wie in Beispiel 1 (a = 100 mm, b = 1000 mm) und es wird ebenfalls ein feinkörniger Film der Klasse G1 verwendet.
Die geometrische Unschärfe berechnet sich für diesen Fall zu US_g = 0,2 mm und die innere Unschärfe ist US_i = 0,06 mm. Die gesamte Bildunschärfe ergibt sich zu US_t = 0,2 mm. Als Ergebnis ist festzustellen, daß bei dieser Röntgenanlage aufgrund des Brennflecks von 2 mm die geometrische Unschärfe mehr als dreimal größer als die innere Unschärfe ist und deswegen die gesamte Bildunschärfe US_t hier durch die geometrische Unschärfe bestimmt wird.

Mit diesen beiden Beispielen sei die Behandlung der Bildunschärfe und ihrer Gründe abgeschlossen.

3.5.4 Bildkontrast

Der Enstehungsmechanismus des Bildkontrastes war anhand von BILD 3.5.1 prinzipiell erläutert worden. Es sei hier auf die Kontrastbildung wegen ihrer großen Wichtigkeit für die Fehlererkennung noch genauer eingegangen. Es wird dazu wieder eine Prüfanordnung betrachtet wie sie schon in BILD 3.5.1 verwendet wurde. Zum Strahlennachweis wird die Filmtechnik eingesetzt. Der entsprechende Aufbau ist in BILD 3.5.8 gezeigt. Der Fehler im Prüfkörper wird durch eine örtliche Änderung der Strahlungsschwächung im Prüfkörper über die dadurch bedingte örtliche Schwärzungsänderung im Film nachgewiesen. Die dabei auftretende maximale Schwärzungsänderung im Bereich des Fehlers wird als Kontrast ΔS bezeichnet.Die Größe des Kontrastes hängt ab von

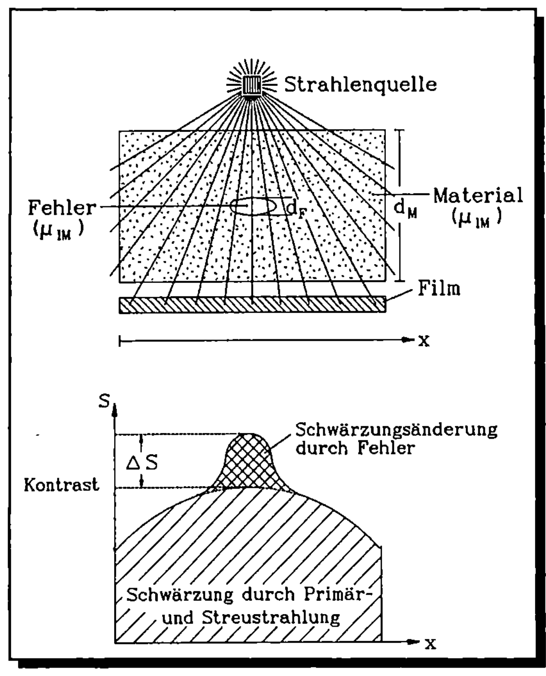

BILD 3.5.8: KONTRAST-ERLÄUTERUNG

- **■** Material des Prüfkörpers, gekennzeichnet durch
  - ☐ Linearer Schwächungskoeffizient μ_{IM} des Prüfkörpers bei der betreffenden Strahlungsenergie
- **■** Art des Fehlers gekennzeichnet durch
  - ☐ Linearer Schwächungskoeffizient μ_{IF} des Fehlers bei der betreffenden Strahlungsenergie. Dieser ist normalerweise so klein, daß er im Vergleich zu μ_{IM} vernachlässigt werden kann.
- **■** Dicke in Strahlungsrichtung von
  - ☐ Material d_M
  - ☐ Fehler d_F
- **■** Filmart gekennzeichnet durch den Filmgradienten
- **■** Stärke der Streustrahlung im Verhältnis zur Primärstrahlung, gekennzeichnet durch den Dosiszuwachsfaktor B

Zur formelmäßigen Bestimmung des Kontrastes wird wieder von einer stufenförmigen Dickenänderung des Prüfkörpers ausgegangen, so wie es in BILD 3.5.7 dargestellt ist. Die auf den Prüfkörper auftreffende Primärstrahlung, gekennzeichnet durch die Dosis D_p, wird im Prüfkörper je nach seiner Dicke abgeschwächt, wofür das exponentielle Schwächungsgesetz nach Gleichung (3.5.2) gilt. Weiterhin wird im Prüfkörper Sekundärstrahlung erzeugt, die ebenfalls auf den Film auftrifft und deren Beitrag durch den

Dosiszuwachsfaktor B nach Gleichung (3.2.8) berücksichtigt werden kann.
Für den Kontrast ΔS ist hier jedoch nur die ÄNDERUNG DER DOSIS ΔD_f durch die
DICKENÄNDERUNG d_f des Prüfkörpers interessant. Diese Dosisänderung im Film ergibt
sich aus dem exponentiellen Schwächungsfaktor zu:

$$\Delta D_f = e^{-\mu_{l\,M}\,d_F} \qquad (3.5.8)$$

Für die Berechnung des Kontrastes ΔS sind weiterhin die Filmeigenschaften zu berücksichtigen. Diese lassen sich, wie in Abschnitt 3.4 gezeigt, durch die Filmgradienten
darstellen. Wird hier der logarithmische Filmgradient zur Kennzeichnung verwendet und
weiterhin berücksichtigt, daß durch die Streustrahlung die Filmschwärzung um den
Dosiszuwachsfaktor B verstärkt wird, so folgt nach Gleichung (3.4.9) in diesem Fall

$$G = \frac{B \cdot \Delta S}{\log_{10} \Delta D_f} \qquad (3.5.9)$$

Wird diese Gleichung nach ΔS aufgelöst und die Dosisänderung aus Gleichung (3.5.8)
eingesetzt, so folgt

$$\Delta S = \frac{G}{B} \log_{10} \left(e^{-\mu_{l\,M}\,d_F}\right) \qquad (3.5.10)$$

Wird der Klammerausdruck logarithmiert so folgt wegen log e = 0,43 und Weglassen des
Minuszeichens, da nur der Wert des Betrages interessiert, für die Größe des Kontrastes

$$\Delta S = 0,43 \cdot \mu_{l\,M} \cdot d_F \cdot \frac{G}{B} \qquad (3.5.11)$$

Diskussion der Gleichung: Der Kontrast ist umso größer

(1)   je größer das Produkt aus dem linearen Schwächungskoeffizient des zu prüfenden
        Materials und der Größe des Fehlers, hier gekennzeichnet durch die Dickenänderung
        d_F ist.
(2)   je größer der logarithmische Filmgradient, d.h. je empfindlicher der Film ist
(3)   je kleiner der Dosiszuwachsfaktor, d.h. je kleiner der Beitrag der Streustrahlung zur
        Filmschwärzung ist.

Beispiel: In einem Prüfkörper aus Stahl mit der Längsabmessung von 50 mm befinde sich
ein Fehler mit ca. d_F = 5 mm Größe in Strahlrichtung, der mit einer 400 KV -
Röntgenanlage geprüft wird. Der lineare Schwächungskoeffizient beträgt $\mu_{lM} = 1,2$ cm^{-1} und
der Dosiszuwachsfaktor sei B = 3. Es wird ein Film eingesetzt, der einen logarithmischen
Filmgradienten von G = 4,6 besitzt. Der Kontrast ergibt sich als Schwärzungsänderung zu
ΔS = 0,4.

Die detaillierte Kenntnis welche Größen den Kontrast bestimmen ist vorallem wichtig im Hinblick auf eine günstige Auslegung der Prüfanordnung und der Möglichkeit gezielte Maßnahmen durchzuführen um, falls notwendig, eine Verbesserung des Kontrastes zu erreichen. Für die Bildgüte sind Kontrast und Bildschärfe zusammen verantwortlich.

3.5.5 Bildgüte

In der Prüfpraxis werden zur Bestimmung der Abbildungsgüte nicht die relativ aufwendig zu bestimmenden Größen Kontrast und Schärfe benutzt, sondern es werden BILDGÜTEPRÜFKÖRPER auf das zu prüfende Bauteil aufgebracht. Die Abbildung dieser Bildgüteprüfkörper durch den verwendeten Strahlennachweis wird dann zur Bestimmung der Bildgüte herangezogen. Normalerweise wird dann zur Bestimmung der Bildgüte diese nicht vor der Prüfung berechnet, sondern bei der Prüfung ausprobiert. Aus diesem Grunde ist es wichtig zu wissen, welche Größen die Bildgüte beeinflussen, was in den Abschnitten 3.5.3 und 3.5.4 behandelt wurde.

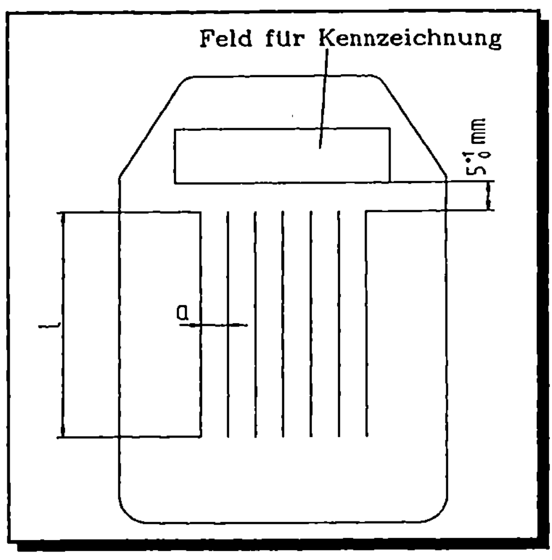

BILD 3.5.9: BILDGÜTEPRÜFKÖRPER

Zur Bestimmung der Bildgüte gibt es verschiedene Normen, wie z.B. ISO (International Standardisation Organisation), DIN (Deutsches Institut für Normung), ASTM (American Society for Testing and Materials), AFNOR (Association Francaise de Normalisation) und BSI (British Standards Institution). Die Bestimmung der Bildgüte wird im folgenden auf der Grundlage der Norm DIN 54109 behandelt.

BILDGÜTEPRÜFKÖRPER

Er besteht aus einer Anordnung von Drähten verschiedener Durchmesser und ist in BILD 3.5.9 dargestellt.

Dieser auch als DRAHTSTEG bezeichnete Prüfkörper ist aus unterschiedlichen Materialien hergestellt, damit das Material des zu prüfenden Bauteils und das des Bildprüfkörpers möglichst gleiche oder ähnliche Schwächungskoeffizienten für die Strahlung besitzt. Das System der Bildgüteprüfkörper beruht auf einer Reihe von 19 Drähten unterschiedlicher Durchmesser, die mit den Abmessungen und zugeordneten Drahtnummern in TABELLE 3.5.3 zusammengestellt sind. Diese 19 Drähte sind in vier sich jeweils überschneidenden Gruppen von je 7 aufeinanderfolgenden Drahtnummern unterteilt. Die 7 parallel zueinander angeordneten Drähte eines Bildgüteprüfkörpers haben jeweils eine einheitliche Länge l von 10 mm, 25 mm oder 50 mm.

BILDGÜTEPRÜF-KÖRPER				DRAHT			ACHS-ABSTAND
1	6	10	1·3	Draht-nummer	Nenndurch-messer (mm)	Grenz-abmaße mm	a mm
x				1	3,2		$9,6 ^{+1}_{0}$
x				2	2,5	± 0,03	$7,5 ^{+1}_{0}$
x				3	2		$6 ^{+1}_{0}$
x				4	1,6		
x				5	1,25		
x	x			6	1	± 0,02	
x	x			7	0,8		
	x			8	0,63		
	x			9	0,5		
	x	x		10	0,4		
	x	x		11	0,32		$5 ^{+1}_{0}$
	x	x		12	0,25	± 0,01	
		x	x	13	0,2		
		x	x	14	0,16		
		x	x	15	0,125		
		x	x	16	0,1		
		x	x	17	0,08	± 0,005	
			x	18	0,063		
			x	19	0,05		

TABELLE 3.5.3: DATEN FÜR BILDGÜTEPRÜFKÖRPER

Die verwendeten Drahtwerkstoffe, die möglichst gleiches Schwächungsverhalten wie der zu prüfende Werkstoff besitzen sollen, sind in TABELLE 3.5.4 aufgeführt. Als Kurzbezeichnung für den Bildgüteprüfkörper wird die Drahtnummer des dicksten Drahtes nach TABELLE 3.5.3 und das Kurzzeichen für den verwendeten Drahtwerkstoff gewählt.

Beispiel: Bildgüteprüfkörper 10 FE hat als dicksten Draht die Drahtnummer 10 mit 0,4 mm Durchmesser und besteht aus unlegiertem Stahl. Er kann eingesetzt werden für die Prüfung von Eisenwerkstoffen.

Bildgüteprüf-körper	Drahtnummer nach Tabelle 3.5.3	Drahtwerkstoff	Zu prüfende Werkstoffgruppe
1 FE 6 FE 10 FE 13 FE	1 bis 7 6 bis 12 10 bis 16 13 bis 19	Stahl (unlegiert)	Eisenwerkstoffe
1 CU 6 CU 10 CU 13 CU	1 bis 7 6 bis 12 10 bis 16 13 bis 19	Kupfer	Kupfer, Zink, Zinn und ihre Legierungen
1 AL 6 AL 10 AL 13 AL	1 bis 7 6 bis 12 10 bis 16 13 bis 19	Aluminium	Aluminium und seine Legierungen
1 TI 6 TI 10 TI 13 TI	1 bis 7 6 bis 12 10 bis 16 13 bis 19	Titan	Titan und seine Legierungen

TABELLE 3.5.4: KENNZEICHNUNG VON BILDGÜTEPRÜFKÖRPERN

BILDGÜTEZAHL

Die Bildgütezahl ist das Maß für die geforderte oder erzielte Bildgüte. Sie ist gleich der in TABELLE 3.5.3 angegebenen Nummer des dünnsten auf der Durchstrahlungsaufnahme noch erkennbaren Drahtes. Als erkannt gilt die Abbildung eines Drahtes, wenn er im Bereich möglichst gleichmäßiger Schwärzung auf mindestens 10 mm Länge zusammenhängend eindeutig sichtbar ist.

Der Zusammenhang zwischen der Bildgütezahl BZ und dem Durchmesser Φ des dünnsten gerade noch erkannten Drahtes ist gegeben durch die Beziehung:

$$BZ = 6 - 10 \log \Phi \tag{3.5.12}$$

wobei Φ in mm anzugeben ist. Je kleiner der erkannte Drahtdurchmesser, umso größer ist die Bildgütezahl. Der Verlauf der Bildgütezahl als Funktion des noch erkannten Drahtdurchmessers ist in BILD 3.5.10 graphisch aufgetragen.

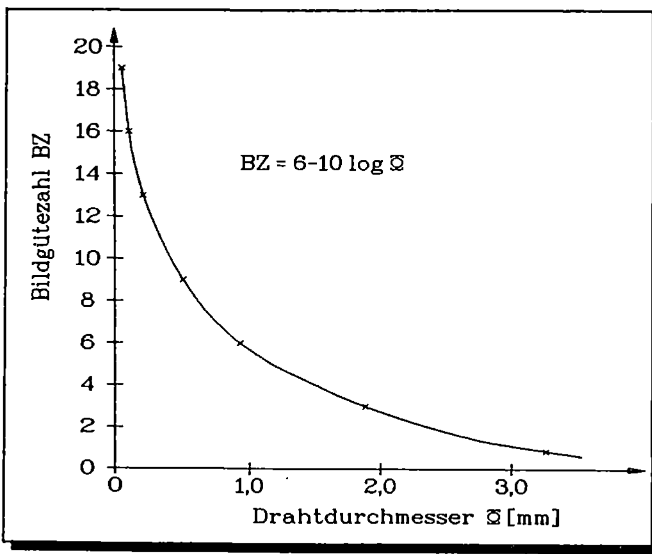

BILD 3.5.10: BESTIMMUNG DER BILDGÜTEZAHL

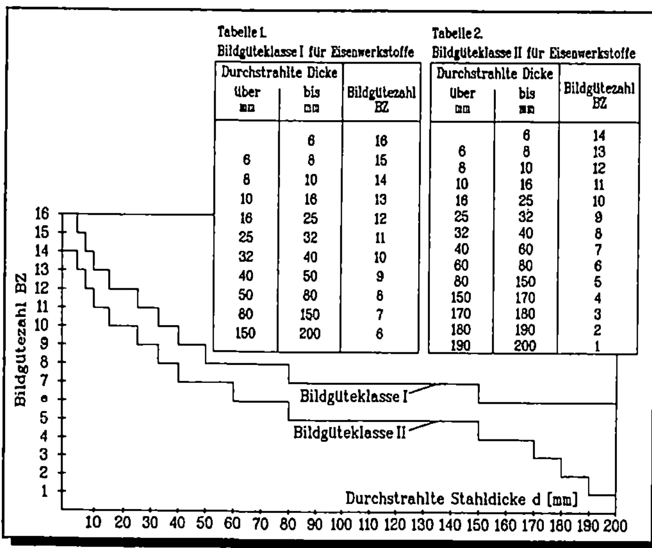

Tabelle 1.
Bildgüteklasse I für Eisenwerkstoffe

Durchstrahlte Dicke		Bildgütezahl BZ
über mm	bis mm	
	6	16
6	8	15
8	10	14
10	16	13
16	25	12
25	32	11
32	40	10
40	50	9
50	80	8
80	150	7
150	200	6

Tabelle 2.
Bildgüteklasse II für Eisenwerkstoffe

Durchstrahlte Dicke		Bildgütezahl BZ
über mm	bis mm	
	6	14
6	8	13
8	10	12
10	16	11
16	25	10
25	32	9
32	40	8
40	60	7
60	80	6
80	150	5
150	170	4
170	180	3
180	190	2
190	200	1

BILD 3.5.11: FESTLEGUNG VON BILDGÜTEKLASSEN

BILDGÜTEKLASSE
Durch die Bildgüteklasse werden Mindestanforderungen an die nachzuweisende Bildgütezahl in Abhängigkeit von der durchstrahlten Wanddicke des zu prüfenden Bauteils festgelegt. Die Wanddicke ist im allgemeinen die Dicke des Prüfgegenstandes an der Auflagefläche des Bildgüteprüfkörpers, gemessen in Richtung der Normalen zur äußeren Oberfläche. Die Einführung von Bildgüteklassen wurde vorgenommen im Hinblick auf die Prüfung von Bauteilen mit hohen Sicherheitsfunktionen für die die Bildgüte-klasse I maßgebend ist und von Bauteilen mit weniger ausgeprägten Sicherheitsfunktionen für die die Bildgüteklasse II ausreichend ist. Bei der Bildgüteklasse I ist eine hohe Detailerkennbarkeit von Fehlern erforderlich, weswegen die Bildgütezahlen höher liegen als bei Bildgüteklasse II.
Als Beispiel sind in BILD 3.5.11 die Festlegungen der Bildgüteklassen I und II für Eisenwerkstoffe dargestellt. In entsprechender Form können Festlegungen von Bildgüteklassen auch für andere Werkstoffgruppen erfolgen.

3.6 Strahlenschutz

Beim Umgang mit der durchdringenden Röntgen- und Gammastrahlung ist das oberste Gebot die Strahlenbelastung des Personals, das die Prüfungen durchführt, so gering wie möglich zu halten. Die gesetzlichen Vorschriften, die bei der Aufstellung und dem Betrieb von Anlagen mit Strahlung zu beachten sind, sind in der Röntgenverordnung bzw. in der Strahlenschutzverordnung festgelegt.
Die wichtigsten Gesichtspunkte für den Strahlenschutz sollen in diesem Abschnitt zusammenfassend dargestellt werden.

STRAHLENQUELLEN

Bei der Radiografie und Radioskopie werden Anlagen zur Erzeugung von Bremsstrahlung oder radioaktive Strahlenquellen eingesetzt. Die prinzipielle Arbeitsweise dieser Strahlenquellen und die Eigenschaften der Strahlung sind im Kapitel 2 behandelt. Die technische Ausführung der Strahlenquellen und ihre Anwendungsgebiete sind Gegenstand des Kapitels 5. Bei der Bremsstrahlung und radioaktiven Gammastrahlung handelt es sich um eine durchdringende Strahlung elektromagnetischer Natur.

3.6.1 Strahlenwirkung

Die Strahlungsquanten treten mit Materie in Wechselwirkung durch die drei Prozesse Photoeffekt, Comptoneffekt und Paarerzeugung, wodurch sie Energie verlieren, was im Abschnitt 3.2 im Detail behandelt ist. Hierdurch werden Ionisierungsvorgänge hervorgerufen, wobei das Atom ein Elektron mit negativer Ladung verliert und als positives Ion (Restatom) übrig bleibt. Die Ionisationsprozesse zusammen mit der pro Masseneinheit absorbierten Strahlungsenergie sind für die biologische Wirksamkeit im menschlichen Körper verantwortlich. Diese biologische Wirksamkeit wird durch den RBW - Faktor ausgedrückt und findet ihr Maß in der Äquivalentdosis $D_{\ddot{A}}$, deren Einheit das Sievert ist (vgl. Abschnitt 3.3.2). Von der Strahlenwirkung werden vorallem die Zellen betroffen. Ein lebender Organismus besteht aus Zellen, die aus komplizierten Molekülen aufgebaut sind. Je nach Körperbereich haben die Zellen eine unterschiedliche Struktur. Die Ionisations- und Anregungsprozesse können Änderungen in den Molekülen hervorrufen, die ihrerseits die Eigenschaften und das Verhalten der Zellen beeinträchtigen. Dadurch erfolgt eine Einwirkung auf Zellbereiche, die sich auf die Lebensfunktion der Zelle auswirken können, was letztlich zu Strahlenschädigungen Anlaß gibt.

Um einen summarischen Einblick in die biologischen Effekte zu geben, sei die STRAHLENBIOLOGISCHE WIRKUNGSKETTE stichwortartig skizziert:

■   PRIMÄRREAKTIONEN
     Hierbei handelt es sich um Ionisations - und Anregungsprozesse, die durch die Strahlungsquanten ausgelöst werden

Die Folgen dieser Primärreaktionen sind

■ **SEKUNDÄRREAKTIONEN**
Hierbei handelt es sich vorallem um chemische Reaktionen in den Körperzellen, z.B.
Veränderungen von Enzymen und von genetischem Material der Zellen (Nu-
kleinsäuren) und dadurch hervorgerufene Störungen im Stoffwechselprozeß der
Zellen. Hierdurch entstehen auf zellulärer Ebene:
☐ Störungen der Zellteilung
☐ Veränderungen der Zellform und Zellgröße
☐ Veränderungen im Erbgefüge (Mutationen)
sowie auf Organebene:
☐ Strukturveränderungen
☐ Funktionsstörungen
☐ Erzeugung von gutartigen und bösartigen Geschwülsten

Da in der Natur (Erdboden, Atmosphäre, Weltall) eine Vielzahl radioaktiver Prozesse
ablaufen, bei denen Strahlung erzeugt und freigesetzt wird, sind die Menschen permanent
einer NATÜRLICHEN STRAHLENBELASTUNG ausgesetzt. Typische , dadurch auftretende Werte der Äquivalentdosis sind in TABELLE 3.6.1 zusammengestellt.

Grund der Strahlung	Äquivalentdosis pro Jahr [mSv]
Kosmische Strahlung (Weltall) in Meereshöhe	0,3
Terrestrische Strahlung (Erde) von außen (Mittelwert)	0,5
☐ bei Aufenthalt im Freien	0,43
☐ bei Aufenthalt in Gebäuden	0,57
Inhalation von Radon in Wohnungen	1,3
Inkorporierte natürliche radioaktive Stoffe	0,3
GESAMTE NATÜRLICHE STRAHLENBELASTUNG	2,4

TABELLE 3.6.1: NATÜRLICHE STRAHLENBELASTUNG

In der TABELLE 3.6.1 sind für die Äquivalentdosis jeweils Mittelwerte angegeben, da die
Dosiswerte von Jahr zu Jahr schwanken. Wird bei der Gesamt-Äquivalentdosis die Schwankung mit angegeben, so ergibt sich:

$$\text{JAHRES - ÄQUIVALENTDOSIS} = 2,4 \pm 0,15 \text{ mSv/Jahr}$$

d.h. der Absolutwert der Schwankung der natürlichen Strahlenbelastungen beträgt 0,30
mSv/Jahr. Dieser Wert ist als Grenzwert für zusätzliche Strahlungsbelastungen durch
künstlich erzeugte Strahlung festgelegt worden.
Typische Strahlenbelastungen durch künstlich erzeugte Strahlenquellen sind in
TABELLE 3.6.2 zusammengestellt.

GRUND DER STRAHLUNG	ÄQUIVALENTDOSIS PRO JAHR [mSv]
Medizinische Diagnostik und Therapie	1,0
Industrielle Strahlenanwendung	0,02
Kernkraftwerke	⟨ 0,01
Nuklearmedizin	⟨ 0,01
Berufliche Strahlenbelastung (Beitrag zur mittleren Belastung der Bevölkerung)	0,01
GESAMTE KÜNSTLICHE STRAHLENBELASTUNG	1,05

TABELLE 3.6.2: KÜNSTLICHE STRAHLENBELASTUNG

Auf die Frage nach den merkbaren Folgen einer Strahlenbelastung gibt TABELLE 3.6.3 eine Antwort. In ihr sind summarisch die Folgen zusammengestellt, die sich aus der Strahlenwirkung bei kurzzeitiger Ganzkörperbestrahlung ergeben können.

ÄQUIVALENTDOSIS	WIRKUNG
Unter 200 mSv	Keine erkennbaren Wirkungen
Bis 1 Sv	Vorübergehende leichte Veränderung des Blutbildes, keine ernsten Schäden wahrscheinlich
Bis 2 Sv	Frühsymtome: Übelkeit, Erbrechen, Durchfall,Müdigkeit Schwere Erkrankung möglich, Erholung wahrscheinlich
Von 2 bis 6 Sv	Zunahme der Sterblichkeit von wenigen Todesfällen zu wenigen Überlebensfällen
Über 6 Sv	Geringe Überlebenschancen

TABELLE 3.6.3: STRAHLENWIRKUNG BEI KURZZEITIGER GANZKÖRPERBESTRAHLUNG

3.6.2 Schutzmaßnahmen gegen Strahlung

Bei den Strahlenschutzmaßnahmen sind drei wichtige Grundregeln zu beachten, die sich folgendermaßen formulieren lassen:

REGEL 1: Verwendung einer ausreichenden Strahlenabschirmung

Die Grundlage für die Strahlenabschirmung ist die Strahlungsschwächung, die im Abschnitt 3.2 behandelt ist. Ausschlaggebend für die Abschirmwirkung von Materialien sind deren Schwächungskoeffizienten bzw. Halbwertsdicken. Zu berücksichtigen ist dabei ebenfalls der Dosiszuwachsfaktor B, der den Beitrag der Sekundärstrahlung zur Dosis liefert.

Zur Bestimmung der Strahlenabschirmung wird eine Prüfanordnung betrachtet, wie sie in BILD 3.6.1 dargestellt ist. Von der Strahlenquelle wird die Dosisleistung $\dot{D}_q$ ausgesandt.

Von dem Strahlungsnachweis wird gemessen:

Ohne Abschirmmaterial die Dosisleistung $\dot{D}_o$

Mit Abschirmmaterial die Dosisleistung $\dot{D}_M$

Die Strahlungsschwächung durch das Abschirmmaterial läßt sich ausdrücken durch den Schwächungsfaktor SF als

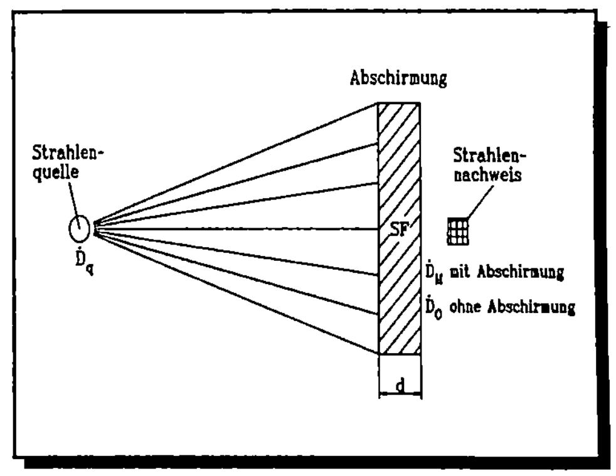

BILD 3.6.1: SCHWÄCHUNGSFAKTOR

$$SF = \frac{\dot{D}_o}{\dot{D}_M} \qquad (3.6.1)$$

In dieser Form enthält der Schwächungsfaktor sowohl die Abschwächung der Primärstrahlung als auch den Beitrag der Streustrahlung zur Dosisleistung $\dot{D}_M$, der somit hier nicht getrennt durch den Dosiszuwachsfaktor B berücksichtigt werden muß. Aus diesem Grunde ist der Schwächungsfaktor SF eine besonders praktische Größe für die Auslegung einer Strahlenabschirmung.

Ist die Strahlenquelle eine Röntgenanlage mit Bremsstrahlung in Breitstrahlgeometrie ohne Kollimatoren (vgl. auch BILD 3.2.8), so kann für die Strahlenabschirmung z.B. Normalbeton oder Blei verwendet werden. In BILD 3.6.2 ist der reziproke Schwächungsfaktor 1/SF für Normalbeton als Funktion der Schichtdicke für verschiedene Betriebsspannungen im Bereich von 50 KV bis 2000 KV angegeben. Zu beachten sind die Randbedingungen der Messung. Für die Bestimmung des Schwächungsfaktors wurde die Röntgenstrahlung gefiltert (vgl. Abschnitt 5.2). Gesamtfilterung 1mm Al bei 50 KV, 1,5 mm Al bei 70 KV, 2 mm Al bei 100 KV, 3 mm Al bei 125 KV bis 400 KV, 5 mm Pb bei 500 KV, 7 mm Pb bei 1000 KV und 6,8 mm Pb bei 2000 KV. Für das Abschirmmaterial Blei ist der Verlauf des Schwächungsfaktors in BILD 3.6.3 dargestellt. Messbedingungen waren mit Gesamtfilterung: 2 mm Al bei 50 KV bis 200 KV, 0,5 mm Cu bei 250 KV und 300 KV, 3 mm Cu bei 400 KV, 5 mm Pb bei 500 KV, 7mm Pb bei 1000 KV und 6,8 Pb 2000 KV. Die Anwendung der Diagramme werde an einem Beispiel erläutert.

Beispiel: Vorhanden sei eine 200 KV - Röntgenanlage deren Dosisleistung durch die Abschirmung um den Faktor 10.000 verringert werden soll. Der reziproke Wert des Schwächungsfaktors ergibt sich zu 1 /SF $= 10^{-4}$. Wird dieser Wert auf der 1 /SF - Achse

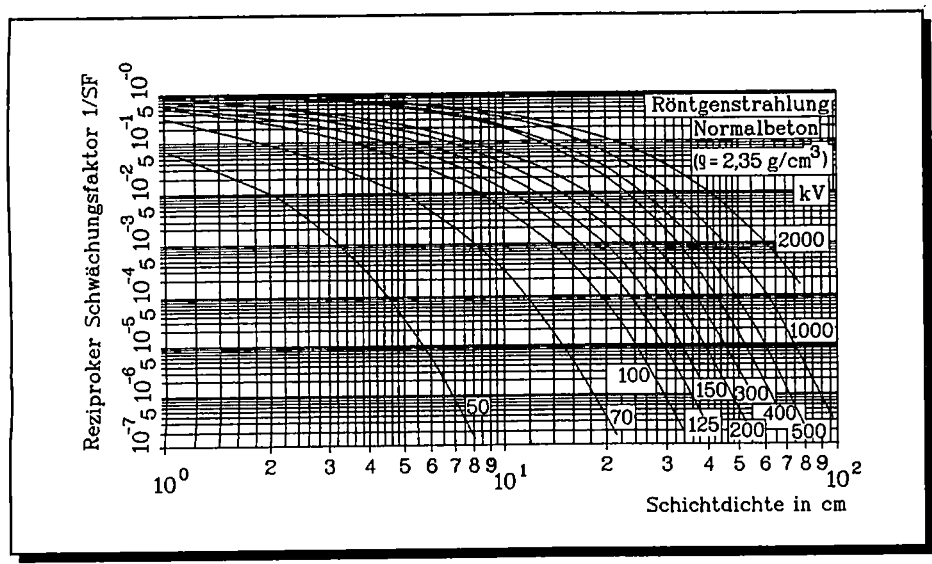

BILD 3.6.2: REZIP.SCHWÄCHUNGSFAKTOR FÜR NORMALBETON (RÖNTGENSTRAHLUNG)

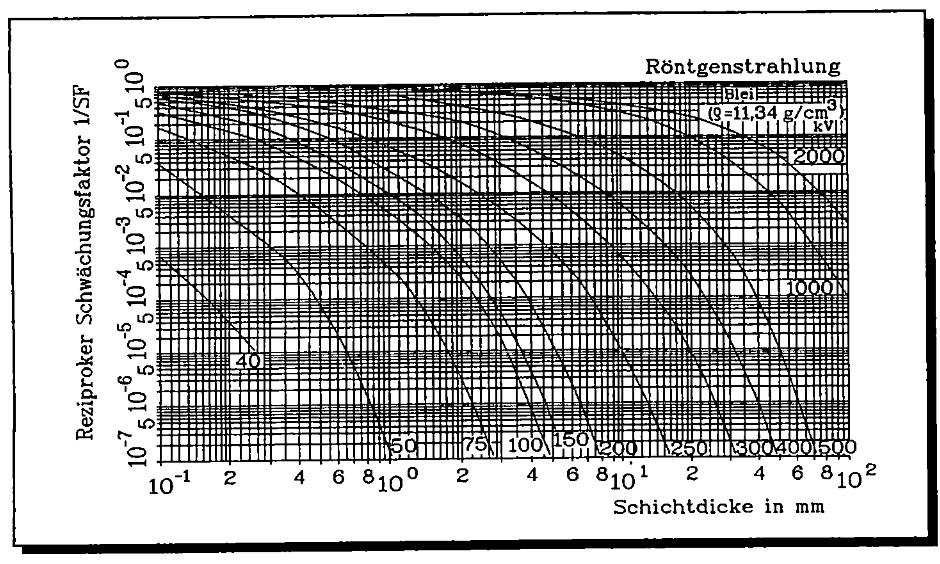

BILD 3.6.3: REZIPROKER SCHWÄCHUNGSFAKTOR FÜR BLEI (RÖNTGENSTRAHLUNG)

des Diagramms aufgesucht und auf der Linie nach rechts bis zur 200 KV - Kurve verfolgt und wird vom Schnittpunkt nach unten gegangen, so ergibt sich bei Verwendung von Normalbeton eine erforderliche Abschirmdicke von 30 cm und bei Verwendung von Blei eine solche von 4 mm.

Ist die Strahlenquelle ein radioaktiver Gammastrahler, so bieten sich als Abschirmmaterialien beispielsweise Blei oder Barytbeton an. In BILD 3.6.4 ist der Verlauf des Schwächungsfaktors von Barytbeton für Gammastrahler dargestellt. BILD 3.6.5 zeigt den Verlauf für Blei als Abschirmmaterial. Die Anwendung der Diagramme erfolgt analog denen für die Röntgenstrahlung.

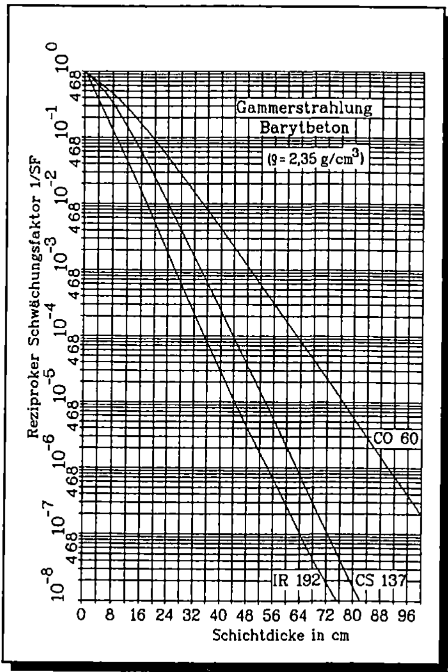

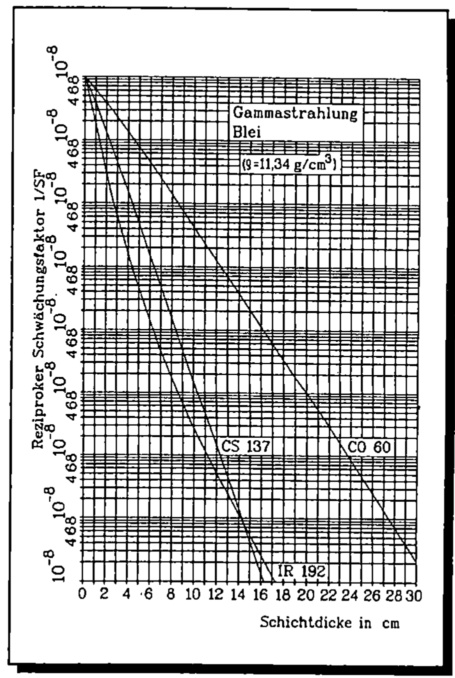

BILD 3.6.4: REZIP. SCHWÄCHUNGSFAKTOR FÜR BARYTBETON (γ-STRAHLUNG)

BILD 3.6.5: REZIP. SCHWÄCHUNGSFAKTOR FÜR BLEI (γ-STRAHLUNG)

Beispiel: Die Dosisleistung einer CO - 60 Strahlenquelle soll durch die Abschirmung um den Faktor 10.000 verringert werden. Der reziproke Wert des Schwächungsfaktors ist 1/SF = 10^{-4}. Aufsuchen dieses Wertes auf der 1/SF - Achse, Verfolgen bis zum Schnittpunkt der CO - 60 Kurve und Ablesen des Projektionspunktes auf der Schichtdicken - Achse ergibt bei Barytbeton eine erforderliche Abschirmdicke von 62 cm und bei Blei von 17 cm. Aus den Diagrammen ist ebenfalls ersichtlich, daß für CS - 137 und IR - 192 wegen der kleineren Energie der Strahlung geringere Abschirmdicken genügen als bei CO - 60.

Regel 2: Einhaltung möglichst großer Abstände von der Strahlenquelle

Sendet die Strahlenquelle mit dem Radius r_1, wie in BILD 3.6.6 dargestellt die Dosisleistung $\dot{D}_0$ aus, so ergibt sich nach Gleichung (3.3.3) die Dosisleistung $\dot{D}_0$ im Abstand r_2 zu:

$$\dot{D}_0 = \left(\frac{r_1}{r_2}\right)^2 \dot{D}_q \qquad (3.6.2)$$

Es ist ersichtlich, daß die Dosisleistung QUA-DRATISCH mit dem Abstand von der Quelle ab-nimmt. Aus diesem Grunde wird bei Einhaltung großer Abstände die Strahlenbelastung stark reduziert, was aus der Dosis -Abstands - Kurve in BILD 3.3.2 direkt ablesbar ist.

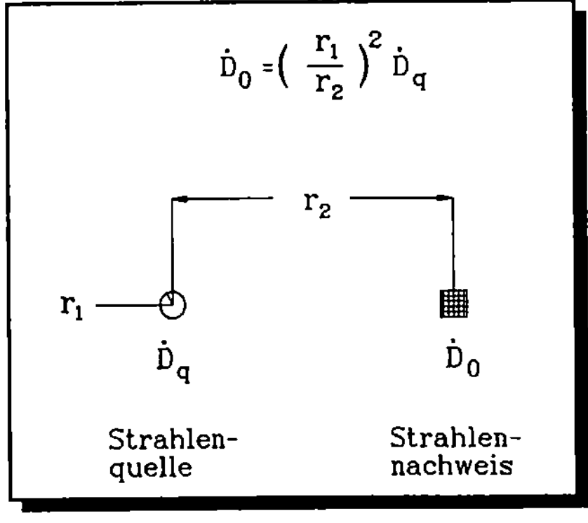

BILD 3.6.6: ABSTANDSGESETZ

Regel 3:   Beschränkung der Aufenthalts-dauer im Strahlenbereich auf möglichst kurze Zeiten

Herrscht am Aufenthaltsort die konstante Dosisleistung $\dot{D}$ und beträgt die Aufenthaltsdauer die Zeit t, so ergibt sich die empfangene Strahlendosis zu

$$D = \dot{D} \cdot t \qquad (3.6.3)$$

Hieraus ist direkt ersichtlich, daß je kürzer die Aufenthaltsdauer im Strahlenbereich, desto geringer die empfangene Strahlendosis. Aus diesem Grunde sollte die Aufenthaltsdauer in der Nähe von Strahlenquellen auf die unbedingt notwendige Zeit beschränkt werden.

Zu den weiteren Schutzmaßnahmen gegen Strahlung gehört auch, daß die Intensität der Strahlenquellen nicht höher als notwendig gewählt wird. Weiterhin ist durch bauliche und organisatorische Maßnahmen sicherzustellen, daß der Zutritt zu den Anlagen nur bei Sicherstellung der Strahlenschutzvorkehrungen erfolgen kann. Die bereits zitierten Verord-nungen geben hierzu konkrete Hinweise.

3.6.3 Strahlenschutzbereiche und Grenzwerte

Die Strahlenschutzbereiche werden unterschieden nach Äquivalentdosen (Körperdosen), die Personen im Kalenderjahr erhalten können. Eine Skizzierung dieser Bereiche zeigt Bild 3.6.7.

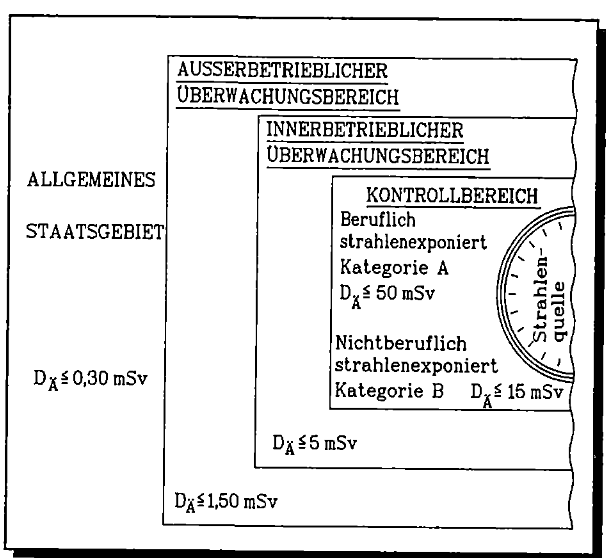

BILD 3.6.7: STRAHLENSCHUTZBEREICHE

Bereiche, in denen Personen im Kalenderjahr höhere Äquivalentdosen aus Ganzkörperbestrahlung von mehr als 15 mSv erhalten können, sind als KONTROLLBEREICHE auszuweisen und abzugrenzen. Die Dosis darf für beruflich strahlenexponierte Personen (Kategorie A) den Wert von 50 mSv nicht überschreiten. Personen der Kategorie B dürfen nicht mehr als 3/10 des Grenzwerts, d.h. also 15 mSv, erhalten. Nicht zum Kontrollbereich gehörende betriebliche Bereiche, in denen für Personen die Dosis aus Ganzkörperbestrahlung mehr als 5 mSv betragen kann, sind als innerbetrieblicher Überwachungsbereich auszuweisen.

Im außerbetrieblichen Überwachungsbereich darf die Dosis nicht höher als 1,5 mSv im Kalenderjahr sein. Im allgemeinen Staatsgebiet ist eine, nicht von der natürlichen Strahlung herrührende Dosis von maximal 0,30 mSv zulässig.

Für beruflich strahlenexponierte Personen sind dabei noch folgende Sonderregelungen zu beachten:

(1)   In einem Viertel des Kalenderjahres darf die maximale Äquivalentdosis den Wert von 25 mSv nicht überschreiten.

(2)   Tritt eine außergewöhnliche Strahlenbelastung im Bereich von 30 bis 250 mSv einmal im Leben auf, so wird diese der Lebensalterdosis zugerechnet.

(3)   Die Lebensalterdosis ist die ab 18 Jahre über die Lebensjahre aufsummierte Äquivalentdosis und ihr Maximalwert berechnet sich zu

$$\text{LEBENSALTERDOSIS} = (\text{LEBENSJ.} - 18) \times 50 \ (\text{mSv}) \qquad (3.6.4)$$

(4)   Nach einer einmaligen, außergewöhnlichen Strahlendosis der unter (2) beschriebenen Größe, muß mit der Tätigkeit im Strahlungsbereich solange ausgesetzt werden, bis die maximale Lebensalterdosis unterschritten ist.

Wie schon ausgeführt, ist die allgemein auferlegte Pflicht, die Strahlenbelastung unbeschadet der maximal zulässigen Dosiswerte so gering wie möglich zu halten. Das bedeutet für das Strahlenschutzpersonal und für jede mit Strahlung umgehende Person, daß den Strahlenschutzmaßnahmen besondere Aufmerksamkeit zu widmen ist und daß die Strahlenschutzregelungen genau eingehalten werden müssen.

3.6.4 Strahlenschutzmeßgeräte
Die Meßgeräte für den Strahlenschutz haben im allgemeinen folgende zwei Hauptaufgaben zu erfüllen:

(1)   Dosisleistungsmessung an einem bestimmten Ort (Ortsdosisleistung)
(2)   Dosismessung insbesondere für das Personal (Personendosismessung)

Die Messung der Strahlung erfolgt durch die Methoden des Strahlungsnachweises, wie sie im Abschnitt 3.4 behandelt sind. Eingesetzt werden können sowohl Strahlungsdetektoren als auch strahlungsempfindliche Filme.

Zur Messung der Ortsdosisleistung werden normalerweise Strahlungsdetektoren in Form von Szintillationsdetektoren oder Ionisationskammern verwendet. Das Arbeitsprinzip von Szintillationsdetektoren ist im Abschnitt 3.4.2 behandelt. Das am Detektor abgenommene Strom- oder Spannungssignal ist direkt proportional zur auffallenden Dosisleistung. Erforderlich ist eine Eichung, so daß die Dosisleistung direkt abgelesen und angezeigt werden kann. Die Ionisationskammer arbeitet, wie durch den Namen ausgedrückt, auf der Grundlage der Ionisation von Gasatomen. Ihre Funktionsweise ist in Bild 3.6.8 erläutert.

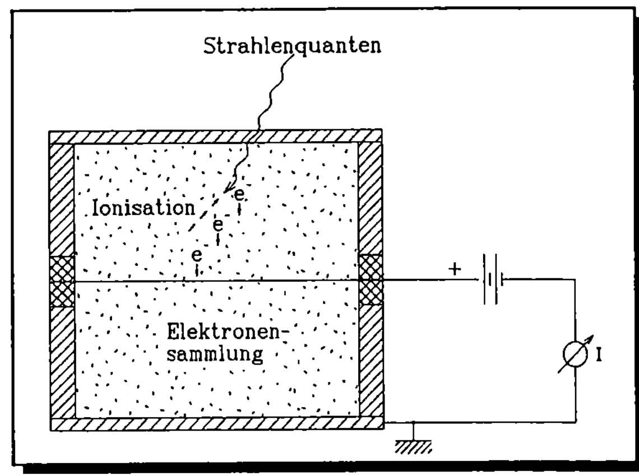

BILD 3.6.8:   FUNKTIONSWEISE DER IONISATIONSKAMMER

Die Ionisationskammer besteht im Prinzip aus einem gasgefüllten Zylinder, in den ein isolierter Draht eingebracht ist, welcher auf positiver Spannung liegt. Die in die Ionisationskammer gelangenden Strahlenquanten lösen im Gas Ionisationsprozesse aus, bei denen negative Elektronen und positive Ionen erzeugt werden. Die negativen Elektronen werden durch die positive Spannung auf dem Draht gesammelt (Sammelelektrode) und erzeugen einen Strom I, der direkt proportional zur Dosisleistung ist. Durch Eichung wird der Proportionalitätsfaktor bestimmt, so daß die Ortdosisleistung dann direkt abgelesen werden kann.

Der durch die Dosisleistung erzeugte Strom läßt sich auch abschätzen. Es sei angenommen, daß die Ionisationskammer mit 1 g Luft gefüllt ist und die auffallende Dosisleistung 1 mGy/s beträgt, was einer Energieumsetzung von 10^{-6} W/g in der Luft entspricht. Zur Bildung eines Ionenpaares in Luft ist im Mittel die Energie von 32,5 eV erforderlich, womit sich unter Verwendung der Ladung eines Elektrons e = 1,6 10^{-19} As ein Strom von rund 30 mA errechnet.

Um sicherzustellen, daß die Strahlenschutzmeßgeräte ordnungsgemäß funktionieren, sind verschiedene Maßnahmen wie Bauartprüfung, Eichung und Kontrollmessung durch unabhängige Instanzen vorgesehen, die eine wirksame Strahlenschutzüberwachung garantieren sollen.

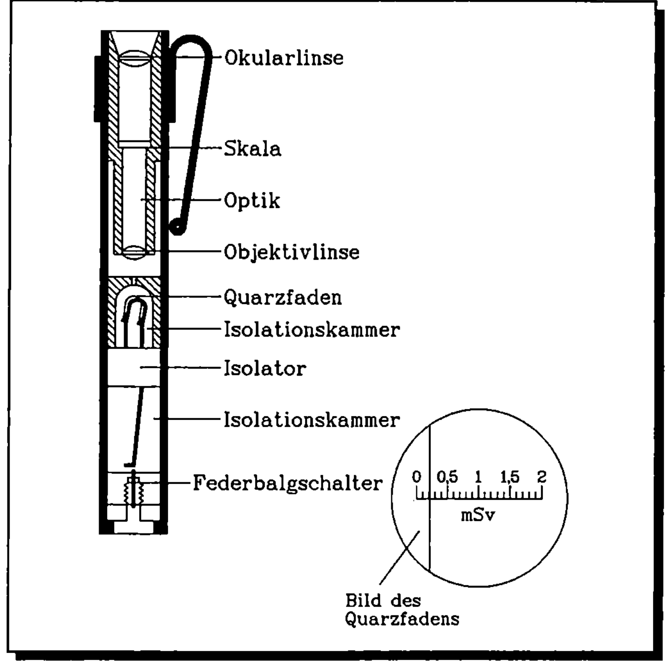

BILD 3.6.9: STABDOSIMETER

Die Personendosisüberwachung dient dazu, einen Wert für die Äquivalentdosis im Körper zu erhalten. Zur Messung dienen bei Röntgen- und Gammastrahlung vor allem Stab- und Filmdosimeter.

Stabdosimeter sind tragbare füllfederhaltergroße Meßgeräte, die aus einer isolierten Ionisationskammer bestehen.

Eine schematische Darstellung zeigt Bild 3.6.9. Der eigentliche Meßteil ist eine kleine Ionisationskammer, die über den Federbalgschalter mit einer positiven Spannung aufgeladen wird. Die von der Strahlungsenergie hervorgerufenen Ionisationsprozesse führen über die negativen Elektronen zu einer Entladung der Kammer. Dabei ist die Ladungsänderung, die gemessen wird, proportional zur Strahlendosis. Durch Eichung kann die Meßgröße direkt in mSv abgelesen werden, wozu eine Optik mit in das Meßgerät eingebaut ist. Diese Art von Stabdosimetern gibt es für verschiedene Dosisbereiche.

Filmdosimeter bestehen aus strahlungsempfindlichen Filmen, die in ansteckbaren Plaketten untergebracht sind. Den schematischen Aufbau zeigt Bild 3.6.10. Das Meßprinzip basiert auf dem linearen Zusammenhang zwischen Schwärzung und Dosis (vgl. Abschnitt 3.4.1). Aus Vergleich der Schwärzung des Dosismeßfilms mit Vergleichsfilmen derselben Art, die die Eichstrahlungen (Co-60, Röntgen) ausgesetzt waren, läßt sich die Dosis ermitteln. In die Plakette werden zwei Filme unterschiedlicher Empfindlichkeit eingelegt, um den Dosisbereich zu erweitern. Weiterhin werden in den Feldern metallische Filterplättchen eingelegt, um im Bestrahlungsfall eine genauere Analyse der Strahlenart durchführen zu können. Der Meßbereich liegt normalerweise zwischen 0,2 und 10 mSv. Die Auswertung der Filmdosimeter erfolgt durch unabhängige, speziell zugelassene, Institutionen.

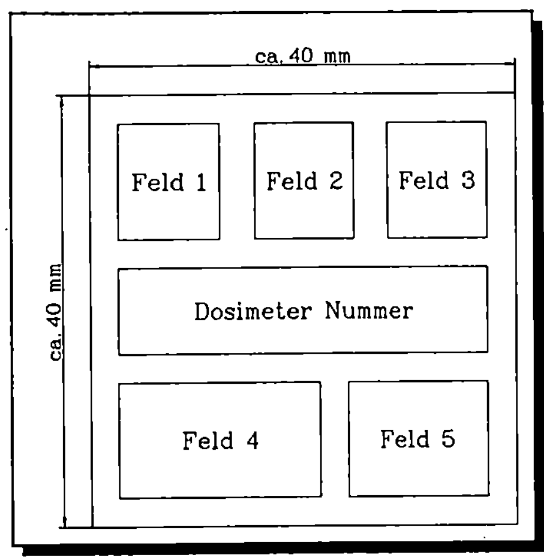

BILD 3.6.10: FILMDOSIMETER

Das Filmdosimeter besitzt als großen Vorteil eine direkte Dokumentationsmöglichkeit durch den Film, da die Strahlenschutzunterlagen über einen festgelegten Zeitraum aufbewahrt werden müssen. Aus diesem Grunde wird in Deutschland das Filmdosimeter wegen seines Dokumentencharakters bevorzugt eingesetzt. Um Einflüsse durch die natürliche Umgebungstrahlung und chemische Alterungsprozesse im Film begrenzt zu halten, wird der Anwendungszeitraum des Filmdosimeters in der Regel auf einen Monat begrenzt.

4 Beugungs-und Rückstreuverfahren

Im Gegensatz zur Durchstrahlungsprüfung, bei der die durch den Prüfkörper durchgehende Strahlung ausgenutzt wird, werden bei den Beugungsverfahren die gebeugte Strahlung und bei den Rückstreuverfahren die vom Prüfkörper zurückgestreute Strahlung eingesetzt. Da diese Verfahren ebenfalls zur Radiografie und Radioskopie gehören, sollen sie hier in summarischer Form miteinbezogen werden, da sie sowohl zur Material-Charakterisierung als auch zur Fehlererkennung verwendet werden können.

4.1 Beugung von Röntgenstrahlen

Mit Hilfe der Beugung von Röntgenstrahlen an Kristallen kann deren Struktur festgestellt werden, was für die Materialcharakterisierung sehr vorteilhaft ist.

Bei der Erzeugung von Röntgenstrahlung, behandelt in Kapitel 2, Abschnitt 2.2, ist zwischen der kontinuierlichen Energieverteilung der Röntgenquanten in Form des *Bremsspektrums* und der charakteristischen Röntgenstrahlung in Form *monoenergetischer Linienstrahlung* zu unterscheiden. Bei der Linienstrahlung ist die K_α-Strahlung normalerweise die wichtigste. Für die Beugung von Röntgenstrahlung wird diese Linienstrahlung eingesetzt. Die charakteristische Röntgenstrahlung ist für jedes Element verschieden. Durch geeignete Wahl des Anodenmaterials können Röntgenstrahlen sehr verschiedener Wellenlänge erzeugt werden. Für Prüfzwecke finden allerdings nur wenige Metalle Verwendung, da bei zu leichten Elementen die Wellenlängen der entstehenden Strahlung zu lang sind; bei zu schweren Elementen aber die Bremsung überhand nimmt, wodurch die Ausbeute an charakteristischer Linienstrahlung zu gering wird. In TABELLE 4.1.1 sind die wichtigsten Anodenmaterialien zusammengestellt.

ORDNUNGS-ZAHL Z	ELEMENT	K_α $[\text{Å} = 10^{-10}\,\text{m}]$	K_α $[\text{KeV}]$
24	CHROM	2,0701	5,99
26	EISEN	1,7433	7,12
27	KOBALT	1,6081	7,71
28	NICKEL	1,4880	8,57
29	KUPFER	1,3804	8,99
42	MOLYBDÄN	0,6198	20,02
47	SILBER	0,4858	25,54
74	WOLFRAM	0,17837	69,55
79	GOLD	0,15375	80,68

TABELLE 4.1.1: WERTE FÜR K_α-STRAHLUNG

Die Wechselwirkung zwischen Röntgenstrahlung und Materialien kann auf drei Prozesse zurückgeführt werden, die in Kapitel 3, Abschnitt 3.2, behandelt sind. Es sind dies:

(1)   PHOTOEFFEKT
(2)   COMPTONEFFEKT
(3)   PAARERZEUGUNG

Beim Photoeffekt hat die auftreffende Röntgenstrahlung genügend Energie, um ein Elektron aus einer inneren Schale des Atoms herauszuschießen, wodurch das Atom in einen energiereicheren Zustand versetzt wird.. Beim Zurückkehren in einen energieärmeren Zustand wird eine charakteristische Röntgenstrahlung ausgesendet.
Beim Comptoneffekt wird beim Zusammenstoß die Energie und das Moment beider Stoßpartner verändert. Es entsteht eine Streustrahlung mit einer gegenüber der ursprünglichen Strahlung veränderten Wellenlänge. Dieser Prozeß wird auch als INKOHÄRENTE STREUUNG bezeichnet und spielt bei Verwendung energiearmer Röntgenstrahlung eine untergeordnete Rolle.

Eine weitere Art der Wechselwirkung zwischen Röntgenstrahlen und Elektronen ist in diesem Zusammenhang sehr wichtig. Trifft Röntgenstrahlung auf ein Elektron, so kann es zum Schwingen angeregt werden und wird selbst zur Quelle einer Strahlung, deren Wellenlänge identisch mit der einfallenden Strahlung ist. In diesem Fall wird von KOHÄRENTER STREUUNG gesprochen. Diese bildet die Voraussetzung für die Beugung von Röntgenstrahlen an Kristallen.

4.1.1 Beugungsmechanismen
Treffen Röntgenstrahlen auf Elektronen regelmäßig angeordneter Atome eines Kristalls, so entstehen durch die periodischen Schwingungen der Elektronen eine Vielzahl von Strahlungsquellen derselben Frequenz und Wellenlänge wie die einfallende Strahlung.
Von jedem schwingenden Elektron breiten sich kugelförmig Wellenfronten aus, die sich überlagern, so daß Interferenzerscheinungen auftreten. Die Interferenzen können zu einer Verstärkung oder zu einer Auslöschung der Wellen führen. Damit bei der Beugung von Wellen an einem Kristallgitter Verstärkung auftreten kann, müssen ganz bestimmte geometrische Bedingungen erfüllt sein, die mit Hilfe der LAUE-GLEICHUNGEN oder der BRAGGSCHEN REFLEXIONSBEDINGUNG beschrieben werden.

4.1.2 LAUE-GLEICHUNGEN
Zur anschaulichen Verdeutlichung der Vorgänge bei der BEUGUNG ist im BILD 4.1.1 eine Reihe von Punkten eines Kristallgitters gezeichnet, die einen konstanten Abstand a voneinander aufweisen und so

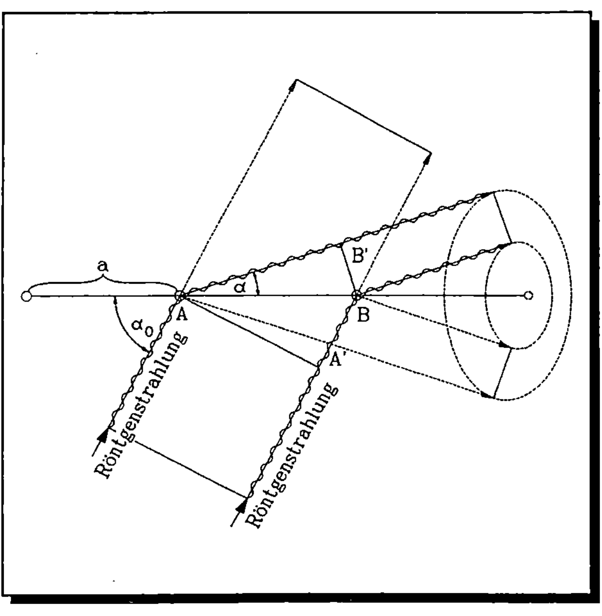

BILD 4.1.1: BEUGUNG AN EINDIMENSIONALEM GITTER

ein eindimensionales Gitter bilden. Treffen parallele Röntgenstrahlen unter einem Winkel α_0 auf diese Gitterpunkte, so kann Verstärkung der gebeugten Strahlen nur dann auftreten, wenn die Strecke AB' - A'B ein ganzzahliges Vielfaches der Wellenlänge ist:

$$AB' - A'B = n_1\lambda \qquad (4.1.1)$$

n_1 ist eine ganze Zahl und λ ist die Wellenlänge. Ist weiterhin a der Abstand der Gitterpunkte, so können die beiden Strecken durch einfache trigonometrische Beziehungen berechnet werden:

$$AB' = a \cos\alpha \qquad (4.1.2)$$

$$A'B = a \cos\alpha_0 \qquad (4.1.3)$$

Damit läßt sich die Interferenzbedingung an einem eindimensionalen Gitter wie folgt formulieren:

$$n_1\lambda = a (\cos\alpha - \cos\alpha_0) \qquad (4.1.4)$$

Zu beachten ist dabei, daß es sich bei der Beugung von Röntgenstrahlen immer um ein räumliches Problem handelt. Wie in BILD 4.1.1 gezeigt, bilden die an einer Reihe von Gitterpunkten gebeugten Röntgenstrahlen Kegel, deren Achse die Punktreihe ist und deren halber Öffnungswinkel α entspricht.

Werden diese Überlegungen auf den zwei- und dreidimensionalen Fall erweitert, wobei k der Punktabstand in der zweiten und l in der dritten Richtung ist, während β_0 und β bzw. γ_0 und γ die Winkel des einfallenden und gebeugten Röntgenstrahls bezeichnen, so müssen zwei weitere Gleichungen eingeführt werden:

$$n_2\lambda = k (\cos\beta - \cos\beta_0) \qquad (4.1.5)$$

$$n_3\lambda = l (\cos\gamma - \cos\gamma_0) \qquad (4.1.6)$$

n_2 und n_3 sind wiederum ganze Zahlen.

Die Gleichungen (4.1.4 bis 4.1.6) werden als die drei LAUE-GLEICHUNGEN bezeichnet, da die Beugung zuerst von M. v. LAUE entdeckt wurde. Um Beugungsinterferenzen an dreidimensionalen Raumgittern zu erhalten, müssen alle drei Laue-Gleichungen *gleichzeitig* erfüllt sein, denn nur in diesem Fall kann durch Überlagerung Verstärkung erfolgen.

4.1.3 Braggsche Reflexionsbedingung

Bei der von BRAGG aufgestellten Reflexionsbedingung wird davon ausgegangen, daß Kristalle aus Ebenen aufgebaut sind, die mit Atomen besetzt sind und die stets von gleichwertigen parallelen Ebenen in einem konstanten Abstand d (Netzebenenabstand) begleitet werden. Trifft ein Röntgenstrahl auf eine Netzebene im Kristall, so kann die Beugung auch als Reflexion aufgefaßt werden. Der Ausdruck Reflexion wird daher vielfach anstelle von Beugung gebraucht. Wichtig sind dabei die Röntgeninterferenzerscheinungen. Der Röntgenstrahl durchdringt je nach Energie im allgemeinen einige Millionen Netzebenen bis er gänzlich absorbiert wird. An jeder einzelnen Netzebene wird dabei ein Teil der Strahlung reflektiert. Die entstehenden Wellen überlagern sich. Aufgrund der Interferenz verstärken sie sich in ganz bestimmten Richtungen, die durch geometrische Bedingungen festgelegt sind, während sie sich in anderen Richtungen auslöschen.

Als Beispiel sind in BILD 4.1.2 drei Atomlagen (Netzebenen) eines Kristalls schematisch dargestellt. Die Kreise stellen Atome (Gitterpunkte) dar. Parallele Röntgenstrahlen, von O_1 und O_2 ausgehend, befinden sich in Phase und treffen unter einem Winkel ϑ auf den Kristall.

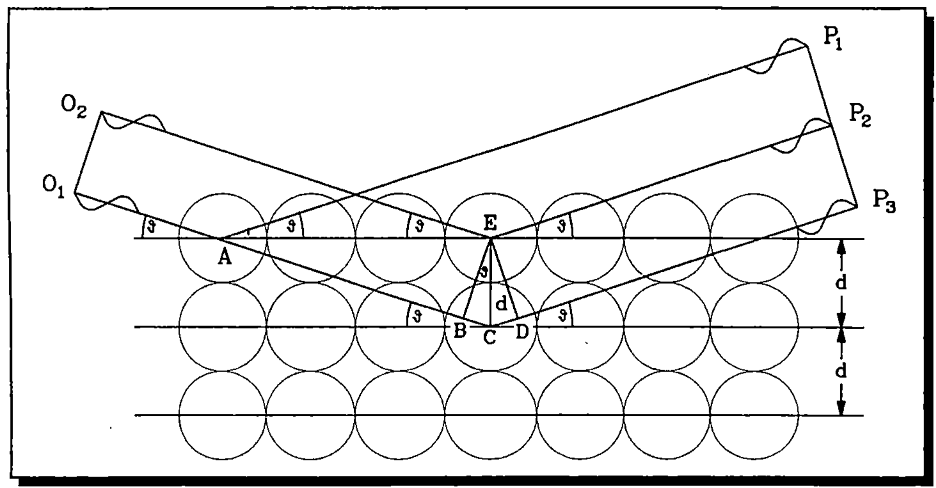

BILD 4.1.2: BRAGGSCHE REFLEXIONSBEDINGUNG

An den Punkten A und E werden sie reflektiert. Da die Strecken O_1AP_1 und O_2EP_2 gleich lang sind, treffen die Wellen in P_1 und P_2 in Phase ein und verstärken sich. Bei Reflexion an der zweiten Netzebene wird die Welle O_1C nach CP_3 reflektiert. Da die Strecke EB parallel zu O_1O_2 steht und die Strecke ED parallel zur P_2P_3, ist die gesamte Weglänge O_1CP_3 um eine Differenz Δ länger als die Strecke O_2EP_2. Der Betrag von Δ entspricht der Strecke BCD bzw. 2BC, da BC gleich CD ist.

Die Strecke BC läßt sich mit Hilfe einfacher geometrischer Beziehungen wie folgt berechnen:

$$BC = d \sin\vartheta \qquad (4.1.7)$$

Die Wegdifferenz Δ zwischen dem an der ersten und zweiten Netzebene reflektierten Strahl ergibt sich somit zu:

$$\Delta = 2\,BC = 2d \sin\vartheta \qquad (4.1.8)$$

Aus BILD 4.1.2 ist zu entnehmen, daß die reflektierten Wellen nur dann in Phase schwingen können, wenn der Weglängenunterschied Δ ein ganzzahliges Vielfaches der Wellenlänge beträgt.
Aus diesem Sachverhalt folgt die Formulierung der BRAGGSCHEN REFLEXIONS-BEDINGUNG zu:

$$n\lambda = 2d \sin\vartheta \qquad (4.1.9)$$

Sie besagt, daß für jede ganze Zahl n Verstärkung der reflektierten Strahlung auftritt.
Diese Beziehung eröffnet nun Materialcharakterisierungen vorzunehmen. Wird die Gleichung (4.1.9) nach d aufgelöst, so folgt

$$d = \frac{n\lambda}{2 \sin\vartheta} \qquad (4.1.10)$$

Wenn die Wellenlänge der Röntgenstrahlung bekannt und konstant ist und der Winkel ϑ, der die Geometrie der Beugung bedingt, bestimmbar ist, läßt sich mit der Gleichung (4.1.10) der Abstand der Gitterebenen und damit die Kristallstruktur eines Werkstoffes bestimmen. Werden neben der Geometrie der Beugung auch noch die Intensitäten der Reflexionen berücksichtigt, so läßt sich unter bestimmten Voraussetzungen die genaue Anordnung der Atome innerhalb einer Elementarzelle bestimmen und somit eine vollständige Kristallstruk-turanalyse durchführen. Diese Art von Untersuchungen werden allgemein mit FEIN-STRUKTURANALYSE bezeichnet.

4.1.4 Feinstrukturanalyse
Von den Anwendungsgebieten der Feinstrukturanalyse zur Material-Charakterisierung seien einige, besonders wichtige, kurz genannt:

(1)   IDENTITÄTSNACHWEIS EINES STOFFES. Der Identitätsnachweis beruht auf dem Vergleich des Feinstrukturbildes mit dem eines Stoffes von bekanntem Gitter. Eine besondere mathematische Auswertung der Aufnahme ist nicht erforderlich.

(2) ATOMABSTÄNDE. Die Feststellung von kleinen Änderungen der Atomabstände eines bekannten Gitter, z.B. bei Ausscheidungsvorgängen von Legierungen, erfolgt durch genaue Messung der Lageänderung der Beugungsinterferenzmaxima.

(3) KRISTALLSTRUKTUR. Die Erforschung der Kristallstruktur zur Bestimmung der Atomanordnung in der Elementarzelle des Gitters benützt in erster Linie die Lage der Interferenzmaxima. Bei verwickelten Strukturen müssen aber auch die Intensitätswerte mit ausgewertet werden. Unter Umständen ist hierzu ein erheblicher mathematischer Aufwand erforderlich.

(4) MENGENANTEILE. Die quantitative Bestimmung der Mengenanteile zweier kristalliner Stoffe beruht auf der Auswertung der Interferenzintensitäten der beiden Raumgitter.

(5) KRISTALLORIENTIERUNG. Die kristallografische Orientierung eines Einkristalles kann aus der Feinstrukturaufnahme bei bekannter Gitterstruktur durch geometrische Betrachtungen abgeleitet werden.

(6) TEXTUR. Die gesetzmäßige Anordnung von Kristalliten (Textur) in Faserstoffen, Drähten, Blechen etc. ergibt sich aus den Häufungsstellen der Interferenzmaxima.

(7) ELASTISCHE SPANNUNGEN. Zur Bestimmung von elastischen Spannungen in Werkstoffen, die über makroskopische Bereiche konstant sind, dient die Messung der kleinen Verschiebungen der Interferenzmaxima infolge der Gitterdehnungen. Spannungen, die sich schon in submikroskopischen Bezirken ändern, liefern eine Verbreiterung der Interferenzmaxima. Durch Auswertung der Linienprofile können die verbreiternden Einflüsse von Mikrospannungen und Teilchenkleinheit getrennt erfaßt werden.

Hiermit seien die Röntgenstrahlbeugung und ihre Anwendungsmöglichkeiten abgeschlossen.

4.2 Rückstreuverfahren

Bei den Rückstreuverfahren wird die vom Prüfkörper zurückgestreute Strahlung gemessen und zur Erkennung von Fehlern (Diskontinuitäten) eingesetzt. Der Wechselwirkungsprozess von Strahlung mit Material, der hier vornehmlich ausgenutzt wird, ist der COMPTON-EFFEKT, der in Kapitel 3, Abschnitt 3.2.1, behandelt ist. Er ist in BILD 4.2.1 nochmals dargestellt. Der Compton-Effekt besteht in der inelastischen, inkohärenten Streuung von Strahlungsquanten an Elektronen und dominiert für niedrige Kernladungszahlen Z. Die Energie des gestreuten Quants ist gegeben durch die Beziehung (4.2.1) wobei E die Einfallsenergie, ϑ der Streuwinkel und m_e die Elektronenmasse ist. Die Beziehung (4.2.1) zeigt, daß bei kleinen Streuwinkeln der Energieverlust klein ist; erst bei größeren

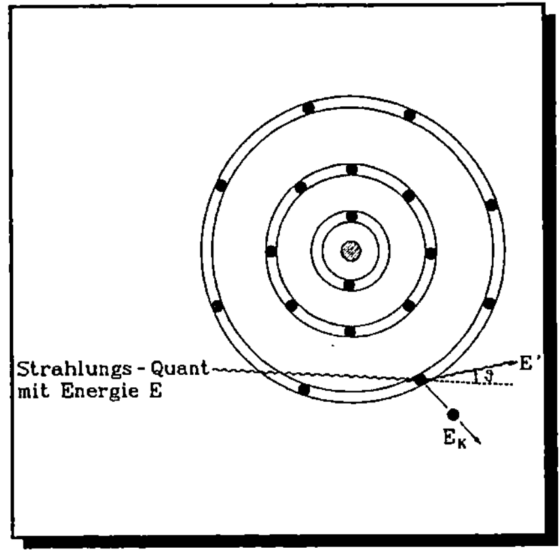

BILD 4.2.1: COMPTON-EFFEKT

Streuwinkeln wird der Energieverlust merklich und das gestreute Strahlungsquant erhält weniger Energie.

$$\overline{E}(\vartheta) = \frac{E}{1 + \dfrac{E}{m_e c^2}\,(1 - \cos\vartheta)} \qquad (4.2.1)$$

Die kennzeichnende Eigenschaft des Compton-Effekts ist, daß jeder Streuprozess an einem Elektron zu einem Streuquant führt. Die Anzahl der Streuquanten ist damit proportional zur Elektronendichte im Material, so daß die Streuprozesse Informationen hierüber liefern. Die Elektronendichte ist normalerweise proportional zur physikalischen Dichte des Materials, so daß die Compton-Streuung direkt zur Bestimmung der Dichte oder von Dichteänderungen herangezogen werden kann.

Eine weitere interessante Eigenschaft der Compton-Steuerung ist die Winkelverteilung der gestreuten Strahlung. Wird die Wahrscheinlichkeit W_{STR} betrachtet, daß das Streuquant in einen Winkelbereich zwischen $0°$ und $180°$ gelangt, so ergibt sich eine Darstellung wie sie in BILD 4.2.2 gezeigt ist. Aufgetragen ist die Verteilung der Wahrscheinlichkeit W_{STR} (in willkürlichen Einheiten) für verschiedene Streuwinkel ϑ und zwei Energien (30KeV und 300 KeV) für die einfallende Strahlung.

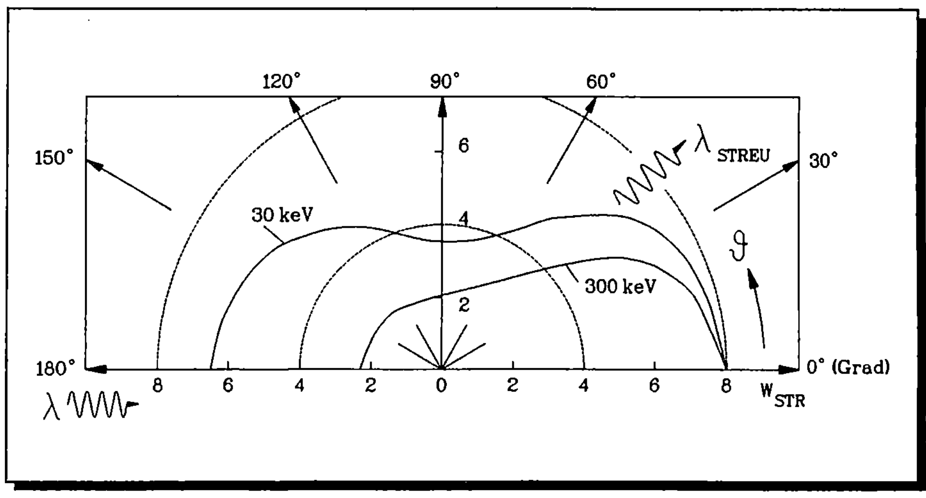

BILD 4.2.2: INTENSITÄTSVERTEILUNG BEI DER COMPTON-STREUUNG

Aus der Abbildung ist ersichtlich, daß die *Rückstreuung* $(\vartheta > 90°)$ z.B. für einfallende Strahlungsquanten von 30 KeV stark ausgeprägt ist, für höhere Energien dann jedoch abnimmt, was aus der 300 KeV-Kurve deutlich sichtbar wird.

Die Schlußfolgerung hieraus ist, daß die Rückstreu-Strahlung sehr gut eingesetzt werden kann, um eine Bestimmung der Materialdichte oder deren Änderung durchführen zu können. Im Vergleich zum Durchstrahlungsverfahren, das ebenfalls Materialdichten und ihre Änderungen zu bestimmen erlaubt, ergeben sich zwei deutliche Unterschiede:

(1)   Die Messung kann von einer einzigen Seite aus erfolgen, da Strahlungsquelle und
       Strahlungsempfänger für die Rückstreu-Strahlung auf der gleichen Seite angebracht
       werden können. Dies hat für   viele Anwendungen, wo die Zugänglichkeit des
       Prüfkörpers nur von einer Seite gegeben ist, deutliche Vorteile.
(2)   Die Rückstreu-Strahlungs-Intensität ändert sich linear mit der Materialdichte, was
       gegenüber dem exponentiellen Schwächungsgesetz der Durchstrahlungsprüfung
       ebenfalls vorteilhaft ausgenutzt werden kann.

4.2.1. Arbeitsprinzipien

Das Ziel auch bei den Rückstreuverfahren ist eine möglichst gute dreidimensionale
Fehlerabbildung zu erhalten. Eine Charakterisierung derartiger Systeme kann durch die
Anzahl von Dimensionen (null bis zwei) erfolgen, die gleichzeitig gemessen werden. Diese
Einteilung ergibt Verfahren mit einem Volumenelement (Voxel) mit linearer Detektion und
mit ebener Detektion.
Ein sehr gutes Beispiel für das *Voxel-Verfahren* ist das AIDECS-System, das von J.A.
STOKES et.al. entwickelt wurde. Die prinzipielle Arbeitsweise ist in BILD 4.2.3 dargestellt.

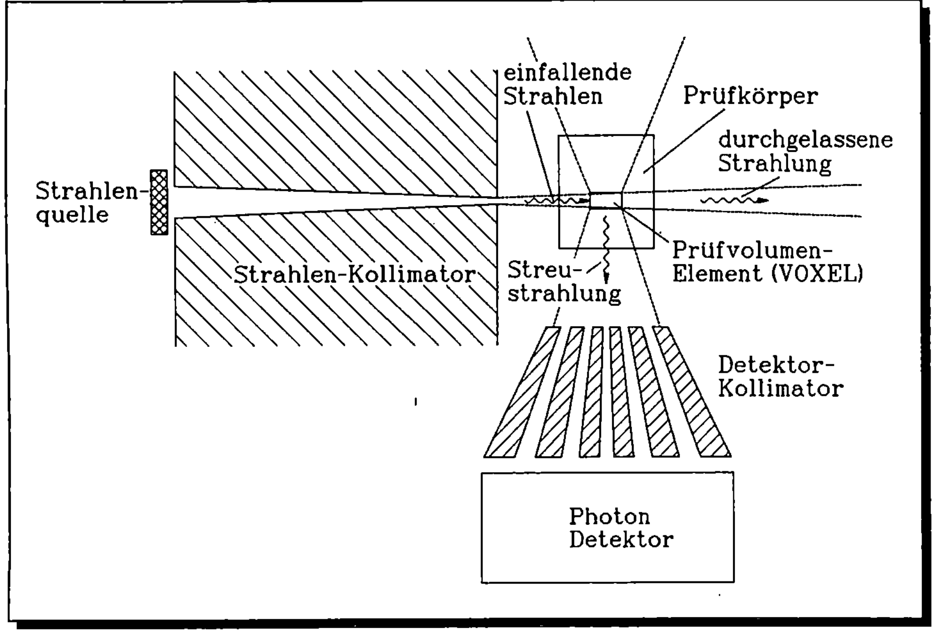

BILD 4.2.3: AIDECS-SYSTEM (NACH STOKE)

Die von der Strahlungsquelle ausgesandte Röntgen- oder Gamma-Strahlung wird kollimiert
und der Querschnitt des ausgeblendeten Strahls beträgt typischerweise 2 mm x 2 mm. Die
im Prüfvolumenelement (Voxel) gestreute Strahlung gelangt durch einen Kollimator in den
Detektor. Der Kollimator ist so ausgelegt, daß nur von einem kleinen Segment (etwa 5 mm)

des Primärstrahls die Streustrahlung in den Detektor gelangt. Hiermit wird erreicht, daß der weit überwiegende Teil der gemessenen Streustrahlung aus dem Voxel stammt und direkt proportional zur Materialdichte im Voxel ist. Um ein dreidimensionales Bild des Prüfkörpers zu erhalten, ist es erforderlich, ihn dreidimensional in Voxel aufzuteilen und diese Elemente auszumessen. Dabei ist darauf zu achten, daß die Abschwächung der Strahlung vom Voxel zum Detektor nicht zu unterschiedlich ist, da dies sonst bei der Auswertung berücksichtigt werden muß.

Für die praktische Anwendung wurde beispielsweise die Bremsstrahlung eines Linearbeschleunigers und große (ca. 100 mm dicke) NaJ-Szintillationsdetektoren eingesetzt, um den Zustand aufgefundener Explosivkörper (Granaten, Bomben) zu untersuchen, speziell ob sie noch explosiv und geladen waren. Da dies von der Art und Lage des Pulvers und Zünders abhängt, war das Compton-Rückstreuverfahren hier besonders gut geeignet, da es Materialien mit geringer Dichte (Pulver) in Gegenwart von Materialien hoher Dichte (Stahl) besser zu trennen und nachzuweisen erlaubt als das Durchstrahlungsverfahren. Auch Turbinenschaufeln von Flugzeugturbinen wurden mit diesem Verfahren untersucht.

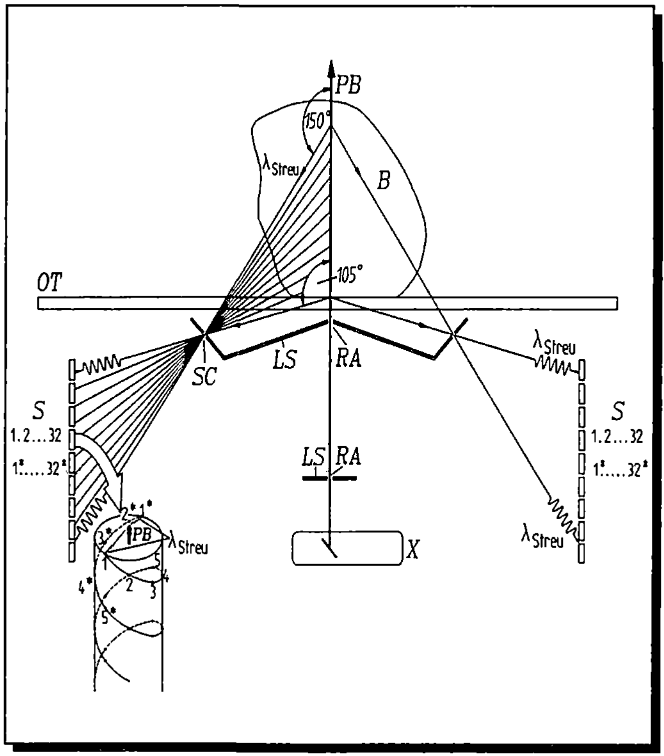

Als *lineares Verfahren* wurde von HARDING und ROYE eine Methode entwickelt, die es erlaubt, mehrere Voxel auf einer Linienkurve gleichzeitig zu messen, um dadurch den großen Zeitaufwand der Abtastung beim Voxelverfahren zu reduzieren. Der prinzipielle Aufbau ist in BILD 4.2.4 gezeigt im Form eines schematischen Querschnitts durch die Compton Rückstreu-Anordnung (COMSCAN). Der Prüfkörper (B) ist auf dem Objekttisch (OT) angeordnet. Bremsstrahlung, die in der Röntgenröhre (X) erzeugt wird, durchläuft Kollimatoren, die aus einem Bleischild (LS) und einer Kollimatoröffnung (RA) besteht, so daß ein ausgeblendeter Strahl von 1 mm x 1 mm in den Prüfkörper (B) tritt.

BILD 4.2.4: PRINZIP DES COMSCAN-SYSTEMS (NACH HARDING, ROYE)

Die entlang dem Weg des Primärstrahls (PB) gestreuten Strahlungsquanten müssen durch die Kollimatoröffnungen (SC) passieren, bevor sie auf die Anordnung von Strahlungsdetektoren (S) treffen und dort gemessen werden.

Im gezeigten Beispiel besteht die Anordnung aus 32 Paaren von Detektoren. In der dargestellten Form können 32 Voxels gleichzeitig gemessen werden. Ein Prüfkörper kann vollständig dreidimensional untersucht werden, wenn Röhre und Detektorenanordnung zusammen in einer Ebene bewegt werden, die rechtwinklig zur Achse des Primärstrahls liegt. Den mechanischen Aufbau eines C O M S C A N - SYSTEMS zeigt BILD 4.2.5. In der gezeigten Ausführung sind eine 160 KV-Röntgenröhre (3 KW) als Strahlenquelle und 22 Szintillationszähler untergebracht. Durch eine besondere Strahlführung in

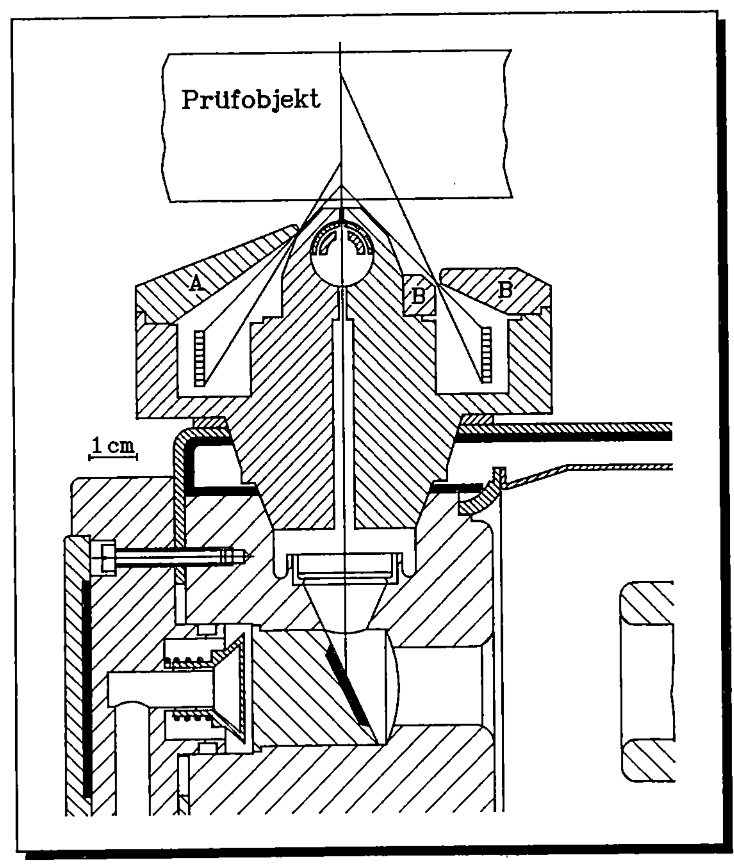

BILD 4.2.5: MECHANISCHER AUFBAU DES COMSCAN-SYSTEM (NACH ROYE)

einem zylindrischen Körper mit gewundenen Schlitzen kann durch Rotation eine einfache Abtastung des Prüfkörpers erreicht werden. Durch die Strahlführungsgeometrie wird die prüfbare Dicke, von der Oberfläche aus gerechnet, vorgegeben. Das Standardmodell hat einen Bereich von 0 - 10 mm. Die Prüfung größerer Dicken (bis ca. 50 mm) ist ebenfalls möglich.

Die *ebene Detektion* ist eine logische Erweiterung des linearen Verfahrens. Erforderlich ist eine zweidimensionale ebene Detektoranordnung. Den prinzipiellen Aufbau zeigt BILD 4.2.6. Die Strahlung der Quelle passiert einen Schlitzkollimator, so daß ein Fächerstrahl auf den Prüfkörper fällt. Von der Streustrahlung wird nur derjenige Teil verwendet, der durch einen Lochkollimator (Lochdurchmesser ca. 1 mm) gelangt. Ein Bildwandler hinter dem

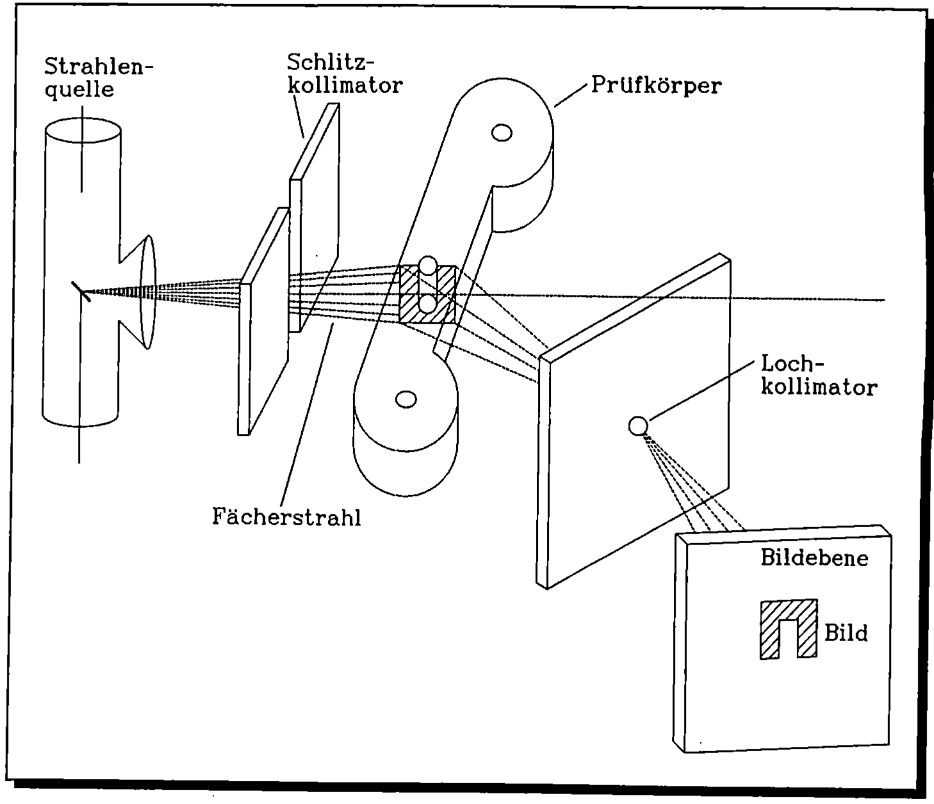

BILD 4.2.6: EBENES DETEKTIONS-SYSTEM

Lochkollimator erlaubt die Materialverteilung in der Bestrahlungsebene aufzunehmen. Zur kompletten Analyse ist der Prüfkörper durch den Fächerstrahl (senkrecht zur Strahlrichtung) zu bewegen.

4.2.2 Rückstreu-Computer-Tomografie

Die *Rückstreu-Computer-Tomografie* ist die konsequente Weiterentwicklung der vorher behandelten Verfahrensschritte. Die Arbeitsweise von tomografischen Verfahren ist in Kapitel 5, Abschnitt 6.4, genauer behandelt. Insofern wird hier nur summarisch auf das Verfahren eingegangen. Zur Erläuterung dient BILD 4.2.7 Erforderlich ist ein kollimierter Strahl mit Abmessungen wie sie in den Anordnungen von Bild 4.2.3 und Bild 4.2.4 verwendet werden. Die von diesem Primärstrahl im Prüfkörper erzeugte Streustrahlung wird von einer Detektoranordnung, die möglichst viel dieser Streustrahlung detektieren sollte, gemessen und dann weiter verarbeitet. Für eine komplette tomografische Aufnahme zur dreidimensionalen Fehlerauswertung ist eine Rotations- und Translationsbewegung des Prüfkörpers erforderlich (siehe Abschnitt 6.4). Der Vorteil dieser Technik ist, daß keine Kollimatoren eingesetzt werden müssen.

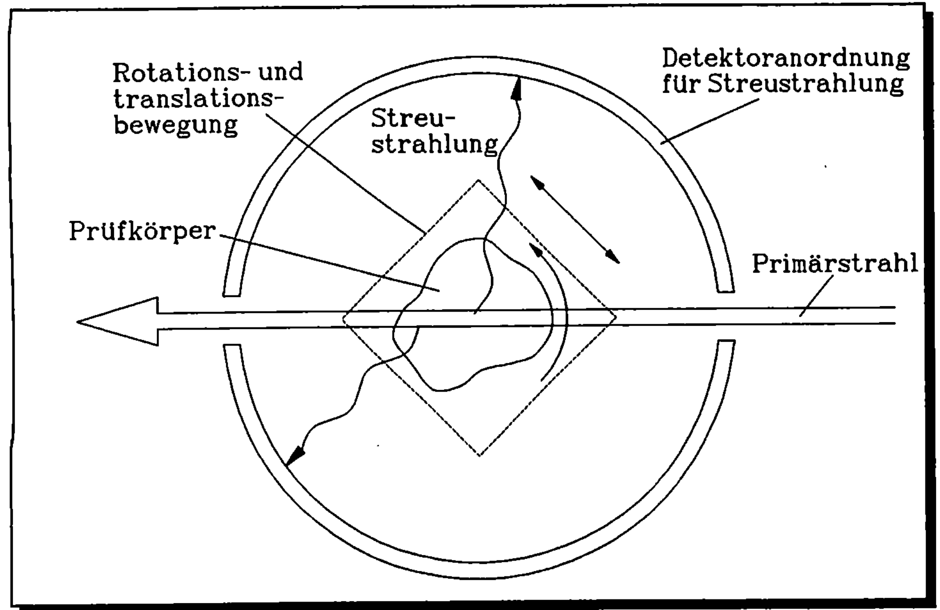

BILD 4.2.7: RÜCKSTREU-COMPUTER-TOMOGRAFIE

Sie ist besonders gut anwendbar, wenn die Ausdehnung des Prüfkörpers im Bereich der Halbwertsdicke (vgl. Abschnitt 3.2) des Prüfmaterials oder kleiner ist, da dann die Abschwächung im Prüfkörper nicht zu groß ist.

4.2.3 Anwendungsbeispiele

Die Anwendungsbereiche der Rückstreuverfahren sind vielfältig. Dazu seien einige Beispiele aufgeführt:

Die Prüfung von Aluminium-Stumpfschweißnähten wurde von W. ROYE mit der Comscan-Anlage durchgeführt. Das Material war 4 mm dick, und es wurden zum Streustrahlungsnachweis 22 Detektoren eingesetzt. Im verarbeiteten Strahlungsbild werden Schweißfehler als Streifen sichtbar. Wegen der guten Ortsauflösung und der weitgehend voneinander unabhängigen Detektorsignale ist die Fehlererkennbarkeit wesentlich günstiger als bei Durchstrahlungsaufnahmen, wo oft eine Überlagerung von Schweißfuge und Fehler im Bild auftritt. Weiterhin ist es möglich, bei dieser Rückstreumethode eine Aussage über die Tiefenlage des Fehlers zu machen, was beim Durchstrahlungsverfahren nicht ohne weiteren Aufwand (Tomografie) erreichbar ist.

Ein zweites Beispiel von W. ROYE, das ebenfalls mit der Comscan-Anlage untersucht wurde, waren kohlefaserverstärkte Verbundwerkstoffe, die sowohl mit dem Durchstrahlungsverfahren als auch mit Ultraschall schwierig zu prüfen sind. Mit der Rückstreumethode sind Delaminationen im Strahlungsbild als Streifen gut erkennbar.

Die Prüfung der Korrosion von Stahlrohren unter aufgebrachter Wärmeisolation wurde von W.L. ANDERSON, P.S. ONG und B.D. COOK mit einer Comscan-Anlage durchgeführt.

Dies ist ein Problem, das hauptsächlich in petrochemischen und wärmetechnischen Anlagen auftritt. Da das Wärmeisolationsmaterial eine geringe Dichte und damit kleine Schwächungskoeffizienten besitzt, können Materialien mit höherer Dichte, wie Wasser im Isolationsmaterial, oder die Stahldicke der Rohre ohne große Störung nachgewiesen werden. Der Nachweis von Wasser oder anderen Flüssigkeiten in der Isolation ist normalerweise ein Zeichen für durchkorrodierte Rohre. Die Experimente zeigten, daß Feuchtigkeit im Isolationsmaterial sehr gut nachgewiesen werden kann und daß auch Rückstreusignale von Stahlrohren mit einer Korrosionsschicht von 3 bis 4 mm noch klar erkennbar waren, obwohl die Röhrenspannung nur bei maximal 160 KV lag. Höhere Spannungen wären sicherlich noch günstiger.

Der Einsatz von Rückstreuverfahren bei der Unterwasserprüfung von Bauteilen in der Offshore-Technik ist ebenfalls untersucht worden, weil zwei Gründe dafür sprechen:

(1)   die Zugänglichkeit , die oftmals nur von einer Seite möglich ist und
(2)   der auf der Offshore-Struktur befindliche Belag, der die Prüfung in diesem Falle nicht wesentlich behindert.

Aus diesem Grunde wurde von B. BRIDGE eine Machbarkeitsstudie angefertigt, die zeigte, daß für die Technik gute Anwendungschancen bestehen. Experimentelle Untersuchungen zu diesem Thema wurden von D. STEGEMANN, J. RUNKEL, J. FIEDLER, B. NEUNDORF und H. OSTERMEYER durchgeführt. Als Strahlenquelle wurde ein Cs-137 Gammastrahler eingesetzt. Als Nachweisgeräte für die Rückstreuung dienten vier NaJ-Szintillationsdetektoren. Der Einsatz der Rückstreu-Tomografie erfolgte an Offshore-Stahlblechen mit definiert eingebrachten Fehlern, die solchen an Offshore-Strukturen entsprachen. Tomografische Schnitte wurden im Tiefenbereich von 1 bis 10 mm aufgenommen und zeigten eine gute Erkennbarkeit der eingebrachten Fehler.

Die Vielseitigkeit der Einsatzbarkeit von Rückstreuverfahren, zeigt ein weiteres Beispiel von W. NIEMANN und W. ROYE, die Anwendungen in der Archäologie und Denkmalspflege verwirklichten. Im Bereich Denkmalspflege wurde eine Altarskulptur aus Holz, in den Jahren 1618 - 1629 geschnitzt, zerstörungsfrei untersucht, da in ihr Schädigungen durch Würmer und Käfer vorhanden waren. Die Lochstrukturen im Holz waren mit Hilfe der Rückstreutechnik klar erkennbar, da bei dieser Methode die Bildkontraste durch lokale Differenzen der Streukoeffizienten entstehen, die wiederum proportional zur Dichte sind. Dies ist für die hier vorhandene Problematik ein deutlicher Vorteil gegenüber dem Durchstrahlungsverfahren. Auch in der Archäologie bietet das Rückstreuverfahren günstige Einsatzmöglichkeiten, da vor der Ausgrabung von einer Seite festgestellt werden kann, ob besondere Objekte (Pfeilspitzen, Knochen) im Boden vorhanden sind, um damit die Freilegung gezielter und schneller erreichen zu können.

5 Strahlenquellen

In diesem Abschnitt werden der Aufbau und die charakteristischen Merkmale von Strahlenquellen behandelt, die für Prüfungen mit durchdringenden Strahlen eingesetzt werden. Zunächst wird auf Strahlenquellen eingegangen, die Röntgen-Bremsstrahlen aussenden und am Schluß des Abschnitts auf radioaktive Gammaquellen.

5.1 Mikrofokusanlagen

Bei der Mikrofokustechnik ist es das Ziel, bei ausreichender Strahlungsintensität durch einen möglichst kleinen Brennfleck die Bildgüte zu verbessern. Wie bei der Behandlung der Strahlungsabbildung in Abschnitt 3.5 gezeigt, ist die Brennfleckgröße mit ausschlaggebend für die geometrische Unschärfe und damit auch für die Bildgüte. Je kleiner der Brennfleck, desto kleiner die geometrische Unschärfe und um so besser die Bildgüte. Aus diesem Grunde ist es das Ziel, beim Aufbau von Mikrofokusanlagen, Brennfleckdurchmesser im Mikrometer-Bereich zu erzielen.

5.1.1 Aufbau von Mikrofokusanlagen

Zur Erzielung sehr kleiner Brennfleckdurchmesser sind eine Reihe aufeinander abgestimmte technische Anforderungen zu erfüllen, die durch besondere Bauteile verwirklicht werden.

ELEKTRONENKANONE

Zur Erzeugung freier beschleunigter Elektronen (Elektronenstrom), die anschließend noch fokussiert werden, dient die Elektronenkanone. Eine Prinzipskizze ist in BILD 5.1.1 dargestellt, die die Auslegung der Elektronenbeschleunigung beinhaltet. Die Beschleunigung erfolgt durch ein elektrisches Feld, das zwischen Kathode und Anode anliegt. Seine Form ist im Bild durch senkrecht zu den Feldlinien verlaufende Äquipotentiallinien skizziert und wird durch die Geometrie der Kathode, der Gitterkappe (Wehnelt-Zylinder) und die Anode gebildet. Die Kathode liegt normalerweise auf negativem

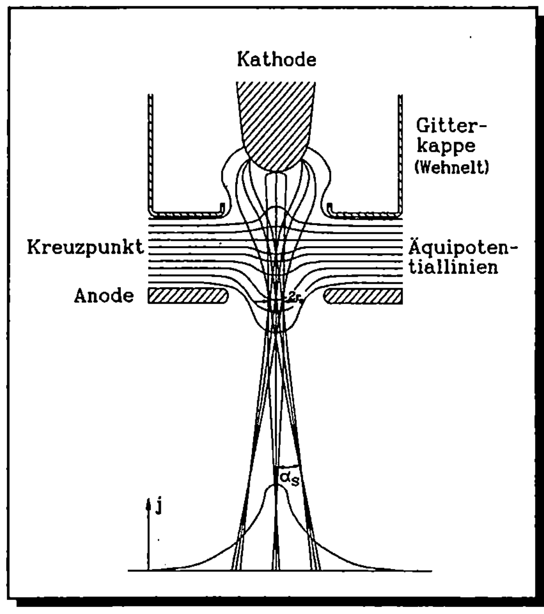

BILD 5.1.1: ELEKTRONENKANONE

Potential im Vergleich zur Anode, so daß die Elektronen zur Anode hin beschleunigt werden. Dabei passieren sie die Öffnung der Gitterkappe, deren elektrisches Potential verändert werden kann. Bei negativem Potential in bezug auf die Kathode kann der Elektronenstrom von der Kathode zur Anode hin unterbunden werden. Weiterhin sorgt die Form des elektrischen Feldes, die durch das Potential der Gitterplatte beeinflußt werden kann, für eine Fokussierung des Elektronenstromes. Die Lage und Güte des im Bild dargestellten

Kreuzungspunktes können somit über die Potentiale geregelt werden. Typische Werte für den Durchmesser des Kreuzungsbereiches liegen in der Größenordnung von 10 bis 100 Mikrometern.

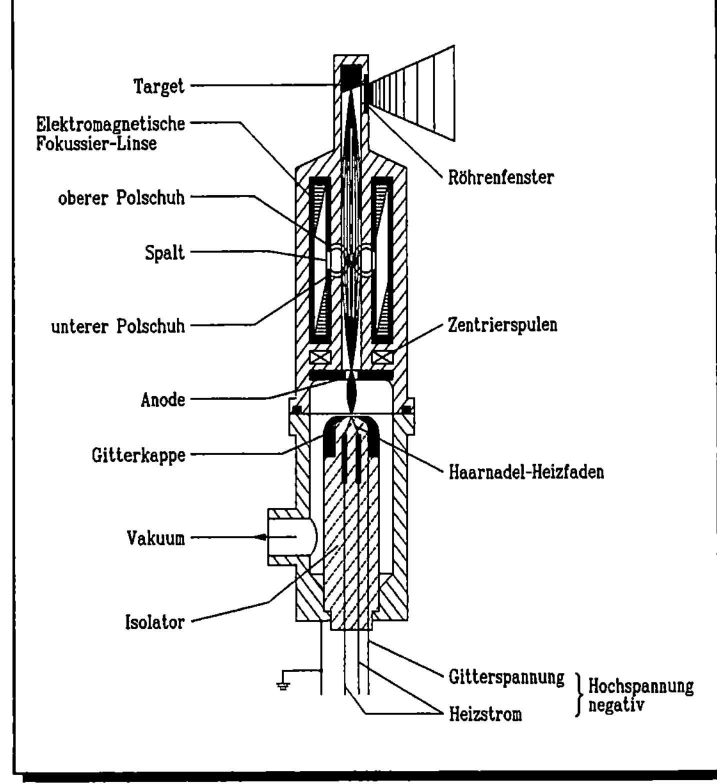

BILD 5.1.2: AUFBAU EINER MIKROFOKUSRÖHRE

Um insgesamt eine sehr gute Fokussierung zu erreichen, was zur Erzielung kleiner Brennfleckdurchmesser ausschlaggebend ist, sind eine Reihe weiterer Maßnahmen erforderlich, die in BILD 5.1.2 dargestellt sind.

HEIZFADEN. Eine wesentliche Voraussetzung für eine gute Fokussierung ist ein möglichst kleiner Durchmesser der Elektronenemissionsquelle. Aus diesem Grunde werden sehr feine Haarnadel-Heizfäden in die Gitterkappe eingesetzt, die ausgewechselt werden können.

Der Haarnadel-Heizfaden wird durch den Heizstrom erhitzt, wodurch eine Elektronenemission erfolgt. Der gesamte Vorgang der Emission und der Fokussierung läuft unter Hochvakuum ab. Da der Heizfaden von Zeit zu Zeit ausgewechselt werden muß, ist das Hochvakuum-System ein offenes System, das belüftet werden kann.

ELEKTROMAGNETISCHE LINSE

Nach dem Austritt aus dem Heizfaden werden die Elektronen, wie schon beschrieben, durch das elektrische Feld beschleunigt und gebündelt. Für den nachfolgenden weiteren Fokussierungsprozeß ist es wichtig, daß die Elektronen nach Durchtritt durch die Anode eine möglichst einheitliche Energie besitzen, da der elektromagnetische Fokussierungsprozeß auf eine gleichartige Geschwindigkeit der Elektronen abgestimmt werden muß, um einen möglichst scharfen Brennfleck zu erzeugen.

Die Fokussierung der Elektronen erfolgt durch eine elektromagnetische Linse. Deren Ausführung erfordert besondere Sorgfalt, um Abbildungsfehler, insbesondere die sphärische Aberration, zu vermeiden. Die korrekte Arbeitsweise der elektromagnetischen Linse ist ausschlaggebend für das Auflösungsvermögen und die Brennfleckgüte der gesamten Anlage.

Aus diesem Grunde ist auf folgende Punkte für die Qualität einer Mikrofokusröhre besonderer Wert zu legen:

- Stabile und geglättete Beschleunigungsspannung . (zur Erzeugung möglichst monoenergetischer Elektronen) und ein stabilisiertes und geglättetes Gleichspannungsnetzteil für die elektromagnetische Fokussierungslinse.

- Hohe mechanische Genauigkeit bei der Herstellung, dem Zusammenbau und der Justierung der Röhren-Komponenten.

- Überwachung der richtigen Elektronenstrahl-Ausrichtung durch das elektronenoptische Abbildungssystem.

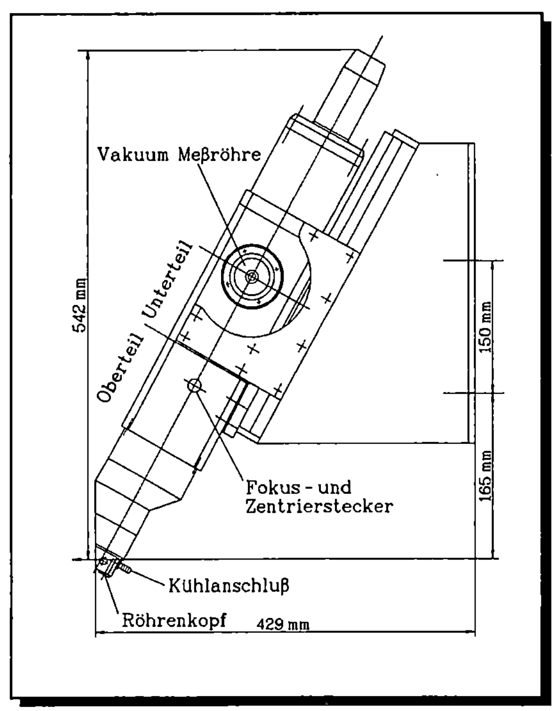

BILD 5.1.3:   MECHANISCHER AUFBAU EINER MIKROFOKUSRÖHRE (QUELLE FEINFOKUS)

Wegen der hohen örtlichen Wärmebelastung des Targets im Brennfleck ist eine Kühlung des Targets erforderlich. Zum Schutz der Vakuumdichtungen vor Überhitzung im Bereich des Strahlkopfes ist eine Wasserkühlung zweckmäßig.

Der mechanische Aufbau einer Mikrofokusröhre mit einer Betriebsspannung von 160 KV ist schematisch in BILD 5.1.3 gezeigt. Der Röhrenkopf enthält das Target und den Anschluß für die Targetkühlung sowie das Strahlenaustrittsfenster. Der Röhrenkopf ist abnehmbar und an seine Stelle kann beispielsweise eine Stabanode gesetzt werden, die es erlaubt, das Target in zu prüfende Bauteile einzuführen.

Das Gehäuse das aus Oberteil und Unterteil besteht, kann geöffnet werden.

Das Oberteil enthält die Anode, die Beschleunigungsstrecke, die elektromagnetische Fokussierungslinse und den Röhrenkopf. Der Unterteil enthält hauptsächlich die Verbindungen für die direkt montierte Turbomolekular-Hochvakuumpumpe und das Vakuum-Meßgerät sowie die Anschlüsse für die Hochspannung.

5.1.2 Technische Daten
Die zur Zeit erhältlichen Mikrofokusröhren besitzen ungefähr folgende technische Daten:

Beschleunigungsspannung:	5 bis 200 KV
Elektronenstrom:	0 bis 1,0 mA
Brennfleckdurchmesser (einstellbar):	3 bis 100 Mikrometer
Drehbares Target, Materialien	W, Al, Fe, Cu, Ti, Mo

Aufgrund der kleinen Brennfleckdurchmesser ist die flächenspezifische Wärmeleistung im Brennfleck sehr hoch, weswegen der Belastbarkeit des Targets Grenzen gesetzt sind. Ohne Begrenzung kann wegen der zu hohen Temperaturen Verdampfung des Targetmetalls erfolgen.

Wie bei der Behandlung der Röntgenstrahlung im Abschnitt 2.2 ausgeführt, werden nur wenige Prozente der Leistung des Elektronenstrahls in Strahlung umgewandelt, so daß fast alles in Wärmeleistung umgesetzt wird, was für die Belastbarkeit des Targets wesentlich ist. Ist U die Beschleunigungsspannung und I der Elektronenstrom der Röhre, so ergibt sich die Leistung des Elektronenstrahls zu

$$P_e = U \cdot I \qquad\qquad (5.1.1)$$

Ist r der Radius des Brennflecks, so ergibt sich die auf die Fläche des Brennflecks bezogene flächenspezifische Leistung zu

$$p_e = \frac{U \cdot I}{\pi r^2} \qquad\qquad (5.1.2)$$

Wird der Einfachheit halber angenommen, daß die gesamte Leistung des Elektronenstrahls in Wärmeleistung umgewandelt wird, so läßt sich die Wärmebelastung des Targets einfach ausrechnen.

BEISPIEL: Bei einer Beschleunigungsspannung von U = 160 KV und einem Röhrenstrom von I = 1,0 mA beträgt die umgewandelte Wärmeleistung nach Gleichung (5.1.1) P_e = 160 Watt. Beträgt der Brennfleckdurchmesser 5 Mikrometer, so folgt daraus eine Brennfleckfläche von 78,5 μm^2 und eine flächenspezifische Leistung auf dem Target von rund $2 \cdot 10^6$ W pro mm^2.

Für einen sicheren und wirtschaftlichen Betrieb der Anlage ist es wichtig zu wissen, welche flächenspezifische Wärmeleistung das Targetmaterial aushält. Günstig ist ein Material mit hoher Schmelztemperatur bei guter Wärmeleitfähigkeit, weil die erzeugte Wärmeleistung hauptsächlich durch Wärmeleitung abgeführt werden muß. Die Theorie der Wärmeleitung aus kleinen Volumen sagt aus, daß das Produkt aus flächenspezifischer Wärmeleistung und Brennfleckdurchmesser konstant ist. Dieses Ergebnis ist für die Mikrofokustechnik wichtig, weil dadurch bei richtiger Wahl des Targetmaterials mit ausreichenden Elektronenstrahlleistungen gearbeitet werden kann. Als Targetmaterialien eignen sich besonders Wolfram (W), Molybdän (Mo) und

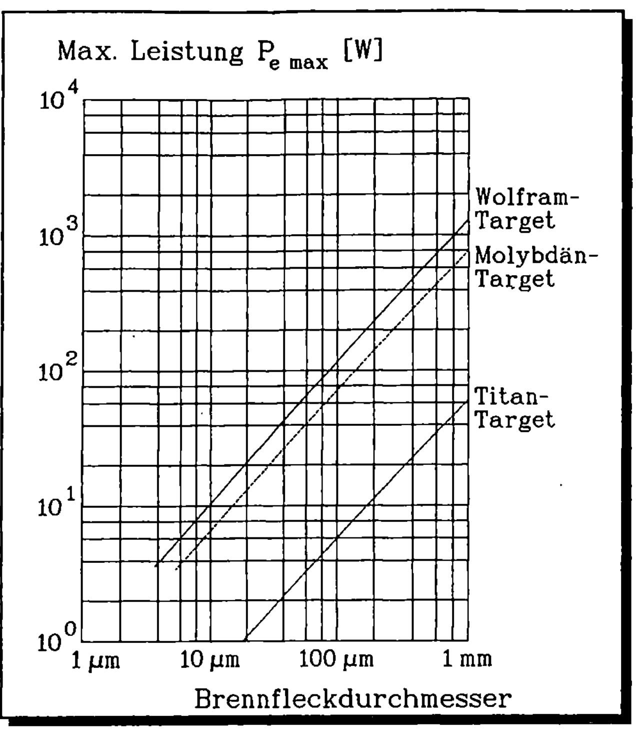

BILD 5.1.4: TARGETBELASTBARKEIT

Titan (Ti). Da der Brennfleckdurchmesser einstellbar ist, ist deshalb die maximal zulässige Leistung $P_{e\ max}$ der Röhren wichtig, mit der das Target ohne Beschädigung belastet werden kann. In BILD 5.1.4 ist $P_{e\ max}$ in Abhängigkeit vom Brennfleckdurchmesser für die drei Targetmaterialien Wolfram, Molybdän und Titan aufgetragen. Je kleiner der Brennfleckdurchmesser, desto kleiner ist auch die maximal zulässige Leistung der Mikrofokusröhre. Wolfram kann am höchsten belastet werden.

BEISPIEL: Vorhanden sei eine Mikrofokusröhre, die mit einer Beschleunigungsspannung von 160 KV arbeitet und ein Wolframtarget besitzt. Wird ein Brennfleckdurchmesser von 10 Mikrometer eingestellt, so ergibt sich nach BILD 5.1.4 die maximal zulässige Leistung zu 10 Watt. Dies bedeutet, daß bei einer Betriebsspannung von 160 KV der Röhrenstrom auf ca. 0,06 mA begrenzt werden muß, d.h. auf rund 60 µA.

Um eine Überbelastung des Targets während des Betriebs von vornherein zu vermeiden, wird die Leistungsbegrenzung durch die Steuereinheit der Anlage automatisch vorgenommen.

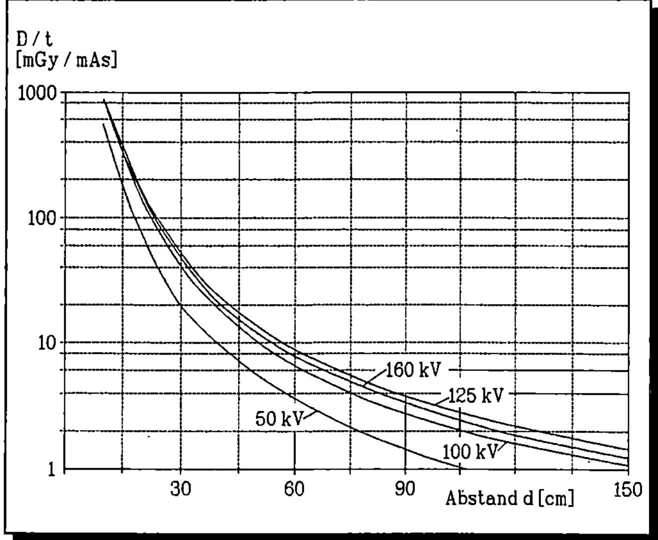

BILD 5.1.5:   SPEZIFISCHE   DOSISLEISTUNG   (QUELLE FEINFOKUS)

Der Zusammenhang zwischen Röhrenleistung [W] und der Dosisleistung der Strahlung [Gy/h] ist für die Durchstrahlungsprüfung und den Strahlenschutz ebenfalls von Interesse. In BILD 5.1.5 ist die auf die Röhrenleistung bezogene spezifische Dosisleistung [mGy/h/W] als Funktion des Abstands vom Target für eine Mikrofokusanlage mit einer Betriebsspannung von 150 KV und Wolframtarget aufgetragen. Die spezifische Dosisleistung hängt nicht sehr stark von der Betriebsspannung ab.

BEISPIEL: Wird eine Mikrofokusanlage mit einer Betriebsspannung von 100 KV und einem Strom von 1 mA betrieben, so ergibt sich in 50 cm Abstand vom Target eine Dosisleistung von etwa 10 mGy/s.

5.1.3 Charakteristische Eigenschaften

Bei den Mikrofokus-Röntgenanlagen handelt es sich in der Regel hinsichtlich der Vakuumerzeugung um Systeme, die belüftet werden können (Offene Systeme). Andere Röntgenanlagen sind geschlossene Systeme, bei denen die Röntgenröhre vakuumdicht verschmolzen ist.

Dieses offene System, das mit Hochvakuumpumpe (Turbomolekularpumpe) evakuiert wird, ist erforderlich, da der feine Heizfaden in bestimmten zeitlichen Abständen ausgetauscht werden muß. Die bestehenden konstruktiven Lösungen erlauben ein sehr einfaches und schnelles Auswechseln, so daß sich betriebsmäßig hierdurch keine Probleme ergeben. Ein wesentlicher Vorteil des offenen Systems besteht darin, daß der Röhrenkopf (siehe BILD 5.1.3), in dem sich das Target befindet, gegen eine STABANODE ausgetauscht werden kann. Eine derartige Stabanode, die Längen über 1 Meter besitzen kann, hat an ihrem Ende das Target, so daß der Brennfleck, in dem die Röntgenstrahlung erzeugt wird, auf diese Weise in das zu prüfende Bauteil eingeschoben werden kann. Dies eröffnet in vielen Fällen, wie z.B. bei Flugtriebwerken, neue Anwendungsmöglichkeiten. Bei der Verwendung von Stabanoden müssen hinsichtlich Brennfleckgröße und Leistung Abstriche gemacht werden.

Der KLEINE BRENNFLECKDURCHMESSER ist ein weiteres wesentliches Merkmal der Mikrofokustechnik. Die sich daraus ergebenden Vorteile für die Strahlungsabbildung sind im Abschnitt 3.5 behandelt.

Insbesondere erwähnenswert sind:

- Möglichkeit der Bildvergrößerung
  Durch den kleinen Brennfleck und die daraus folgende kleine geometrische Unschärfe ergibt sich die Möglichkeit, eine Bildvergrößerung mit Vergrößerungsfaktoren bis 100 oder mehr vornehmen zu können. Dies ist dann von zwingender Notwendigkeit, wenn die aufzufindenden Fehler und die zu untersuchenden Strukturen sehr klein sind. Dies ist beispielsweise in der Mikroelektronik oder der Mikromechanik der Fall. Derartige Anwendungsfälle sind im Abschnitt 7 behandelt.

- Verringerung des Dosiszuwachsfaktors.
  Der Dosiszuwachsfaktor gibt das Verhältnis von Streustrahlung zu Primärstrahlung (vgl. Abschnitt 3.2.5) an. Da die Streustrahlung, im Gegensatz zur Primärstrahlung, keine Information über den Fehler im zu prüfenden Werkstück enthält, verschlechtert sie nur den Kontrast und damit die Bildgüte. Die Möglichkeit, bei Anwendung der Mikrofokustechnik das Objekt zwischen Strahlenquelle und Nachweisebene zu verschieben, beeinflußt auch den Dosiszuwachsfaktor über die auf die Nachweisebene gelangende Streustrahlung. Die Verhältnisse sind in

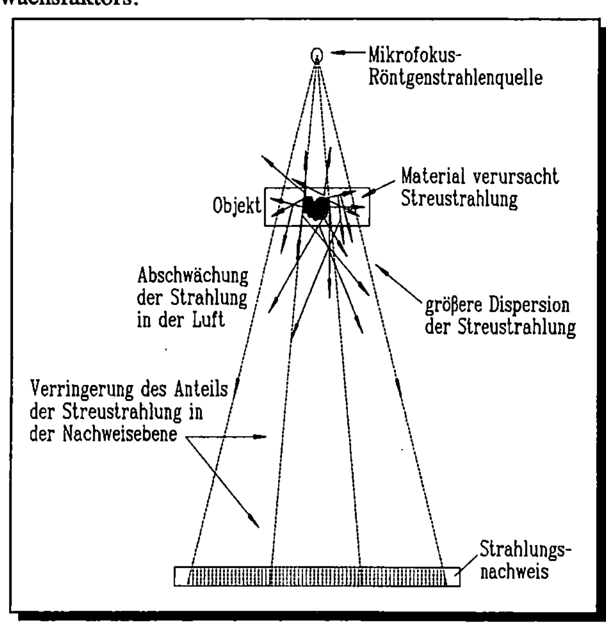

BILD 5.1.6: VERRINGERUNG DES DOSISZUWACHSFAKTORS

BILD 5.1.6 skizziert. Je weiter entfernt sich das Objekt von der Nachweisebene befindet, desto kleiner wird der Anteil, der auf die Nachweisebene gelangenden Streustrahlung. Damit wird auch der Dosiszuwachsfaktor entsprechend kleiner. Dies liegt einmal daran, daß die im Prüfmaterial erzeugte Streustrahlung aufgrund des größeren Abstands von der Nachweisebene auch eine größere Dispersion erfährt und zum anderen, daß die Streustrahlung auf ihrem längeren Weg zur Nachweisebene stärker absorbiert wird als die Primärstrahlung, da sie niederenergetischer ist. Ein niedrigerer Dosiszuwachsfaktor verbessert nach Beziehung (3.5.11) den Bildkontrast und damit auch die Bildgüte.

■ Verbesserung der Bildgüte
   Die Verbesserung der Bildgüte durch Verringerung der geometrischen Unschärfe und
   des Dosiszuwachsfaktors äußert sich ebenfalls in höheren Bildgütezahlen. Die Bildgüte und ihre zahlenmäßige Darstellung durch die Bildgütezahl sind im Abschnitt 3.5.5
   behandelt.

5.1.4 Bestimmung der Brennfleckgröße

Wegen der Bedeutung der Brennfleckgröße für Bildgüte und Anlagenbetrieb ist seine
Kenntnis von Interesse. Es gibt mehrere Möglichkeiten der Größenbestimmung, wovon hier
eine Auswahl vorgestellt werden soll.

DRAHTMETHODE

Mit einer Echtzeit-Radioskopie-Anlage kann die Brennfleckgröße relativ einfach und schnell
mit Hilfe von Drähten unterschiedlichen Durchmessers angenähert bestimmt werden. Dies
ist vor allem für den Schutz des Targets vor thermischer Überbelastung wichtig, da hierfür,
wie BILD 5.1.4 zeigt, die Kenntnis des Brennfleckdurchmessers erforderlich ist. Die
Vorgehensweise wird anhand von BILD 5.1.7 erläutert. Der Testkörper besteht aus einem
Gitter feiner Drähte, vorzugsweise aus Wolfram, mit Dicken, die von 0,1 mm bis zu 8 μm
reichen. Wir der Fall A in BILD 5.1.7 betrachtet, so ist die Bildgröße H_A des Drahtes mit
dem Durchmesser Φ_D, zusammengesetzt aus der Fläche Φ_{SCH} mit tiefem Schatten und der

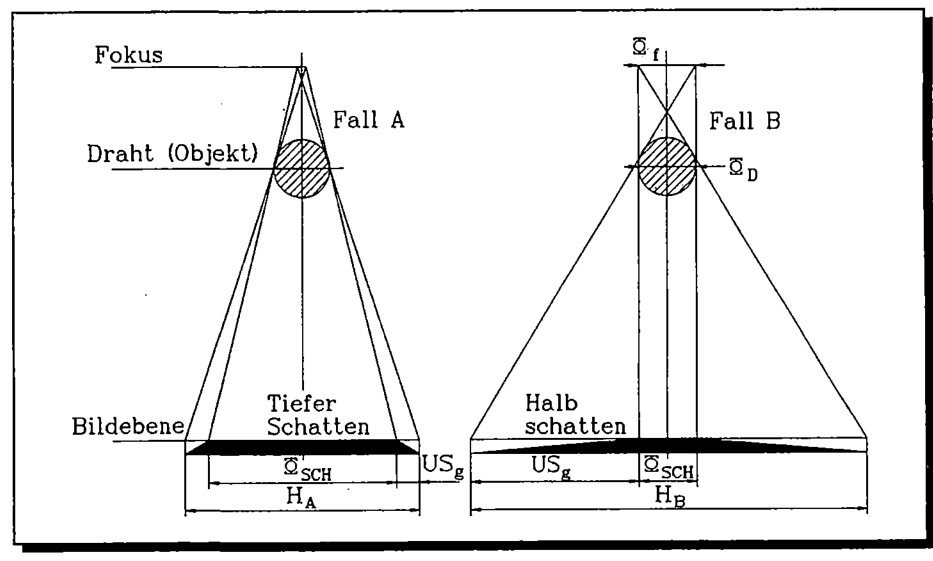

BILD 5.1.7: DRAHTMETHODE

angrenzenden Unschärfe-Zone US_g auf beiden Seiten. Der Bereich Φ_{SCH} ist dominierend,
wenn die Brennfleckgröße Φ_f sehr viel kleiner ist als der Objektdurchmesser Φ_D. Es werden
nun die Drähte vergrößert abgebildet (vgl. Abschnitt 3.5.2) und ein Vergrößerungsfaktor
$V \geq 100$ für die Abbildung auf dem Monitor eingestellt. Weiterhin wird der Brennfleck
vergrößert bis zu einem Wert, bei dem der Kontrast des tiefen Schattens gerade verschwindet und das Bild des Halbschattens erscheint, so wie es für den Fall B in BILD 5.1.7

skizziert ist.
In diesem Zustand gilt, daß die Brennfleckgröße gleich dem Drahtdurchmesser sein muß, wenn der Halbschatten die doppelte Breite des vergrößerten Objekts besitzt, welches vorher im Fall A fast scharf abgebildet wurde. Dieser Sachverhalt soll durch folgende Herleitung verdeutlicht werden.

Allgemein gilt für die Bildgröße die Beziehung

$$H = \Phi_{SCH} + 2\,US_g \qquad (5.1.3)$$

Wird entsprechend Beziehung (3.5.4) die geometrische Unschärfe durch die Brennfleckgröße und den Vergrößerungsfaktor ausgedrückt, so folgt

$$H = \Phi_{SCH} + 2\,\Phi_f\,(V - 1) \qquad (5.1.4)$$

Ist nun, wie für den Fall B angenommen,

$$V > 1$$

$$\Phi_f = \Phi_D = \Phi_{SCH}$$

so folgt daraus

$$\Phi_{SCH} < US_g$$

Daraus ergibt sich für Beziehung (5.1.4)

$$H_B \approx 2\,\Phi_f\,(V - 1) \qquad (5.1.5)$$

oder

$$H_B \approx 2\,V\,\Phi_D \qquad (5.1.6)$$

Da der Drahtdurchmesser bekannt ist und der Vergrößerungsfaktor aus der geometrischen Anordnung bestimmbar ist, kann somit die Brennfleckgröße ermittelt werden.
Die Brennfleckgröße wird durch den Fokussierungsstrom der elektromagnetischen Linse geregelt. Wird infolgedessen das beschriebene Vorgehen mit verschiedenen Drahtdicken und unterschiedlichen Fokussierungsströmen wiederholt, so läßt sich die Brennfleckgröße über dem Fokussierungsstrom auftragen, so wie es in BILD 5.1.8 gezeigt ist.

Damit läßt sich dann die automatische Überwachung der Targetbelastung sicherstellen.

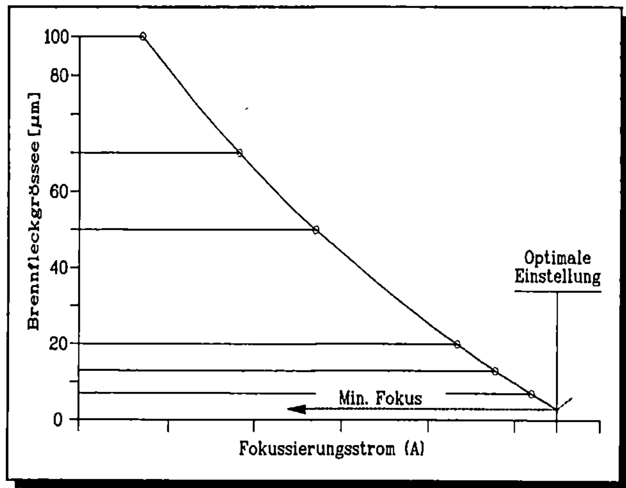

BILD 5.1.8:   EINSTELLUNG DER BRENNFLECKGRÖSSE

Zu einer etwas genaueren Auswertung kann das Video-Signal des Bildwandlers mit einem TV-Einzeilen-Abtaster und einem Oszilloskop herangezogen werden. BILD 5.1.9 zeigt zwei Darstellungen von Kontrast-Profilen von einem 100 µm dicken Draht. Links im Bild 5.1.9 ist der gut fokussierte Fall (dem Fall A von BILD 5.1.8 entsprechend) dargestellt und rechts der Fall, bei dem der Drahtdurchmesser dem Brennfleckdurchmesser entspricht (Fall B von Bild 5.1.8). Deutlich sichtbar ist der Bereich des Halbschattens.

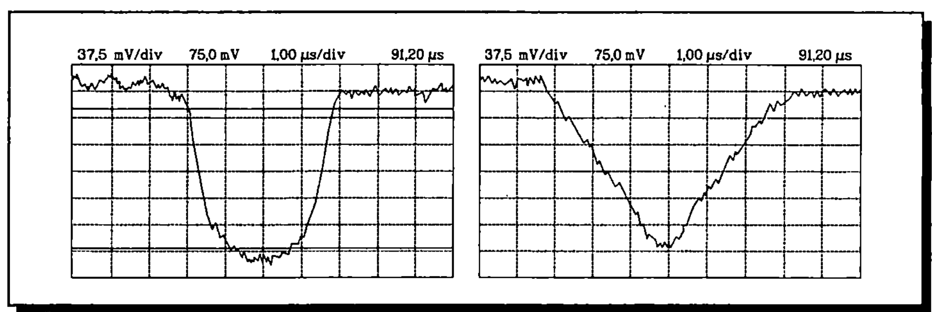

BILD 5.1.9: DRAHT - KONTRAST - PROFILE

UNSCHÄRFE-METHODE

Bei radiografischen Bildaufnahmen ohne Bewegungsvorgang ist die gesamte Bildunschärfe gegeben durch die geometrische Unschärfe US_g und die innere Unschärfe US_i, wie im Abschnitt 3.5.3 behandelt. Ist die innere Unschärfe des Films klein gegen die geometrische Unschärfe, so ist die gesamte Unschärfe durch die geometrische Unschärfe gegeben (US_g = US_i). Für diesen Fall lautet dann die Beziehung (3.5.4).

$$US_t = US_g = \Phi_f (V - 1) \qquad (5.1.7)$$

Ist der Vergrößerungsfaktor V bekannt, so kann über die Bestimmung der Unschärfe US_g die Brennfleckgröße ermittelt werden. Für die Bestimmung von Unschärfe und Bildgüte bei der Verwendung von Mikrofokusröhren eignen sich lithographische Goldmasken, von denen ein Beispiel in BILD 5.1.10 gezeigt ist. Die Maske enthält eine Reihe von scharfkantigen Goldstrukturen mit unterschiedlichen Abständen zwischen Linienpaaren (LP). Die Dicke der Goldschicht beträgt ca. 1 Mikrometer. Diese Schichtdicke liefert einen ausreichenden Kontrast zur Unschärfebestimmung, wenn z.B. das zentrale Quadrat mit 130 Mikrometer Kantenlänge zur Messung herangezogen wird. Das Ergebnis einer solchen Messung zeigt BILD 5.1.11. Verwendet wurde ein Film mit kleiner innerer Unschärfe, so daß die oben gemachte Voraussetzung $US_i \langle\langle US_g$ gültig ist.

Der geometrische Vergrößerungsfaktor wurde zu $V = 445$ eingestellt. Das gezeigte Schwärzungsprofil wurde mit einem Mikrodensitometer aufgenommen. Die gemessene Unschärfe ergab sich zu 1,67 mm. Die Brennfleckgröße errechnet sich danach zu ca. 3,8 Mikrometer. Dies ist in guter Übereinstimmung mit Messungen, die mit einer scharfkantigen Wolframfolie von 20 μm Dicke und einem Wolframdraht gleichen Durchmessers nach der Drahtmethode durchgeführt wurden.

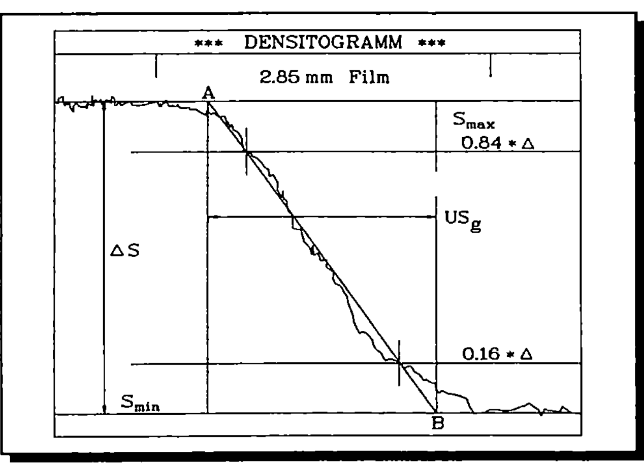

BILD 5.1.10: GOLDMASKE

BILD 5.1.11: SCHWÄRZUNGSPROFIL

MODULATIONS-ÜBERTRAGUNGSFUNKTION

Mit Hilfe der Modulations-Übertragungsfunktion kann die Brennfleckgröße ebenfalls ermittelt werden. Bevor diese Methode zur Größenbestimmung herangezogen wird, sollen der Sinn und Zweck der Modulations-Übertragungsfunktion für Radiografie-Systeme allgemeiner behandelt werden.

Zur Kennzeichnung radiografischer Systeme sind Begriffe wie geometrische Unschärfe, innere Unschärfe, Kontrast und Bildrauschen eingeführt worden, die eine Charakterisierung von Systemteilen, wie die Strahlungsquelle, den Strahlungsnachweis etc. erlauben. Das gesamte System als geschlossene Einheit ist durch diese Größen jedoch nicht gut darstellbar. Deswegen wurde vorgeschlagen, so wie es in der Elektrotechnik allgemein üblich, auch radiografische Systeme durch Übertragungsfunktionen zu kennzeichnen. Das radiografische System kann beispielsweise durch zwei Teilsysteme dargestellt werden, wie es in BILD 5.1.12 gezeigt ist. Diese Vorstellung ist durchaus gerechtfertigt, denn in dem System wird ein Bildprozeß übertragen. Das Eingangssignal wird durch die Strahlungsabbildung des zu untersuchenden Objekts erzeugt und das Ausgangssignal ist das gewonnene Bild auf dem Film oder dem Bildschirm. Die gesamte Anlage kann insofern als Bild-Übertragungssystem eingestuft werden.

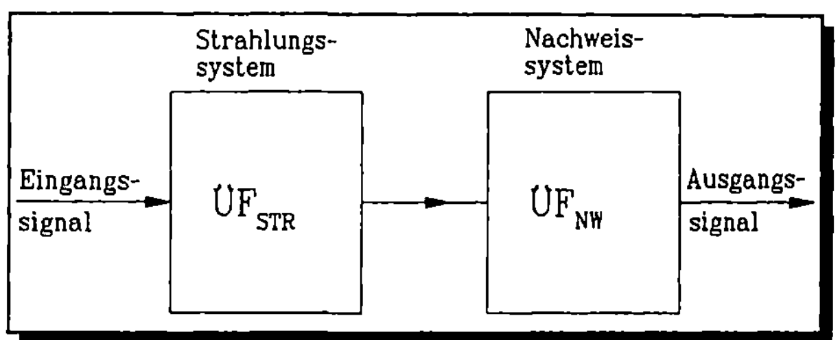

BILD 5.1.12: RADIOGRAFISCHES ÜBERTRAGUNGSSYSTEM

Die Übertragungsfunktionen der Teilsysteme enthalten die kennzeichnenden Eigenschaften des Teilsystems. Das Strahlungssystem, also der geometrische Aufbau der Prüfanordnung mit Strahlenquelle, besitzt als charakteristische Eigenschaft z.B. die geometrische Unschärfe, die in $\ddot{U}F_{STR}$ enthalten sein muß und das Nachweissystem hat als charakteristische Eigenschaften z.B. die innere Unschärfe, Bildrauschen etc., was durch die Übertragungsfunktionen $\ddot{U}F_{NW}$ darzustellen ist. Die Übertragungsfunktionen werden in einem solchen Fall in Abhängigkeit einer sog. "räumlichen Frequenz" f dargestellt. Diese räumliche Frequenz wurde in Analogie zur normalen Frequenz eingeführt und ihre Einheit wird in Linien (des entsprechenden Bildes) pro Millimeter angegeben.

Als Übertragungsfunktion wird allgemein das Verhältnis von Ausgangssignal zu Eingangssignal gebildet. Nach den Regeln für Übertragungsfunktionen gilt allgemein:

$$\frac{\text{AUSGANGSSIGNAL}}{\text{EINGANGSSIGNAL}} = |\ \ddot{U}F_{STR}\ (f)|^2 \times |\ \ddot{U}F_{NW}\ (f)|^2 = M^2\ (f) \qquad (5.1.8)$$

Jedes Eingangssignal des Systems kann durch die Fouriertransformation als Überlagerung von Sinuskurven unterschiedlicher Amplitude und Frequenz dargestellt werden. Durch den

Frequenzgang der Übertragungsfunktion läßt sich sehr gut darstellen, welche Übertragungseigenschaften hinsichtlich der Frequenzen das System für das Eingangssignal besitzt, d.h. mit anderen Worten, welche Frequenzen durchgelassen werden. Für Amplituden und Phasen gilt entsprechendes.

Zur Kennzeichnung von radiografischen Systemen wird speziell die MODULATIONS-ÜBERTRAGUNGSFUNKTION herangezogen.

Dies kann auf folgende Weise geschehen: Es wird ein Testprüfkörper verwendet, der aus einer Reihe in gleichem Abstand angebrachter scharfkantiger Leisten besteht, so wie es in BILD 5.1.13 skizziert ist. Unter diesem Testprüfkörper wird ein Film angebracht und mit Strahlung belichtet. Im Idealfall ergäbe sich das mit A bezeichnete Schwärzungsprofil. Durch den Testkörper erfolgte eine perfekte MODULATION M der Schwärzung. Die Übertragung des Strahlungssystems wird in A als perfekt angenommen, was geometrische Unschärfe gleich Null bedeuten würde, ausgedrückt durch $\ddot{U}F_{STR}(f) = 1$ und

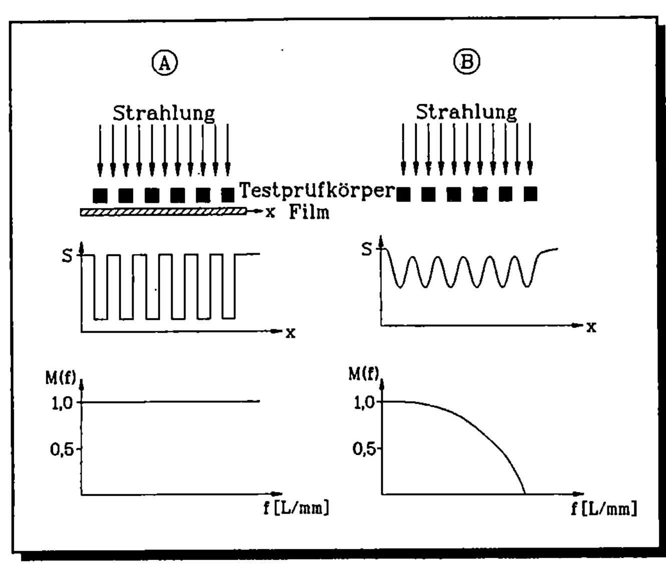

BILD 5.1.13: SCHWÄRZUNGS-MODULATION

auch das Nachweissystem würde perfekt übertragen - ohne innere Unschärfe und Bildrauschen - ausgedrückt durch $UF_{NW}(f) = 1$, so daß das Signalverhältnis ebenfalls M (f) = 1 ergeben werden würde, den maximal möglichen Wert von M. Die räumliche Frequenz f wird durch die Anzahl von Linien pro Weglängeneinheit ausgedrückt. Im Beispiel des Bildes 5.1.13 wäre dies die Anzahl der Leisten (oder ihrer Zwischenräume) pro mm. Würde dieses Experiment mit Leisten verschiedener Abstände wiederholt, so ergäben sich Schwärzungs-Modulationskurven für verschiedene räumliche Frequenzen. Je enger die Abstände, desto höher die räumliche Frequenz. Die MODULATIONS-ÜBERTRAGUNGSFUNKTION, M (f), hätte im Idealfall ein Aussehen, wie es in BILD 5.1.13 für A eingetragen ist.

In Wirklichkeit, dargestellt durch B in BILD 5.1.13, sind die Verhältnisse nicht ideal, da in $\ddot{U}F_{STR}$ eine geometrische Unschärfe auftritt und in $\ddot{U}F_{NW}$ eine innere Unschärfe und Bildrauschen vorhanden ist, weswegen das Schwärzungsprofil einen Verlauf ähnlich dem unter B dargestellten besitzt.

Die Modulationsübertragungsfunktion nimmt entsprechend zu höheren räumlichen Frequenzen hin ab. Das bedeutet, daß enge Schlitze als Bild nicht mehr übertragen werden.

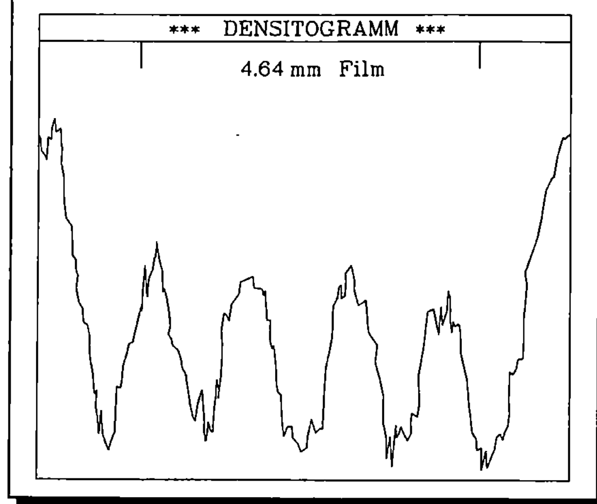

BILD 5.1.14:   SCHWÄRZUNGMODULATION FÜR 7 μm
PERIODE

Da für die Übertragungsfunktion ÜF_{STR} die geometrische Unschärfe eine ausschlaggebende Rolle spielt und die Brennfleckgröße wiederum wesentlich für die geometrische Unschärfe ist (vgl. Beziehung 3.5.4), so ist verständlich, daß die Brennfleckgröße die Form der Modulationsübertragungsfunktion beeinflußt, und damit diese Größe bestimmbar wird.

Dies soll an einem praktischen Beispiel erläutert werden. Als Testkörper dient die in Bild 5.1.10 gezeigte Goldmaske. Die Mikrofokusröhre wird betrieben wie im Beispiel der Unschärfe-Methode. Die Goldmaske ist für die Bildung der Modulations-Übertragungsfunktion sehr geeignet, da sie mit den Linienabständen von 4,7 und 15 μm schon drei räumliche Frequenzen liefert - und zwar gleich in zwei Richtungen des Brennflecks - und die vierte räumliche Frequenz (f = 0) durch das Quadrat in der Mitte der Maske gebildet wurde. Die mit einem Mikrodensitometer gemessene Schwärzungsmodulation für den 7 μm Abstand ist in BILD 5.1.14 als Beispiel gezeigt. Mit den vier räumlichen Frequenzen von 0, 67, 143 und 250 LP/mm ergibt sich für diesen Fall eine Modulations-Übertragungsfunktion wie sie in BILD 5.1.15 dargestellt ist. Die untere Grenze des Mikrodensitometers für die Erfassung von Schwärzungsunterschieden lag zwischen 0,04 und 0,02. Als sinnvolle Nachweisgrenze wurde der Mittelwert 0,03 angesetzt.

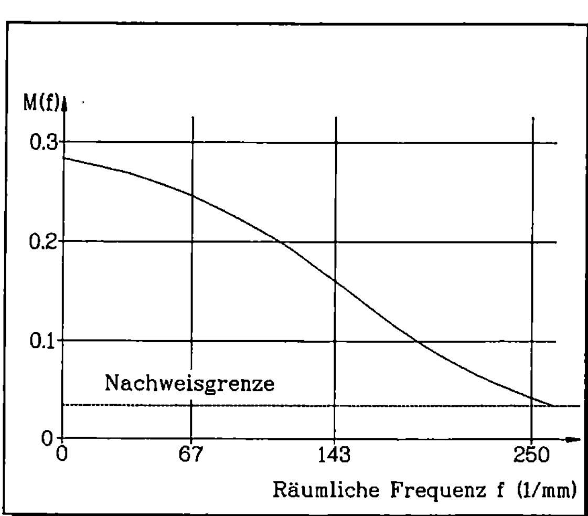

BILD 5.1.15:   MODULATIONSÜBER-
TRAGUNGSFUNKTION

Die Modulations-Übertragungsfunktion erreicht diesen Grenzwert bei einer räumlichen Frequenz von 270 LP/mm für den justierten Brennfleck, was einer effektiven Größe des Brennflecks von 3,7 Mikrometer entspricht.
Die Anwendung der Modulations-Übertragungsfunktion für die Größenbestimmung des Brennflecks ist zwar aufwendiger als die anderen Verfahren, aber die Kenntnis der Modulations-Übertragungsfunktion als solche bietet folgende Vorteile:

(1)   Das Ergebnis ist objektiv und von Urteilen eines Prüfers unabhängig.
(2)   Die Modulations-Übertragungsfunktion kann für jedes Teilsystem gebildet werden, um seine Eigenschaften kennenzulernen und eventuell zu verbessern.
(3)   Die Modulations-Übertragungsfunktion kann entsprechend Beziehung (5.1.8) für das gesamte System gebildet werden.
(4)   Aus der Modulations-Übertragungsfunktion können kennzeichnende Eigenschaften, wie Unschärfe, Brennfleckgröße etc. ermittelt werden.

5.2 Röntgenanlagen
Unter Röntgenanlagen sind solche Anlagen verstanden, bei denen die elektrische Gleichspannung zur Beschleunigung der Elektronen direkt zwischen der Elektronenquelle (Kathode) und dem Target (Anode) angelegt wird.

5.2.1 Röntgenröhren
Die grundsätzliche Art Röntgenstrahlung zu erzeugen, sowie deren charakteristische Eigenschaften sind im Abschnitt 2.2 behandelt. Der technische Aufbau von Röhren besteht aus dem Hochvakuum-Einschluß, der Elektronenquelle, der Targetanordnung, auf die der Elektronenstrahl auffällt, und dem Strahlenaustrittsfenster sowie den Durchführungen für die Hoch- und Versorgungsspannung.

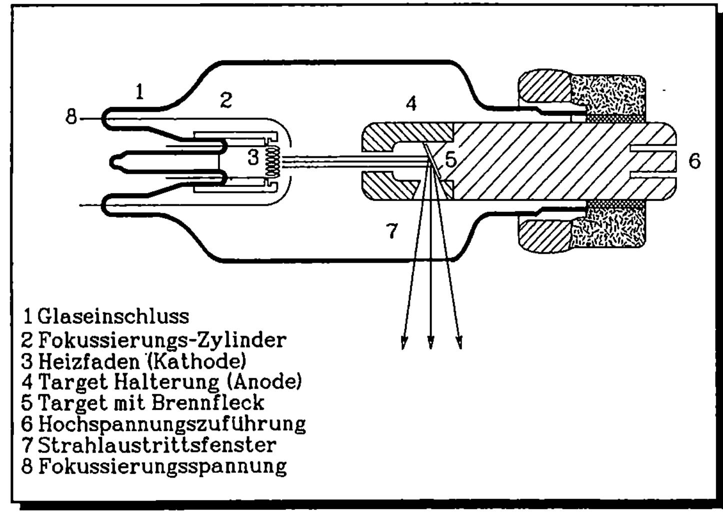

BILD 5.2.1: RÖNTGENRÖHRE AUS GLAS

BILD 5.2.1 skizziert den Aufbau einer Röntgenröhre aus Glas. Die Elektronenquelle (Kathode) besteht normalerweise aus einem Wolfram-Heizfaden, der spiralförmig gewickelt ist.

Der Heizfaden wird von einer besonders geformten Elektrode umgeben, die als Fokussierungselektrode oder Wehnelt-Zylinder bezeichnet wird. Diese Elektrode, die
gewöhnlich aus Nickel oder Eisen hergestellt wird, erfüllt die Aufgabe einer elektrostatischen Linse und sorgt mit ihrer elektrischen Feldverteilung für die Fokussierung des
Elektronenstrahls, der vom Heizfaden ausgesandt wird. Die Form und Größe des Elektronen-Brennflecks auf dem Target hängt von der Form und Spannung dieser Fokussierungselektrode ab. Eine sehr genaue Positionierung ist erforderlich.

Die angelegte Hochspannung sorgt für die Beschleunigung der Elektronen vom Heizfaden
zur Anode, in der das Target untergebracht ist. Auf das Target treffen die beschleunigten
Elektronen im sog."Brennfleck" und werden dort abgebremst. Die Brennfleckgröße hängt
vom Aufbau der Fokussierungselektrode ab. Das Target besteht in der Regel aus Wolfram
oder Gold, das im Anodenblock aus gut wärmeleitendem Kupfer angebracht ist. Ein guter
Kontakt zwischen Target und Anodenblock ist für eine ausreichende Kühlung wichtig. Bei
Hochleistungsröhren wird das Target noch mit einem Kühlmittel gekühlt.

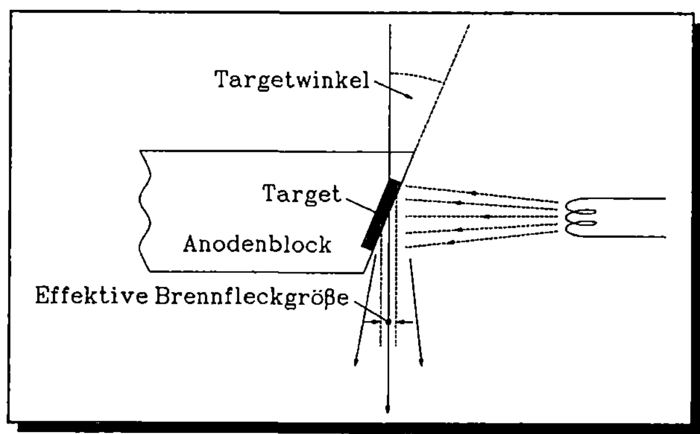

BILD 5.2.2: TARGET-GEOMETRIE

Das Target, auf das der Elektronenstrom gerichtet ist, ist
gemäß BILD 5.2.2 unter einem
Winkel (Targetwinkel) zur
senkrechten Röhrenachse angeordnet. Hierdurch wird erreicht, daß für die auftreffenden
Elektronen und ihre Leistungsabgabe eine relativ große Fläche zur Verfügung steht, die
effektive Brennfleckgröße aus
der Sicht des Strahlenaustritts
jedoch relativ klein ist. Der
Targetwinkel beträgt generell
20°. Die Bedeutung eines kleinen Brennflecks ist bei der
Strahlenabbildung im Abschnitt 3.5 ausführlich diskutiert.

Die Röhre in BILD 5.2.3 besitzt ebenfalls eine Umschließung aus Glas, die vakuumdicht
sein muß, da in der Röhre Hochvakuum herrschen muß, um den Elektronenstrom nicht
durch Luft zu stören. Für die Umschließung wird spezielles Borsilikat-Glas eingesetzt, da
dies Glas-Metall-Verbindungen erlaubt. Auf der metallischen Seite wird dazu eine Legierung
vom Typ KOVAR eingesetzt, die den gleichen Wärmeausdehnungskoeffizienten wie das Glas
besitzt. Die Glas-Seite wird abgeschmolzen, um ein gutes Hochvakuum in der Röhre zu
gewährleisten. Oftmals werden auch Getterpumpen eingesetzt, um Restgase zu binden und
das Hochvakuum aufrechtzuerhalten. Diese Art der Konstruktion ist für Röhren bis um 250
KV üblich.

Für Röhren mit höheren Spannungen (250 KV und mehr) werden Metall-Keramik-Ausführungen gebaut.

Diese werden zusätzlich mit Abschirmelektroden bestückt, die Kriechströme und Überschläge im Inneren der Röhre verhindern sollen, wodurch es möglich wird,diesen Röhrentyp mit höheren Spannungen zu betreiben.

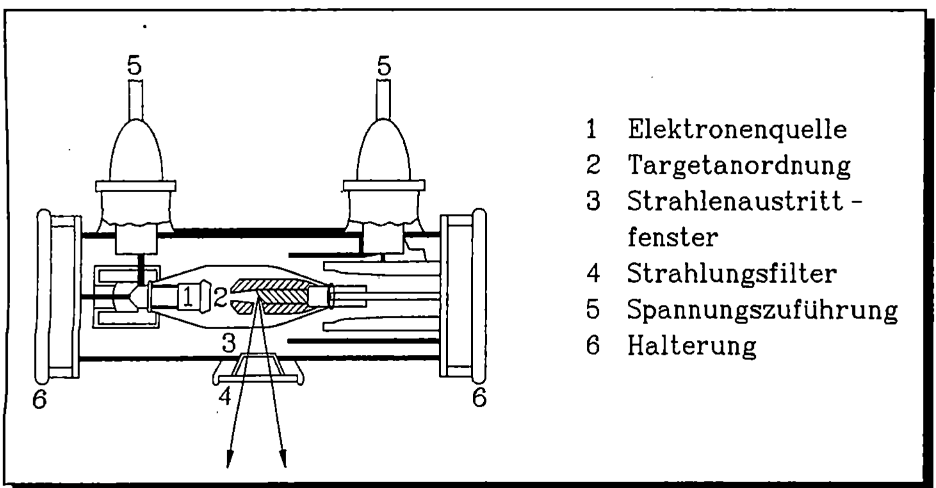

BILD 5.2.3: RÖNTGENRÖHRE MIT DOPPELTHALTERUNG

Eine Sonderform der Target-Ausführung ist in BILD 5.2.4 skizziert. Ziel der dargestellten Targetform ist es, die Strahlung mit einem Umfangswinkel von 360° auszusenden.
Diese Strahlgeometrie wird für die Durchstrahlungsprüfung von Rohren mit Röntgenröhren von innen eingesetzt, die es erlaubt, die Rohrwandung durch eine "PANORAMA-AUFNAHME" rundum gleichzeitig zu prüfen.

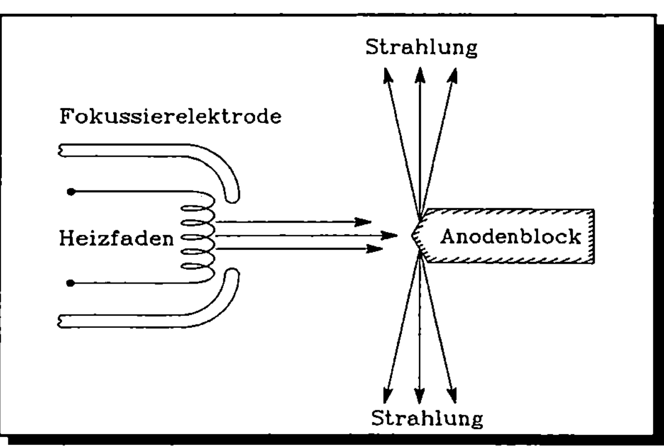

BILD 5.2.4: PANORAMA-TARGET

5.2.2 Hochspannungsversorgung

Röntgenanlagen im Betriebsspannungsbereich von 30 bis 400 KV verwenden Hochspannungstransformatoren und Gleichrichter. Diese befinden sich meistens in Tanks mit isolierendem Öl, um eine gute Durchschlagssicherheit bei kleinem Bauvolumen zu erhalten.

Hinsichtlich der elektrischen Gleichrichtung des auf hohe Spannung transformierten Wechselstroms gibt es verschiedene Schaltungsarten, von denen hier die gebräuchlichsten behandelt werden sollen.

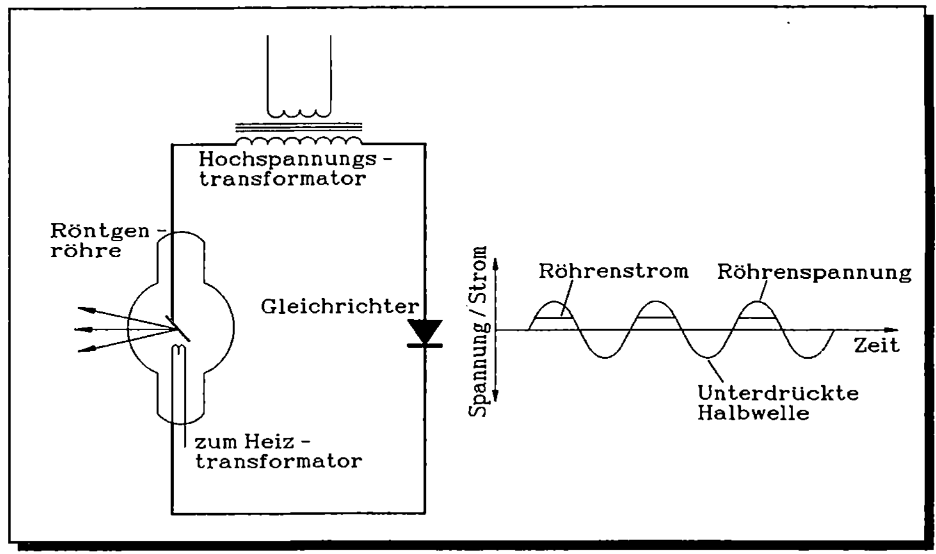

BILD 5.2.5: HALBWELLEN-GLEICHRICHTUNG

HALBWELLENGLEICHRICHTUNG: Hierbei handelt es sich um eine besonders einfache Schaltung, die in BILD 5.2.5 gezeigt ist. Die negative Halbwelle der Hochspannung wird unterdrückt, weswegen zu diesen Zeitpunkten keine Spannung an der Röntgenröhre anliegt. Es ergibt sich dadurch ein intermittierender Röhrenstrom.

VILLARD-SCHALTUNG: Die schematische Schaltung zeigt BILD 5.2.6. Der Hochspannungstransformator, der Gleichrichter und die Kondensatoren befinden sich normalerweise zusammen in einem Öltank. Durch die Schaltung wird eine Verdoppelung der Spannung erreicht, so daß die an der Röntgenröhre anliegende Spannung doppelt so hoch wie die Transformator-Spannung ist. Ein wesentlicher Nachteil dieser Schaltung ist, daß an der Röntgenröhre eine sinusförmig verlaufende Beschleunigungsspannung anliegt. Das bewirkt, daß die Spannung niedrige Werte durchläuft und damit auch ein relativ hoher Anteil niederenergetischer Röntgenstrahlung erzeugt wird, was für viele Prüfanforderungen ungünstig ist.

GRAETZ-SCHALTUNG: BILD 5.2.7 zeigt die Graetz-Schaltung, bei der eine Gleichrichtung sowohl der positiven als auch der negativen Halbwelle der Hochspannung vorgenommen wird. Im Vergleich zur Halbwellen-Gleichrichtung (vgl. Bild 5.2.5) entsteht hierdurch eine größere Röhrenleistung. Wegen der nicht konstanten Röhrenspannung wird diese Schaltung für industrielle Anlagen nicht so gerne eingesetzt.

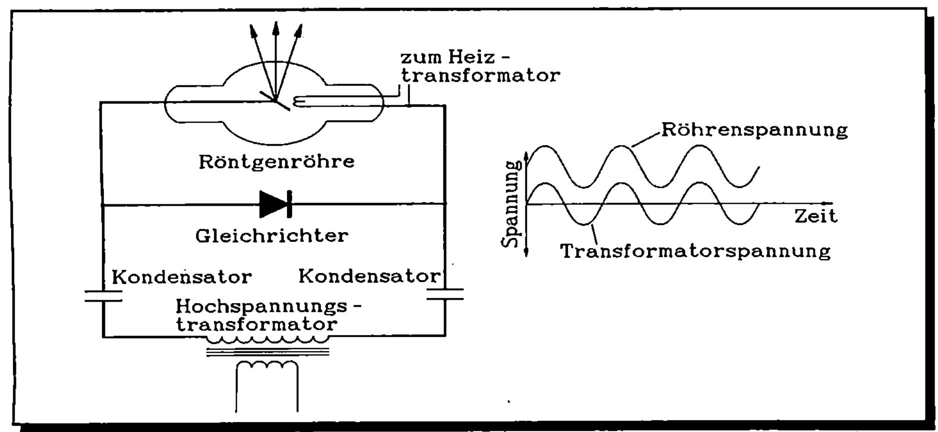

BILD 5.2.6: VILLARD-SCHALTUNG

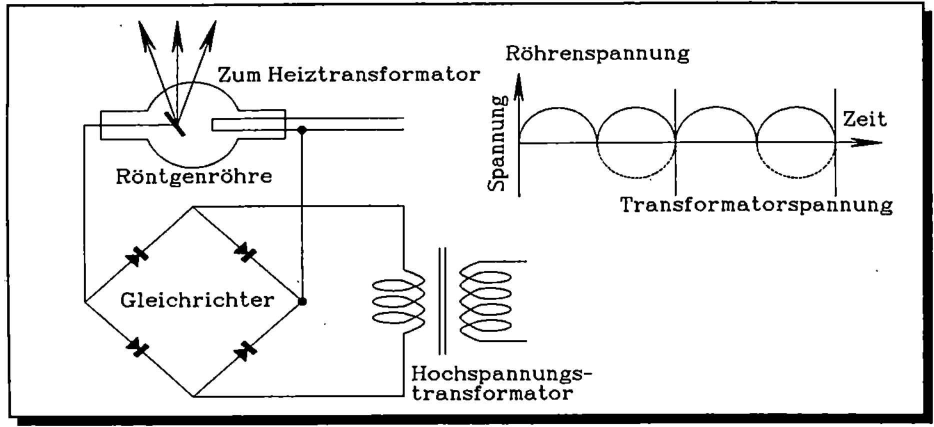

BILD 5.2.7: GRAETZ-SCHALTUNG

GREINACHER-SCHALTUNG: Das Schaltschema zeigt BILD 5.2.8. Die Greinacher-Schaltung ist eine Weiterentwicklung der Villard-Schaltung bei der die Kondensatoren durch beide Halbwellen der Hochspannung aufgeladen werden. Dabei wird die Spannung nicht nur verdoppelt, sondern ist auch weitgehend konstant, wie aus der Darstellung des Verlaufs der Röhrenspannung zu sehen ist. Zur weiteren Glättung des Spannungsverlaufs werden oftmals elektrische Filter eingesetzt.

Für Hochspannungsversorgungen mit besonders hohen Anforderungen an die Spannungskonstanz werden Hochspannungstransformatoren auch bei höheren Frequenzen im kHz-Bereich betrieben. Elektronische Regelungen stabilisieren die Spannungen.

Die Verwendung hochfrequenter Wechselspannung erlaubt eine Verkleinerung des Hochspannungstransformators und eine kompaktere Bauform.

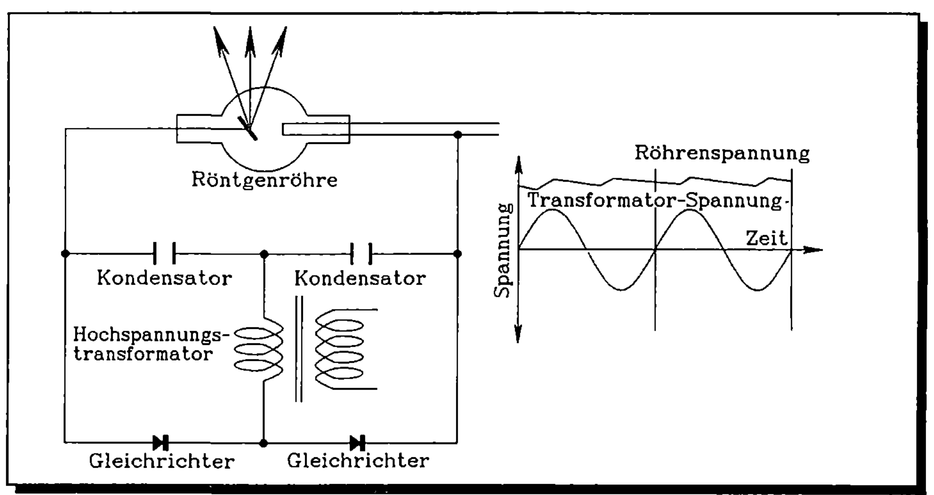

BILD 5.2.8: GREINACHER-SCHALTUNG

5.2.3 Strahlungsfilterung

Die im Target durch die beschleunigten Elektronen erzeugte Bremsstrahlung tritt durch das Strahlenaustrittsfenster, so wie in BILD 5.2.9 skizziert. Hinter dem Austrittsfenster ist oftmals ein STRAHLENFILTER aus Metall angebracht. Der Grund für die Filterung ist, den Anteil der niederenergetischen Röntgenstrahlung zu vermindern und damit den höherenergetischen Anteil anzuheben, was auch als "Härtung" des Röntgenspektrums bezeichnet wird. Bei der Behandlung der Röntgenstrahlung im Abschnitt 2.2 ist die Energieverteilung der Röntgenstrahlung als kontinuierliches Bremsspektrum (vgl. BILD 2.2.3) gezeigt. Eine derartige Strahlung tritt aus der Röntgenröhre durch das Strahlenaustrittsfenster. Da, wie im Abschnitt 3.2 gezeigt, durch Metalle vor allem die niederenergetische Röntgenstrahlung ge-

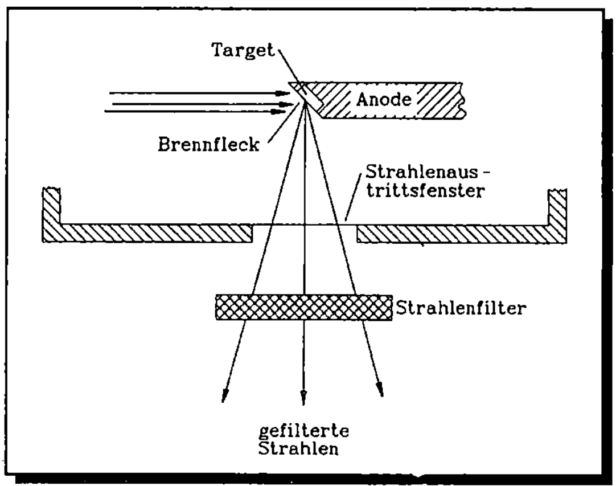

BILD 5.2.9: STRAHLENFILTER

schwächt wird, kann durch eine Metallfolie dieser Effekt für die austretende Strahlung zur "Filterung" eingesetzt werden.

Durch das Metallfilter wird somit der niederenergetische Anteil der Röntgenstrahlung vermindert, wie es in BILD 5.2.10 schematisch dargestellt ist. Typische Filtermaterialien sind Kupfer, Messing und Blei und typische Filterdicken sind beispielsweise

200 KV Röntgenstrahlung: 0,25 - 0,5 mm Blei
400 KV Röntgenstrahlung: 0,6 - 1,0 mm Blei.

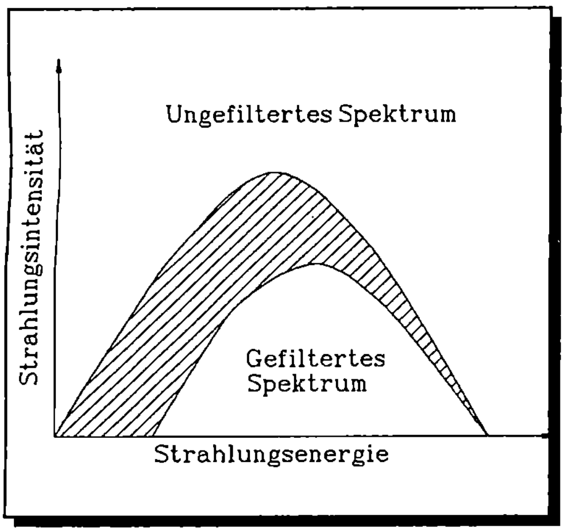

BILD 5.2.10: STRAHLENFILTERUNG

Die Auswirkungen einer Filterung sind dann besonders positiv, wenn Werkstücke mit großen Dickenunterschieden zu prüfen sind und das Bild im dünnen Bereich oder im Randbereich noch eine ausreichende Bildgüte besitzen soll. Da die niederenergetische Röntgenstrahlung z.B. von einem Film besonders gut nachgewiesen wird und eine hohe Schwärzung erzeugt, bewirkt der Einsatz eines Filters eine Verminderung der Filmschwärzung im dünnen Bereich des Werkstücks oder am Rand. Somit kann eine "Überbelichtung" des Films in diesen Bereichen vermieden werden. Ein typisches Beispiel für das Auftreten dieses Problems ist die Durchstrahlungsprüfung eines Zylinders, wo ohne Filterung in den Außenbereichen kleiner Wandstärke eine zu hohe Filmschwärzung hervorgerufen wird.

Beim Einsatz eines Strahlenfilters wird natürlich auch die Primärstrahlung geschwächt, was zum Erreichen einer festgelegten Filmschwärzung eine längere Bestrahlungszeit erfordert. In besonderen Fällen kann das Filter auch an anderer Stelle als direkt am Strahlungsaustrittsfenster angebracht werden, um eine zu große Schwärzung auf dem Film zu vermeiden. Zu diesem Zweck wird das Filter dann in Form von "Masken" eingesetzt, die aus Bleifolien oder bleihaltigen Materialien (Pasten, Lösungen) bestehen.

5.3 Elektronenbeschleuniger

Die maximale Höhe der Beschleunigungs-Gleichspannung bei Röntgenanlagen ist nach oben durch die elektrische Durchschlagfestigkeit der eingesetzten Materialien bestimmt und besitzt ihre oberste Grenze bei 600 KV. Das bedeutet, daß höhere Elektronenenergien als 600 KeV auf diese Weise nicht erzeugt werden können. Röntgenstrahlung höherer Energie ist jedoch wegen ihrer Durchdringungsfähigkeit für die radiografische Prüfung sehr dickwandiger Bauteile erforderlich. Infolgedessen werden zur Beschleunigung der Elektronen auf hohe Energien andere Verfahren angewandt, die in der HOCHENERGIE-RADIOGRAFIE ihren Einsatz finden.

5.3.1 Linearbeschleuniger

Beim Linearbeschleuniger werden die Elektronen nicht in einem Schritt, sondern in mehreren aufeinanderfolgenden Teilschritten beschleunigt, wodurch hohe Energien mit relativ großen Elektronenströmen erzielt werden können. Den schematischen Aufbau eines Linearbeschleunigers zeigt BILD 5.3.1. In der Elektronenkanone werden die Elektronen durch einen Heizfaden erzeugt, dann fokussiert und vorbeschleunigt und aus der Kanone in ein

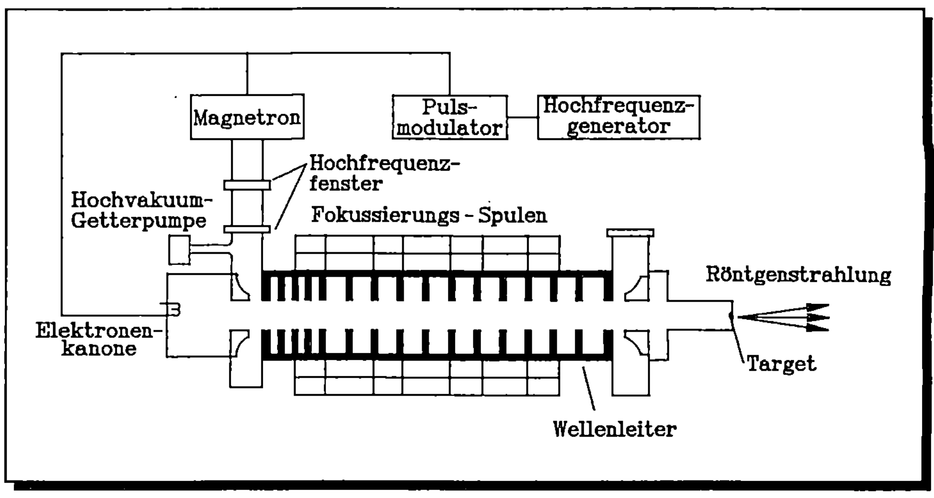

BILD 5.3.1: LINEARBESCHLEUNIGER

lineares (geradliniges) Beschleunigungssystem eingeschossen. Dieses geradlinige System führte zu dem Namen Linearbeschleuniger (linear accelerator) oder kurz "LINAC". Das Beschleunigungssystem besteht aus hintereinander geschalteten Wellenleitern (Hohlleiter), in denen die Elektronen abschnittsweise beschleunigt werden. An die Hohlleiter wird die hochfrequente Beschleunigungsspannung so angelegt, daß die Elektronengeschwindigkeit und die Phasengeschwindigkeit der Mikrowelle im Wellenleiter einander gleich sind und somit durch die elektrische Feldenergie beschleunigt werden. Notwendig ist, daß· dazu im ersten Teil des Beschleunigungssystems die Elektronen zu Gruppen einheitlicher Energie gebündelt werden. Infolgedessen erreicht der beschleunigte Elektronenstrom das Target nicht kontinuierlich, sondern pulsförmig. Im Target wird durch Abbremsung der Elektronen Röntgenstrahlung erzeugt.

Das gepulste hochfrequente elektrische Feld wird in einem Hochfrequenzgenerator und Pulsmodulator erzeugt und steuert ein Magnetron oder Klystron, um eine ausreichende elektrische Leistung zu erzielen. Das Hochvakuum in geschlossenen Systemen wird normalerweise durch eine Getterpumpe aufrecht erhalten. Die technischen Daten von Linearbeschleunigern für die radiografische Prüfung liegen etwa im folgenden Bereich:

□   Elektronenenergien   : 6-12 MeV
□   Dosisleistung   : bis 40 Gray/min
     (in 1m Abstand vom Target)
□   Frequenzbereich der HF-Generatoren   : 6-10 GHz
□   Pulsbetrieb und Pulsfolgefrequenz   : 60-300 Hz (variabel)

Die Länge des Wellenleiters ist typischerweise um einen Meter. In der modernen Hochenergie-Radiografie werden hauptsächlich Linearbeschleuniger eingesetzt.

5.3.2 Kreisbeschleuniger

Bei dieser Art von Beschleunigungssystemen werden die Elektronen nicht geradlinig sondern
auf Kreisbahnen beschleunigt. Der bekannteste Kreisbeschleuniger ist das
BETATRON: Der kreisförmige Beschleunigungsweg wird durch Anlegen eines Magnetfeldes
erreicht, durch das die Elektronen auf Kreisbahnen gehalten werden. Der prinzipielle Aufbau
des Betatrons ist in BILD 5.3.2 skizziert. Die Elektronen werden aus der Elektronenquelle

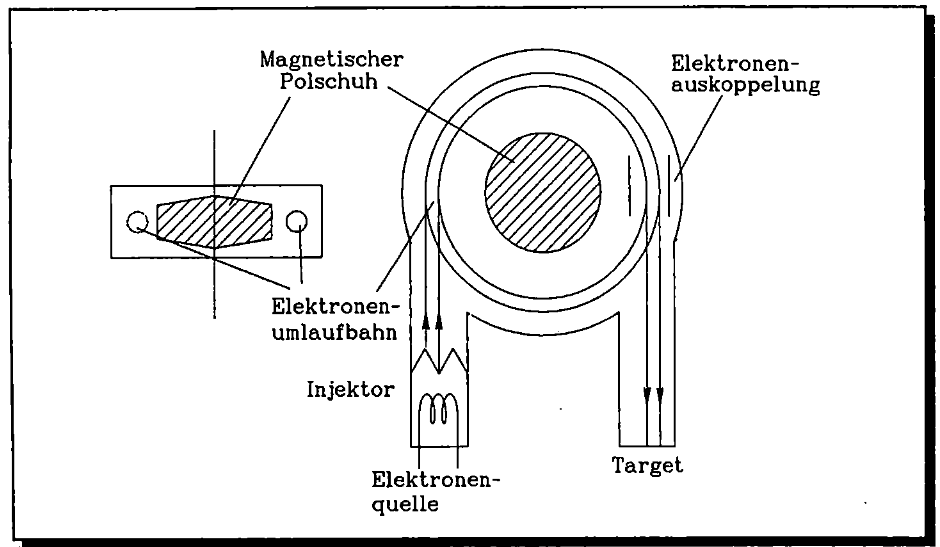

BILD 5.3.2: BETATRON

in das kreisförmige Vakuumsystem eingeschossen, das zwischen den Polen eines starken
Magneten angebracht ist. Der Magnet wird mit einem Wechselstrom erzeugt und im Moment, in dem die der Wechselstromfrequenz folgende magnetische Flußdichte den Nullpunkt
durchläuft, wird das Elektronenbündel eingeschossen. Die Elektronen laufen auf Kreisbahnen
um und werden so lange beschleunigt, bis die magnetische Flußdichte ihren Maximalwert
erreicht. In diesem Moment werden die Elektronen durch einen elektrischen Gleichspan-
nungsimpuls abgelenkt und aus der Kreisbahn ausgekoppelt und gelangen auf das Target, in
dem sie Röntgenstrahlung erzeugen. Das bedeutet, daß die Strahlung in Form zeitlich kurzer
Impulse ausgesandt wird.

Die kreisförmige Beschleunigung der Elektronen erlaubt die Erzeugung hoher Energien (15-31 MeV), jedoch die Elektronenstromstärke und damit die Dosisleistung ist im Vergleich zu Linearbeschleunigern klein. Aus diesem Grunde werden Betatrons nur noch vereinzelt eingesetzt.

MICROTRON: In diesem Kreisbeschleuniger werden die Elektronen in Mikrowellen-Resonatoren beschleunigt, die in einem Magnetfeld angeordnet sind. Auch hier tritt deswegen die Strahlungsleistung pulsförmig auf. Die erreichbare Dosisleistung liegt in der Größenordnung der des Betatrons und ist deshalb auch klein im Vergleich zu Linearbeschleunigern.

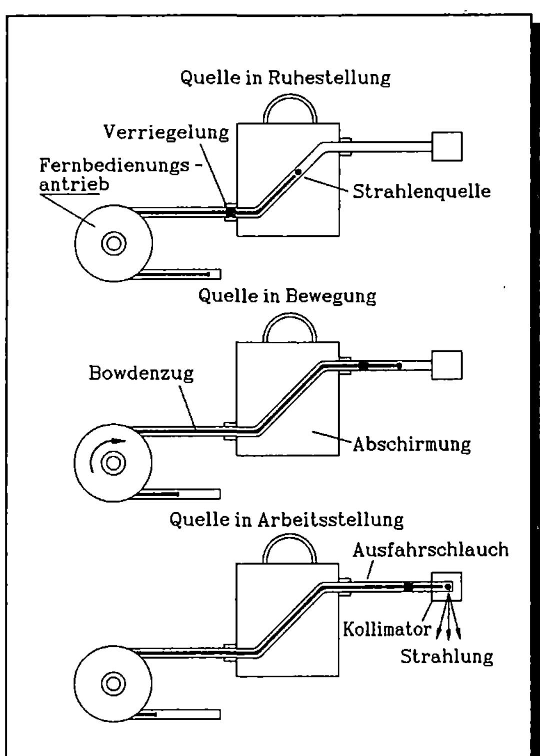

BILD 5.4.1: AUFGABEN VON ARBEITSBEHÄLTERN

5.4 Radioaktive Quellen

Zur radiografischen Prüfung werden vorzugsweise Quellen mit Gammastrahlung eingesetzt. Die Eigenschaften dieser Strahlung und der für die Prüfung verwendeten Strahler sind in Abschnitt 2.3 behandelt. Da die Strahlung von radioaktiven Quellen dauernd ausgesandt wir, sind die Quellen so zu verwenden, daß weder radioaktive Kontamination noch unzulässig hohe Strahlenbelastungen auftreten können. Zur Vermeidung von Kontamination wird das strahlende Material in einer kleinen Hülse dicht verschweißt, ihre Abmessungen liegen im Bereich von Millimetern. Die Dichtigkeit ist in festgelegten zeitlichen Abständen nachzuweisen. Zum Einsatz bei der radiografischen Prüfung befinden sich die radioaktiven Quellen in ARBEITSBEHÄLTERN, die im folgenden beschrieben werden.

5.4.1 Arbeitsbehälter

Die Aufgabe von Arbeitsbehältern für radioaktive Quellen ist in BILD 5.4.1 skizziert. Wird die Gammaquelle nicht eingesetzt, so befindet sie sich in der Ruhestellung innerhalb des Behältnisses. Der Behälter ist zur ausreichenden Abschirmung normalerweise aus Uran oder Blei hergestellt, das in eine Stahlummantelung eingefaßt ist. Aus dem Arbeitsbehälter kann die Quelle mit Hilfe einer Fernbedienung ausgefahren werden, was im mittleren Teil von BILD 5.4.1 dargestellt ist. Die Arbeitsstellung der Quelle zeigt der untere Teil des Bildes 5.4.1.

Ein sicherer Transport der Quelle im Ausfahrschlauch muß mit dem Bowdenzug sichergestellt werden. Auch unbeabsichtigtes Ausfahren muß durch eine Verriegelung vermieden werden.

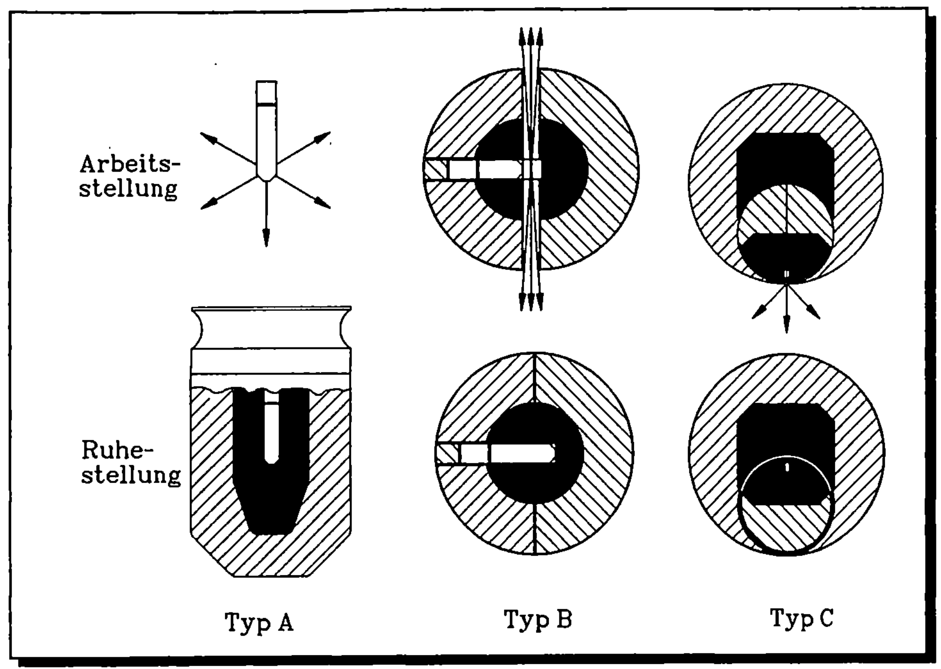

BILD 5.4.2: ARTEN VON ARBEITSBEHÄLTERN

Die Arbeitsbehälter besitzen, je nach Anwendungsfall, verschiedene Ausführungsformen. Einige besonders übliche sind in BILD 5.4.2 dargestellt. Der obere Bildteil zeigt die Behälter in Arbeitsstellung und der untere in Ruhestellung. Typ A ist ein Topfbehälter für die Arbeitsstabmethode. Der in einer Hülse verschweißte Strahler wird in den Behälter ein- und ausgefahren. Typ B stellt ein Gerät für Rundabstrahlung dar, bei dem der Strahler im Behälter verbleibt. Der Behälter selbst besteht aus zwei Halbkugeln, die in bezug auf die Strahlenquelle gegeneinander verschiebbar sind. In der Arbeitsstellung entsteht dadurch ein allseitig radial ausgeblendetes Strahlenbündel. Typ C stellt einen Behälter in Exzenteranordnung dar. In der Ruhestellung befindet sich die Strahlenquelle im Behälterzentrum. Durch Drehen des Exzenters um 180° wird die Quelle in Arbeitsstellung gebracht.

Die Konstruktionsmaterialien zur Erzielung einer ausreichenden Abschirmung sind Uran, Wolfram und Blei und die Einfassung wird üblicherweise aus nichtrostendem Stahl gefertigt. Diese Arbeitsbehälter bedürfen einer besonderen Zulassung und sind regelmäßig auf ordnungsgemäße Funktion, speziell der Sicherheitseinrichtungen (Verriegelung, Verschluß etc.) zu überprüfen.

5.4.2 Technische Daten

An technischen Daten von Strahlenquellen interessieren vor allem die Strahlungsenergie und welche Dosisleistung bei welcher Aktivität (Quellstärke) für die Prüfung verfügbar ist. Diese Daten sind in TABELLE 5.4.1 für die gebräuchlichsten Strahlenquellen zusammengestellt.

TYP	GAMMA-ENERGIE [MeV]	HALBWERTS-ZEIT	HALBWERTS-DICKE (mm) (Blei)	DOSISLEISTUNG [mSv/h] in 1 m Abstand von 1 MBq
Co-60	1,33 1,77	5,27 Jahre	13	0,35
Cs-137	0,66	30,1 Jahre	8,4	0,09
Ir-192	0,31 0,47 0,60	74,3 Tage	2,8	0,13
Yb-169	0,05 bis 0,21	32 Tage	0,8	0,03

TABELLE 5.4.1: TECHNISCHE DATEN VON STRAHLERN

6 Verarbeitung der Prüfinformation

Die Prüfung mit durchdringender Strahlung hat zum Ziel, Anomalien in Bauteilen zu entdecken. Diese Anomalien können verschiedener Art sein und reichen von Fehlern in Materialien (Risse, Einschlüsse, Ungänzen etc.) über falsch positionierte Komponenten in Anlageteilen bis zu fehlerhaften geometrischen Dimensionen. Oftmals ist zur Fehlererkennung ein Vergleich mit einem "fehlerfreien" Bauteil erforderlich oder mit Fehlern gleicher oder ähnlicher Art, die in Sammlungen zusammenfaßt sind. Dies ist beispielsweise der Fall für die Prüfung von Schweißnähten, wo Referenzaufnahmen von verschiedenen Institutionen (DGZfP, IIW, ASTM etc.) zusammengestellt wurden. Bei der Verarbeitung der Prüfinformation in Form von radiografischen Fehlerabbildungen ist es wesentlich eine ungefähre Kenntnis der möglichen Fehler vorab zu besitzen, um die Verarbeitung effizient durchführen zu können.

Die Verarbeitung der Prüfinformation kann subjektiv durch eine Person erfolgen, die die Auswertung durchführt, oder objektiv durch ein Auswertesystem, das aus einem oder mehreren Geräten besteht. Die Verarbeitung durch Personen basiert auf der Erfahrung und den Fähigkeiten des jeweiligen Prüfers, während die automatische Verarbeitung von den technischen Spezifikationen und dem Entwicklungsstand des Auswertesystems abhängt. Der Trend geht in Richtung einer automatisierten Auswertung, weil dies, vor allem in Produktionsanlagen, wegen der geforderten Prüfgeschwindigkeit technisch notwendig und in vielen Fällen auch wirtschaftlicher ist. Aus diesem Grunde soll in diesem Kapitel besonders auf die Vorgehensweise bei der automatisierten Verarbeitung der Prüfinformation eingegangen werden.

6.1 Filmtechnik

Der Nachweis und die Abbildung von Fehlern mit strahlungsempfindlichen Filmen ist in den Abschnitten 3.4 und 3.5 detailliert behandelt. Die Prüfinformation liegt vor in Form der Schwärzung (optische Dichte) des Films und ist entsprechend auszuwerten. Dabei liegt der strahlungsempfindliche Film, im Gegensatz zur Lichtfotografie, als Negativ vor.

6.1.1 Visuelle Auswertung

In diesem Fall wird die Verarbeitung der Filminformation durch einen Prüfer vorgenommen. Der belichtete und entwickelte Film wird vor ein Betrachtungsgerät gebracht, das ein weitgehend diffuses Licht erzeugt. Die Leuchtdichte des Filmbetrachtungsgerätes muß der Filmschwärzung entsprechend optimal einstellbar sein. Für eine Filmschwärzung von $S=3$ ist eine Leuchtdichte von etwa 10^5 cd/m^2 (cd=candela) erforderlich. Die Betrachtungsbedingungen sind in der Norm DIN 54 116 geregelt. Bei Filmwechsel wird die Leuchtdichte normalerweise durch einen Fußschalter um den Faktor 1000 reduziert.

Um das Auge des Betrachters an die Leuchtdichte zu adaptieren erfolgt die Auswertung in einem abgedunkelten Raum. Lichteinflüsse, die die visuelle Auswertung behindern können, sind sorgfältig zu vermeiden. Auch die Handhabung des Films selbst muß so erfolgen, daß z.B. durch Tragen von Handschuhen keine Flecken auf den Film gelangen, die zu Fehlinterpretationen führen könnten.

Bei der Auswertung des Films am Leuchtschirm liegt ein Positiv-Bild vor, d.h., daß Poren, Risse oder sonstige Materialschwächungen heller erscheinen als das Grundmaterial.

Die visuelle Auswertung geschieht in drei wesentlichen Schritten:

(1)   Feststellung der durch einen Fehler verursachten Schwärzungsänderung.
(2)   Auswertung der Schwärzungsänderung, um eine Klassifizierung des Fehlers vorzunehmen.
(3)   Bewertung der Prüfinformation im Hinblick auf die Anforderungen, die an das Prüfstück gestellt sind.

Die Feststellung der Schwärzungsänderung auf dem Film erfolgt über die Wahrnehmung des Auges und hängt von der Sehschärfe des Auges und dem Filmkontrast ab. Der Kontrast ist über die Filmschwärzung meßbar; eine ausreichende Sehschärfe ist gewöhnlich durch einen Sehtest nachzuweisen.

Die Klassifizierung eines Fehlers erfordert bei der visuellen Auswertung ein hohes Maß an Wissen des Prüfers. Bei subjektiver Klassifizierung erfolgt die Zuordnung aus Erfahrung, wozu jedoch auch z.B. die schon erwähnten Referenzaufnahmen herangezogen werden können, wenn es sich um Schweißnähte handelt. Zum Zuordnen und Klassifizieren sollten auch Bewertungshilfen (z.B. DIN 8563 Teil 3, IIW-Empfehlungen etc.) herangezogen werden.

6.1.2 Automatisierbare Auswertung

Die Filmtechnik ist für eine automatisierbare Auswertung nicht sonderlich gut geeignet. Dies liegt einerseits daran, daß die Filmaufnahme und Filmentwicklung relativ lange Zeit in Anspruch nehmen und infolgedessen der Zeitvorteil einer automatisierten Auswertung nicht zum Tragen kommt und andererseits andere Strahlungsnachweismöglichkeiten zur Verfügung stehen (siehe Abschnitt 6.2 Bildwandlung), die für die automatisierte Verarbeitung der Prüfinformation viel geeigneter sind. Aus diesem Grunde ist die automatisierte Auswertung von Filmen auf Sonderfälle beschränkt.

FILM-DIGITALISIERUNG

Bei diesem Verfahren wird das Schwärzungsprofil eines Films mit Hilfe einer Abtasteinheit (SCANNER) Punkt für Punkt aufgenommen. Dazu wird der Film von intensivem weißen Licht durchleuchtet und die hindurchtretende Lichtintensität mit einem optischen Sensor (z.B. CCD-Element) gemessen. Die punktweise ermittelte Lichtintensität wird in ein digitales Signal umgeformt. Auf diese Weise entsteht ein digitales punktförmiges Schwärzungsprofil. Je nach Art des Scanners liegt die Ortsauflösung im Bereich von 50 bis 100 Mikrometern bei einer Bitzahl von 8 bis 12, d.h. 256 bis 4096 Graustufen für die Schwärzung. Der optimale Arbeitsbereich derartiger Geräte liegt bei Schwärzungen zwischen 2,0 und 3,5, also auch in dem Bereich, der für die visuelle Auswertung am besten geeignet ist. Die maximal verarbeitbare Schwärzung reicht bis 4,5.

Zu einem derartigen System gehört neben dem Scanner ein leistungsfähiger Rechner mit spezieller Software zur Verarbeitung der großen Datenmengen, die pro Filmauswertung anfallen, sowie zum Anlegen eines digitalen Archivs sind Datenspeicher hoher Kapazität (optische Platten etc.) erforderlich.

Diese Technik liefert die Möglichkeit einer Dokumentierung und Archivierung der Prüfinformation, die von Verfallsdaten der Filme unabhängig ist. Weiterhin können Methoden der digitalen Bildverarbeitung eingesetzt werden, die im Abschnitt 6.3 behandelt sind.

AUSWERTUNG MIT MIKRODENSITOMETER

Densitometer sind Geräte, die auf optischem Wege die Filmschwärzung messen. Zur Eingrenzung der zu messenden Filmfläche dient die Apertur im Densitometer. Während die Durchmesser von Aperturen normaler Densitometer im Millimeter-Bereich liegen, haben MIKRO-DENSITOMETER Aperturdurchmesser im Mikrometer-Bereich. Schwärzungsprofile von Filmen können infolgedessen mit hoher örtlicher Auflösung bestimmt werden. Wird das optisch gewonnene Schwärzungssignal, das normalerweise als analoge Ausgangsspannung in Volt anliegt, mit einem Analog-Digital-Wandler (ADC, Analog-Digital-Converter) digitalisiert, so kann eine automatische Auswertung des Schwärzungsprofils mit Hilfe eines Rechners erfolgen. Die schematische Darstellung eines automatisch arbeitenden Mikrodensitometer-Systems zeigt BILD 6.1.1.

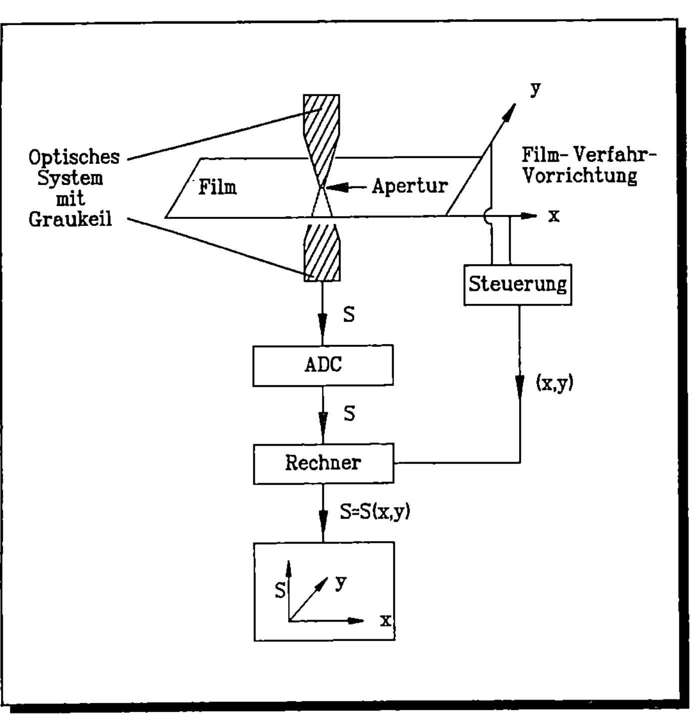

BILD 6.1.1: AUTOMATISIERTES MIKRODENSITOMETER

Die optische Einheit mit einer Apertur im Bereich von 5 bis 100 Mikrometern, arbeitet mit einem Graukeil bekannten Schwärzungsprofils.

Durch Vergleich der gemessenen mit der Schwärzung des Graukeils erfolgt eine automatisch kalibrierte Ausgabe des Schwärzungswertes als analoge Spannung. Dieses Ausgangssignal wird digitalisiert und einem Rechner mit Datenverarbeitungsprogramm zugeführt. Zusammen mit den ebenfalls digitalisierten x- und y-Koordinaten der Film-Verfahrvorrichtung kann das Schwärzungsprofil zweidimensional dargestellt und automatisch ausgewertet werden.

Als Einsatzmöglichkeiten für das automatisierte Mikrodensitometer seien folgende Beispiele genannt:

- ■ Bestimmung der Brennfleckgröße von Mikrofokus-Anlagen.
  Dieses Beispiel, mit Hilfe des Mikrodensitometers eine Bestimmung der Brennfleckgröße von Mikrofokusanlagen zu machen, ist im Unterabschnitt 5.1.4 ausführlich behandelt.

- ■ Dickenprüfung von Schweißnähten.
  Soll bei der Prüfung von beispielsweise Rohrschweißnähten neben eventuellen Fehlern auch noch die Dicke bestimmt werden, so bietet sich eine Auswertungsmethode an, wie sie im BILD 6.1.2 dargestellt ist. In der Nähe der Schweißnaht ist auf dem Rohr ein Abstandsblech der bekannten Dicke A aufgebracht, das auf dem Film zusammen mit der Schweißnaht abgebildet wird. Nach der Filmentwicklung werden mit dem automatisierten Mikrodensitometer Schwärzungsprofile aufgenommen wie es im unteren Teil des BILDES 6.1.2 gezeigt ist.

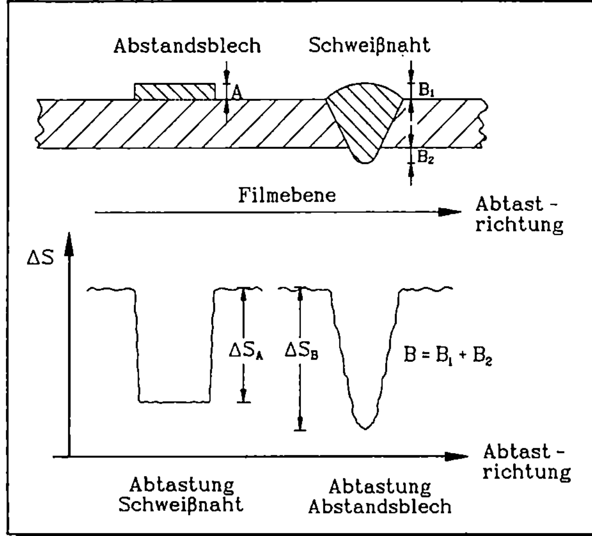

BILD 6.1.2: SCHWEISSNAHT - DICKENBESTIMMUNG

Für das Verhältnis der Schwärzungsänderungen gilt folgende Beziehung:

$$\frac{\Delta S_B}{\Delta S_A} = \frac{B}{A} \tag{6.1.1}$$

Die Dicke A ist bekannt und die Schwärzungsänderungen werden vom Rechner ausgewertet. Die gesuchte Dicke B, die sich aus den Teildicken B_1 und B_2 zusammensetzt, ergibt sich zu

$$B = \frac{\Delta S_B}{\Delta S_A}\, A \qquad\qquad (6.1.2)$$

■ Prüfung von Verbundwerkstoffen.
Bei Verbundwerkstoffen mit ausreichenden Dichteunterschieden der Werkstoff-
komponenten lassen sich Schwärzungsunterschiede gut mit dem automatisierten
Mikrodensitometer auswerten, um Fehler in der Matrix festzustellen.

6.2 Bildwandlung

Die Arbeitsweise von Bildwandlern ist im Unterabschnitt 3.4.2.4 behandelt. Die Aufgabe
der Bildwandler ist es, die Abbildung der Röntgen- oder Gammastrahlung sowohl in ein dem
Auge sichtbares Bild als auch in ein automatisch weiter verarbeitbares Bild umzuwandeln.
Mit dieser Technik kann ein durch die Strahlen erzeugtes Bild als analoge Aufzeichnung auf
einem Fernsehmonitor oder Videofilm dargestellt werden. Der Bildwandler wandelt somit
die Strahlung in elektrische Signale, so daß die Prüfinformation in dieser Form
weiterverarbeitet werden kann. Ein System zur Bildwandlung und zur weiteren
Bildverarbeitung ist in BILD 6.2.1 gezeigt.

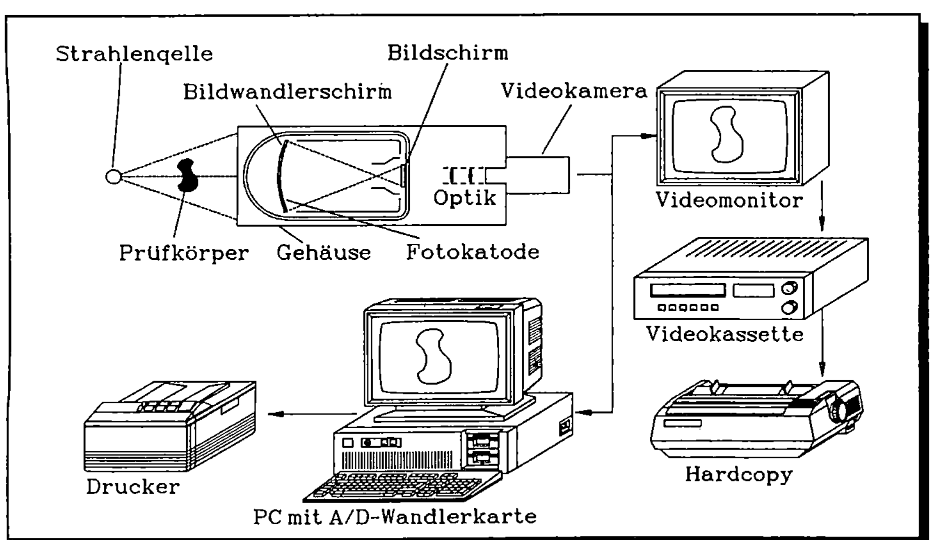

BILD 6.2.1: BILDWANDLUNG

Der Prüfkörper wird zunächst durch die Strahlung auf dem Schirm des Bildwandlers abgebildet. Durch die im Unterabschnitt 3.4.2.4 beschriebenen Prozesse wird ein Bild sichtbaren Lichts auf dem Bildschirm erzeugt und durch eine Optik auf eine Videokamera gebracht. Entsprechend den Fernsehnormen (z.B. 25 Bilder pro Sekunde) wird das Bild von der Videokamera zu einem Videomonitor übertragen und dargestellt. Die Speicherung und Dokumentation des Bildes kann auf einer Videokassette erfolgen. Die Auswertung des Bildes auf dem Videomonitor muß durch einen Prüfer erfolgen. Der Vorteil dieses Verfahrens, im Vergleich zur Filmtechnik, ist, daß das Bild des Prüfkörpers in Echtzeit zur Auswertung zur Verfügung steht und somit hohe Prüfgeschwindigkeiten erzielbar sind.

Das Bild der Videokamera kann ebenfalls einem Analog-Digital-Wandler zugeführt werden, der es normgerecht in ein digitales Bild umwandelt, das dann dargestellt und weiterverarbeitet werden kann. In welcher Form dies geschieht, wird im folgenden Abschnitt behandelt.

6.3 Digitale Bildverarbeitung

Das Ziel der digitalen Bildverarbeitung bei der Prüfung mit durchdringenden Strahlen ist erstens eine Verbesserung der Bildgüte, die beispielsweise über die Anhebung des Bildkontrastes erreicht werden kann, und zweitens eine möglichst weitgehende Auswertung und Beurteilung der Prüfinformation mit Hilfe intelligenter Software-Programme, um die Prüfung möglichst objektiv zu gestalten.

Bei der digitalen Bildverarbeitung werden die Originalbilddaten in rechnerkompatible Datenformate umgewandelt. Diese Umwandlung wird als DIGITALISIERUNG bezeichnet. In dem im BILD 6.2.1 gezeigten Beispiel erfolgt die Digitalisierung von der Videokamera über den Analog/Digital-Wandler, der an das Rechnersystem angeschlossen ist.

6.3.1 Bildmatrix

Ein digitales Bild wird in Form einer BILDMATRIX dargestellt, die aus Zeilen und Spalten besteht. Die Elemente der Matrix sind die Bildpunkte, die auch als PIXEL (von "picture element") bezeichnet werden. BILD 6.3.1 zeigt den Aufbau einer derartigen Bildmatrix.

Die Zählung der Bildzeilen erfolgt von oben nach unten, beginnend mit Bildzeile 0, und die Zählung der Bildspalten erfolgt von links nach rechts, beginnend mit Bildspalte 0. Jedem Bildpunkt wird ein GRAUWERT g zugeordnet. Werden beliebige Dualzahlen für den Grauwert verwendet, so wird von einem ZWEI-PEGELBILD gesprochen. Wird ein digitalisiertes Schwarz/Weiß-Bild nur durch die zwei Grauwerte "0" und "1" dargestellt, so wird dies oft als BINÄRBILD bezeichnet. Die Zuordnung von Grauwerten zu Bildpunkten besitzt auch die Bezeichnung QUANTISIERUNG.

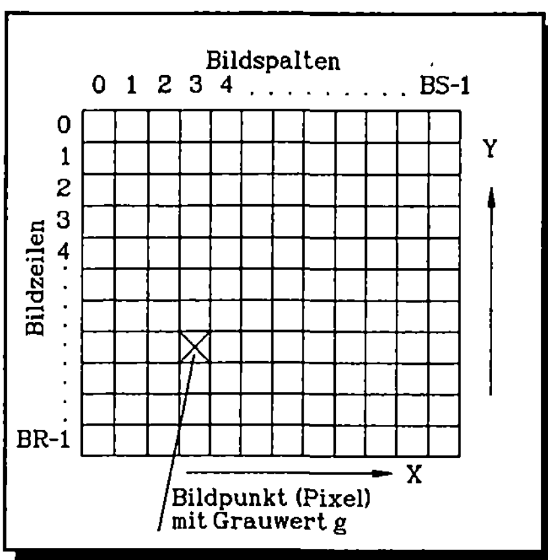

BILD 6.3.1: BILDMATRIX

Bei der Durchstrahlungsprüfung entstehen entsprechend der Schwächung durch unterschiedliche Materialdichten GRAUTONBILDER, die Grautöne zwischen schwarz und weiß enthalten können. Bei der Digitalisierung eines Grautonbildes muß jedem Bildpunkt in der Bildmatrix ein Grauwert zugeordnet werden. Als Grauwertmenge wird meistens

$$g = \{0,1,2,3,......255\}$$

verwendet, da diese 256 Grauwerte mit einem Byte (1 Byte = 8 bit und 2^8 = 256) dargestellt werden können. In byteorientierten Rechenanlagen ist damit der Speicherplatz zur Unterbringung der Bilddaten optimal ausgenützt. Gleiche Überlegungen gelten auch für die Spalten- und Zeilenzahl der Bildmatrix. Die 256 Grauwerte von 0 bis 255 sind in den meisten Fällen ausreichend. Der Grauwert 0 wird dabei in der Regel als SCHWARZ, der Grauwert 255 als WEISS und ein Grauwert um 127 als GRAU interpretiert. Das von der Filmtechnik bekannte Schwärzungsprofil des Bildes wird hier als Grauwertprofil in digitalisierter Form dargestellt. Die Anzahl der Bildpunkte pro Matrix ist für die örtliche Auflösung des Bildes wichtig. Es werden wegen der Speicherausnutzung ebenfalls wieder Dualzahlen verwendet, so daß die Matrixgrößen in der Form (512 x 512 oder 1024 x 1024 Bildpunkte etc.) verwendet werden.

Da typischerweise von der Videokamera 50 Halbbilder pro Sekunde abgetastet werden, können mit Radioskopieanlagen auch zeitlich veränderliche Prüfbilder aufgenommen und ausgewertet werden. In diesem zeitabhängigen Fall wird von DYNAMISCHEN Grauwertbildern gesprochen. Wird ein Bildpunkt durch s(x.y) dargestellt und die Matrix durch (s(x.y)), so kann die Bildmatrix folgende Formen annehmen:

S = (s(x.y))   Statisches Grauwertbild ohne Zeitachse, z.B. ein digitalisiertes Grauwertbild

S = (s(x.y.t))   Dynamisches Grauwertbild mit Zeitachse; zu den Zeitpunkten t = 0,1,2,....T-1, fallen die Grauwertbilder (s(x.y.t)) an, z.B. digitalisierte Videograutonbilder mit 50 Halbbildern pro Sekunde.

6.3.2 Bildmittelung

Die Prozesse der Bildwandlung sind, wie im Abschnitt 3.4.2 erläutert, stochastischer Natur. Dieser Zufallscharakter führt zu einem Bildrauschen, wodurch die Bildgüte verschlechtert wird. Eine Verringerung des Bildrauschens wird erreicht, wenn über mehrere Bilder gemittelt wird. Der Ablauf dieser Mittelung ist in BILD 6.3.2 skizziert. In diesem Fall wird über die einander entsprechenden Bildpunkte gemittelt. Die vom A/D-Bildwandler (vgl. BILD 6.2.1) gelieferten Daten werden vor der eigentlichen Summenbildung durch eine Division gewichtet. Der Gewichtungsfaktor des n-ten Bildes entspricht hierbei der Zahl 2^n.

Danach folgt zum einen die Zwischenspeicherung des Summenbildes, zum anderen wird es nach der Multiplikation mit $1/2^n$ an ein spezielles Echtzeit-Bildakkumulationsmodul übergeben. Diese Methode ermöglicht zum einen die kontinuierliche Ausgabe der Bilddaten auf einen Monitor, zum anderen wird beim Erreichen der vorgegebenen Anzahl zu mittelnder Bilder das Ergebnis in den Arbeitsspeicher übergeben.

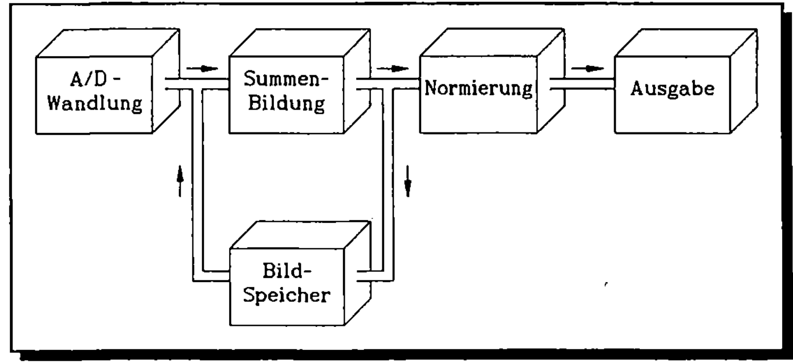

BILD 6.3.2: KONTINUIERLICHE MITTELUNG

Der über einer Bildmatrix gebildete Mittelwert kann zur Kennzeichnung eines Bildes mit herangezogen werden. Es sei wieder s = (s(x.y)) ein Grauwertbild mit BR Zeilen und BS Spalten. Der mittlere Grauwert des Bildes S berechnet sich gemäß

$$m_s = \frac{1}{M} \sum_{x=0}^{BR-1} \sum_{y=0}^{BS-1} s(x,y)$$

$$M = BS \times BR$$

(6.3.1)

Der Mittelwert eines Bildes sagt aus, ob das Bild insgesamt dunkler oder heller ist.

BILD 6.3.3:   KONSTANTES   GRAUWERT-BILD

BILD 6.3.4: SCHACHBRETTMUSTER

So haben z.B. die zwei BILDER 6.3.3 und 6.3.4 - wovon BILD 6.3.3 nur den einen Grauwert 127 enthält, und BILD 6.3.4, das ein Schachbrettmuster mit den Grauwerten O und 254 enthält - denselben Mittelwert 127. Eine Aussage über den Kontrast läßt sich aus dem Mittelwert nicht ableiten, weswegen für diesen Zweck andere Größen herangezogen werden.

6.3.3 Bild-Charakterisierung
In diesem Abschnitt werden weitere Kenngrößen zur detaillierten Charakterisierung von digitalisierten Bildern behandelt.

MITTLERE QUADRATISCHE ABWEICHUNG
Eine Kenngröße, die eine Aussage über den Kontrast im Bild zuläßt, ist die mittlere quadratische Abweichung, gegeben durch die Beziehung

$$q_s = \frac{1}{M} \sum_{x=0}^{BR-1} \sum_{y=0}^{BS-1} (s(x,y) - m_s)^2 \qquad (6.3.2)$$

BILD 6.3.3 mit dem konstanten Grauwert hat die mittlere quadratische Abweichung q_S = O, während das Schachbrettmuster von BILD 6.3.4 die mittlere quadratische Abweichung $q_S = 127^2 = 16129$ besitzt. Je höher die quadratische Abweichung, umso höher der Kontrast. Mittelwert und mittlere quadratische Abweichung sind einfache Maßzahlen zur Verteilung der Grauwerte eines Bildes.

HISTOGRAMME
Eine aussagekräftigere Methode zur Kennzeichnung der Verteilung der Grauwerte eines Bildes S = (s(x.y)) gibt das Histogramm der relativen Häufigkeiten von S, darstellbar durch die Beziehung

$$p_s(g) = \frac{i_g}{M} \qquad g = 0,1,2,3.....255 \qquad (6.3.2)$$

Dabei sind g die Grauwerte der Grauwertmenge und i_g die Häufigkeit des Auftretens des Grauwertes g im Bild S. Da das Histogramm über die Anzahl M der Bildpunkte von S nomiert ist, gilt

$$\sum_{g=0}^{255} p_s(g) = 1 \qquad (6.3.3)$$

Das Histogramm wird normalerweise als Balkendiagramm dargestellt. Wie im BILD 6.3.5 skizziert, werden auf der Abszisse die Grauwerte g und auf der Ordinate die dazugehörigen relativen Häufigkeiten $p_S(g)$ aufgetragen. Für BILD 6.3.3 mit konstantem Grauwert ergäbe sich nur ein Balken, wie dargestellt.
Ein Beispiel aus der Durchstrahlungsprüfung beim Gießen, das mit einer Mikrofokusanlage bei 140 KV Spannung aufgenommen wurde, gibt BILD 6.3.6 wider. Es zeigt das mit einem

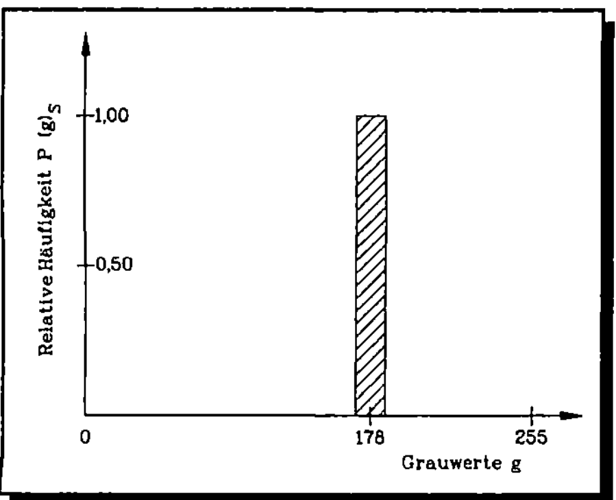

BILD 6.3.5: HISTOGRAMM

Bildwandler aufgenommene Grautonbild einer Stahlkokille, die zum Leichtmetall-Kokillenguß eingesetzt wird. Der Stahlteil der Kokille bewirkt eine stärkere Strahlungs-schwächung und ist entsprechend dunkel, während der Leichtmetallteil relativ hell ist. Durch BILD 6.3.6 wurde ein Schnitt gelegt und dafür die Grauwertverteilung als Histogramm aufgenommen, die in BILD 6.3.7 gezeigt ist. Das Maximum der Grauwerte im Bereich von 48 bis 139 gibt den dunkleren Bereich des Stahlteils der Kokille wider, während das Maximum von 140 bis 178 den helleren Leichtmetallteil repräsentiert. Grundsätzlich können Histogramme zur Bildkennzeichnung und als nützliches Hilfsmittel für eine nachfolgende Bildaufbereitung verwendet werden. Das Histrogramm liefert jedoch keine räumliche Grauwertverteilung des Bildes.

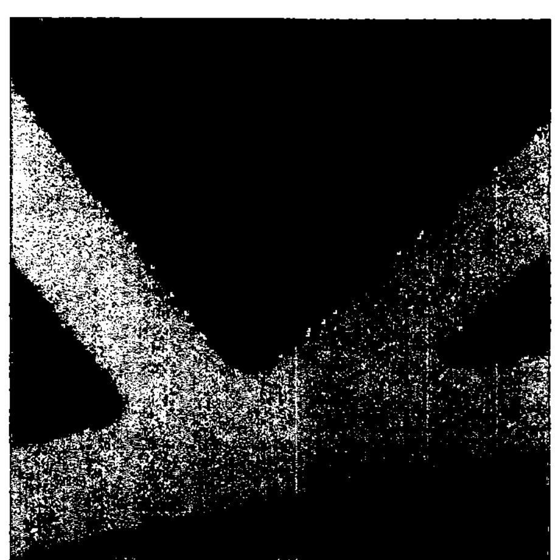

BILD 6.3.6: KOKILLE

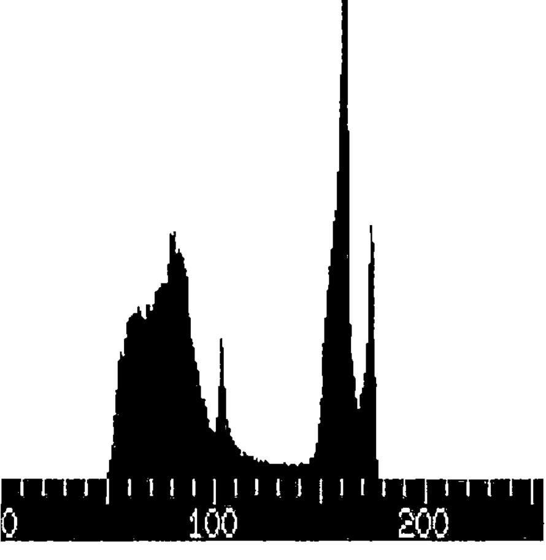

BILD 6.3.7: HISTOGRAMM DER KOKILLE

GRAUWERTPROFIL UND GRAUWERTRELIEF

Weitere geeignete Darstellungen zur Charakterisierung eines Bildes sind das Grauwertprofil und das Grauwertrelief. Beim Grauwertprofil werden die absoluten Grauwerte entlang einer frei wählbaren Geraden der Bildmatrix dargestellt. BILD 6.3.8 zeigt das Grauwertprofil entlang einer in Bild 6.3.6 gewählten Geraden in der Kokillen-Abbildung.

Beim Grauwertrelief werden die absoluten Grauwerte zweidimensional über einer Fläche aufgetragen. Dies ist für die Kokille (BILD 6.3.6) in BILD 6.3.9 gezeigt. Diese Relief-darstellung der Grauwerte gestattet einerseits eine Auswertung des örtichen Kontrastverlaufs und andererseits bietet sie die Möglichkeit, das in einem digitalisierten Bild enthaltene Rauschen oder mögliche Belichtungsunterschiede zu ermitteln.

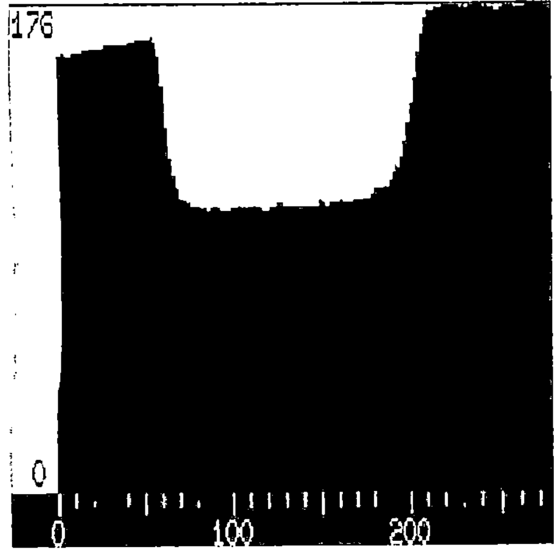

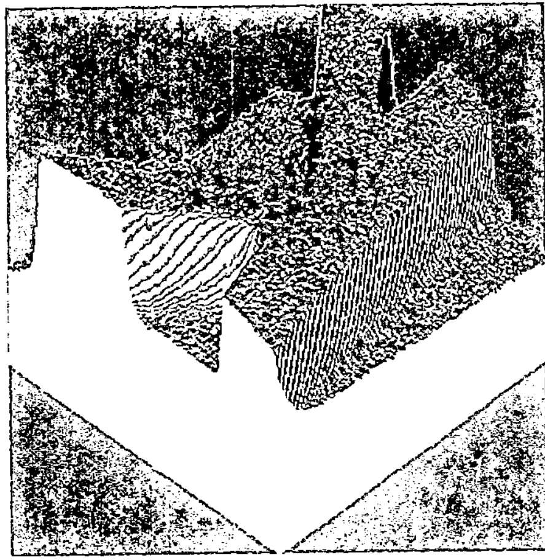

BILD 6.3.8: GRAUWERTPROFIL DER KOKILLE   **BILD 6.3.9: GRAUWERTRELIEF DER KOKILLE**

6.3.4 Methoden zur Bildaufbereitung

Der wesentliche Vorteil der digitalen Bildverarbeitung liegt darin, daß die vorliegenden Bilddaten durch unterschiedliche Operationen dem gewünschten Verwendungszweck entsprechend aufbereitet werden können. So lassen sich beispielsweise folgende Operationen durchführen:

- Anhebung des Kontrastes
- Minimierung von Störungen
- Aufzeigen von zeitabhängigen Vorgängen zwischen zwei Bildern

Hiermit bietet sich die Möglichkeit, die wesentlichen Informationen eines Bildes hervorzuheben und Störinformationen zu unterdrücken.

Es werden nun einige Operationsmöglichkeiten behandelt, die für die Radioskopie von besonderem Interesse sind.

ARITHMETISCHE PUNKTOPERATIONEN

Diese Operationen gestatten das punktweise Addieren, Subtrahieren, Multiplizieren und Dividieren. Dies bietet die Möglichkeit sowohl zwei Bilder arithmetisch zu verknüpfen als auch einzelne Bilder mit konstanten Faktoren arithmetisch zu verarbeiten. Das Addieren bzw. Subtrahieren einer Konstanten ergibt die Verschiebung sämtlicher Grauwerte zu größeren bzw. kleineren Werten. Durch solche Operationen können Bilder aufgehellt (Addition) oder verdunkelt (Subtraktion) werden.

Das Ergebnis aus der Subtraktion zweier nacheinander aufgenommener Bilder enthält deren Differenzen. Durch diese Operation ist es möglich, dynamische Vorgänge von Zeitreihenbildern herauszuarbeiten. Die Multiplikation bzw. Division eines Bildes mit einer Konstanten ergibt eine Streckung bzw. Stauchung des Grauwertbereiches.

SKALIERUNG

Unter Skalierung wird in der digitalen Bildverarbeitung das Strecken oder Stauchen des gesamten oder eines Teiles des vorhandenen Grauwertbereichs verstanden. Folgende Methoden können eingesetzt werden:

- ☐ Lineare Skalierung
- ☐ Äqualisierung
- ☐ Binärisierung
- ☐ Look-Up-Tabelle

Die lineare Skalierung streckt bzw. staucht den gesamten Grauwertbereich innerhalb festgelegter Grenzen. Unter Äqualisierung wird die Zuordnung von Grauwertbereichen in eine frei wählbare Anzahl von Grauwertklassen verstanden. Hieraus resultiert ein kontrastreiches Ergebnisbild, dessen Grauwertanzahl der Anzahl der gewählten Grauwertklassen entspricht. Die Binärisierung ist eine Reduzierung der vorhandenen Grauwertmenge eines Bildes auf zwei Grauwerte. Sämtliche Grauwerte unterhalb einer definierten Schwelle werden hierbei zu Null (Schwarz) gesetzt, allen anderen Grauwerten wird der Grauwert 255 (Weiß) zugeordnet. Ein solches Binärbild ist sehr kontrastreich und ermöglicht eine einfache Interpretation des Bildinhalts.

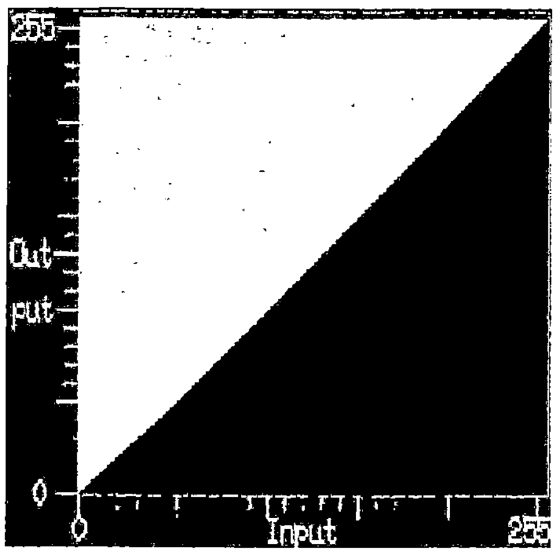

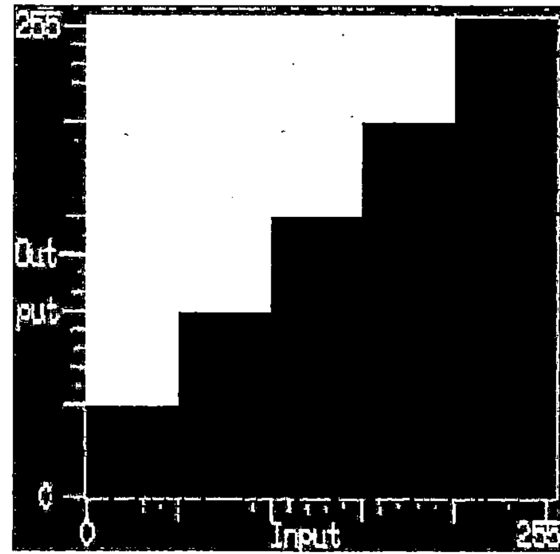

BILD 6.3.10: STANDARD LOOK-UP-TABELLE   BILD 6.3.11:   FREI DEFINIERTE LOOK-UP-TABELLE

Eine Look-Up-Tabelle liefert die Möglichkeit jedem vorhandenen Eingangsgrauwert (X-Achse) einen beliebig definierten Ausgangsgrauwert (Y-Achse) zuzuordnen. BILD 6.3.10 zeigt eine solche Look-Up-Tabelle wie sie standardmäßig in Bildaufbereitungsprogrammen eingesetzt wird. Die Zuordnung kann auch frei gewählt werden. Ein derartiges Beispiel zeigt BILD 6.3.11.

Während die in BILD 6.3.10 dargestellte lineare Look-Up-Tabelle jedem Eingangsgrauwert einen Ausgangsgrauwert gleicher Größe zuordnet, ergeben die 256 Eingangsgrauwerte der frei definierten Look-Up-Tabelle lediglich fünf Ausgangsgrauwerte. Diese Operation ist mit der Äqualisierung eines digitalisierten Bildes vergleichbar.

LOGISCHE OPERATIONEN

Um die visuellen Bildinformationen zu erhöhen, können auch logische Operationen angewendet werden. Die aus der digitalen Nachrichtentechnik bekannten logischen Operatoren (Bool'sche Algebra) arbeiten wie die arithmetischen Operatoren punkt- oder pixelweise. Der wesentliche Unterschied zwischen beiden Operatoren liegt darin, daß logische Operatoren die 8-bit kodierten Eingangsgrauwerte nicht im ganzen, sondern bitweise vergleichen. Die üblicherweise verwendeten logischen Operatoren sind:

☐   Logisches UND (AND)
☐   Logisches ODER (OR)
☐   Logisches EXKLUSIV-ODER (XOR)

Durch Anwendung einer Invertierungsoperation können auch die Verneinungen NICHT-UND, NICHT-ODER und NICHT-EXKLUSIV-ODER verwirklicht werden. Die Ergebniswerte der aufgeführten Operatoren sind in TABELLE 6.3.1 zusammengestellt.

Kombinations-möglichkeiten zweier Eingangs-bits		Ergebnis der logischen Bit-Operationen					
Bit 1	Bit 2	AND	OR	XOR	NOT AND	NOT OR	NOT XOR
0	0	0	0	0	1	1	1
0	1	0	1	1	1	0	0
1	0	0	1	1	1	0	0
1	1	1	1	0	0	0	1

TABELLE 6.3.1: ERGEBNISSE LOGISCHER OPERATOREN

Die unterschiedlichen Ergebnisse zweier Eingangsgrauwerte bei Verwendung der arithmetischen Operation "Subtraktion" und der logischen "Exklusiv-Oder-Operation" werden anhand folgenden Beispiels deutlich: Werden zwei Punkte mit den Grauwerten 128 bzw. 127 in 8-Bit-Darstellung digitalisiert und anschließend mit den genannten Operationen verknüpft, so ergeben sich die in TABELLE 6.3.2 dargestellten Ergebnisse. Es ist sehr gut zu erkennen, daß bei geringen Grauwertdifferenzen der Eingangsbilder auch das Ergebnis

	Grauwert	8-Bit-Darstellung
Punkt 1	128	1 0 0 0 0 0 0
Punkt 2	127	0 1 1 1 1 1 1 1
Arithmetische Subtraktion	1	0 0 0 0 0 0 0 1
Logisches Exklusiv-Oder	255	1 1 1 1 1 1 1 1

TABELLE 6.3.2: BEISPIEL-DARSTELLUNG

einer Differenzbildung geringe Grauwerte aufweist, die ohne weitere Aufbereitung optisch nicht zu verwerten sind. Das Ergebnis der Exklusiv-Oder-Darstellung zeigt, daß selbst geringe Differenzen große Ergebnisgrauwerte liefern können. Jedoch muß darauf hingewiesen werden, daß diese Operation nur unter bestimmten Voraussetzungen anwendbar ist. Die zu verknüpfenden Bilder müssen sehr gewissenhaft auf vorhandene Störgrößen überprüft werden, da sonst stark verfälschte Informationen entstehen können.

FILTEROPERATIONEN
Ein großes Problem in der digitalen Bildverarbeitung sind Störungen, die der Bildinformation überlagert sind. Dazu gehören vor allem:

☐   Rauschen
☐   Hochfrequente Störungen
☐   Niederfrequente Störungen

Da solche Störungen oftmals durch das digitale Bildverarbeitungssystem selbst verursacht werden, ist auf ihre Vermeidung besonders zu achten. Da das Bildverarbeitungssystem aus mehreren Teilkomponenten besteht, entstehen Störungen besonders beim Datentransfer, bei der Dateneingabe bzw. -ausgabe sowie der Datenwandlung (A/D-Wandlung).
Zur Unterdrückung solcher Störungen stehen eine Vielzahl digitaler Filteroperatoren zur Verfügung. Wie in der Nachrichtentechnik dienen Tiefpässe zur Unterdrückung hochfrequenter Störungen sowie Hochpässe zur Unterdrückung niederfrequenter Störungen. Es stehen aber auch Filteralgorithmen für die Rauschunterdrückung und das Hervorheben von Kanten und Umrissen zur Verfügung. Mit jeder Filterung wird der Bildinformationsgehalt verkleinert, so daß die Filterung mit der entsprechenden Vorsicht einzusetzen ist. Das Ergebnis einer Filteroperation muß deshalb immer genau überprüft und

für den jeweiligen Anwendungsfall optimiert werden.

6.3.5 Beispiele zur Bildaufbereitung
Die Bildaufbereitung ist jedem Anwendungsfall entsprechend zu gestalten. Einige grundsätzliche Aspekte sollen anhand der folgenden Beispiele, die aus Prüfungen in der Gießereitechnik stammen, verdeutlicht werden.

BILDMITTELUNG
Es war bereits darauf hingewiesen worden (vgl. Abschnitt 6.2), daß die aus dem Bildwandler von der Fernsehkamera aufgenommenen Bilder aufgrund der stochastischen Natur der Nachweisprozesse stark verrauscht sind. Aus diesem Grunde ist aus den Einzelbildern, die typischerweise mit einer Bildfrequenz von 25 pro Sekunde abgetastet werden, wenig zu erkennen. Der erste Schritt ist deshalb normalerweise eine Mittelung über mehrere Bilder. Für die schon beschriebene Kokille (vgl. Bild 6.3.6) ist als Beispiel in BILD 6.3.12 ein digitalisiertes Bild nach 64 Mittelungen gezeigt.
Durch diese Mittelung werden schon die im Gießteil vorhandenen Ungänzen als helle Bereiche sichtbar. Da diese Fehler analysiert werden sollen, ist es das Ziel, durch Bildaufbereitung die Fehlererkennbarkeit zu verbessern.

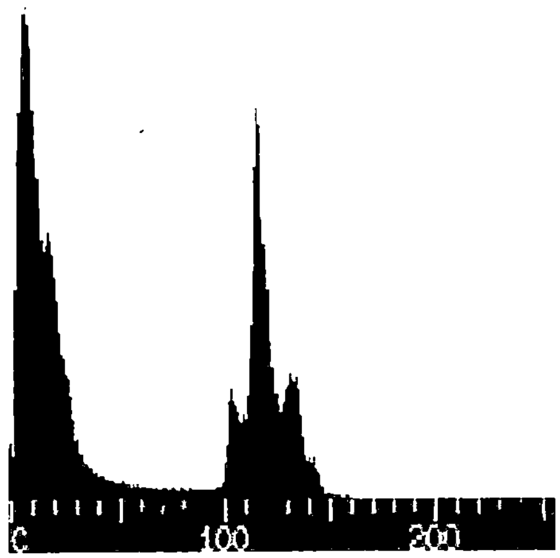

BILD 6.3.12: GEMITTELTES KOKILLENBILD   **BILD 6.3.13: KOKILLEN-HISTOGRAMM**

HISTOGRAMM
Die einfachste Art, den Kontrast eines digitalisierten Bildes zu erhöhen, ist die Streckung des vorhandenen Grauwertbereiches. Mit Hilfe eines Histogramms lassen sich die im Bild vorkommenden Grauwerte bestimmen. Das Histogramm des gemittelten Kokillenbildes (Bild 6.3.12) ist in BILD 6.3.13 gezeigt.

Bei der genauen Betrachtung des Histogramms wird deutlich, daß die die Fehlerinformation enthaltenden Grauwerte ausschließlich im Intervall 95 bis 162 vertreten sind. Um den gesamten Grauwertbereich von 0 bis 255 zu nutzen, wird eine Grauwertbereichsstreckung durchgeführt. Die Bildanalysesoftware erlaubt die aus dem Histogramm ermittelten minimalen und maximalen Grauwerte als Grenze für die Streckung einzusetzen. Das Ergebnis dieser Skalierung ist in BILD 6.3.14 zu sehen. Die gewünschte Kontrasterhöhung ist deutlich sichtbar. Vorhanden ist weiterhin eine Störung, die durch den Bildwandler verursacht wird und durch eine nicht gleichmäßige Ausleuchtung zustande kommt. Diese

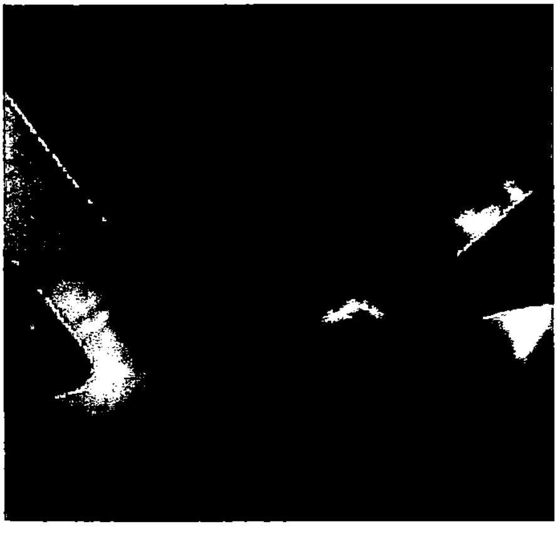

BILD 6.3.14: GRAUWERT-STRECKUNG

BILD 6.3.15: STÖRUNGSBESEITIGUNG

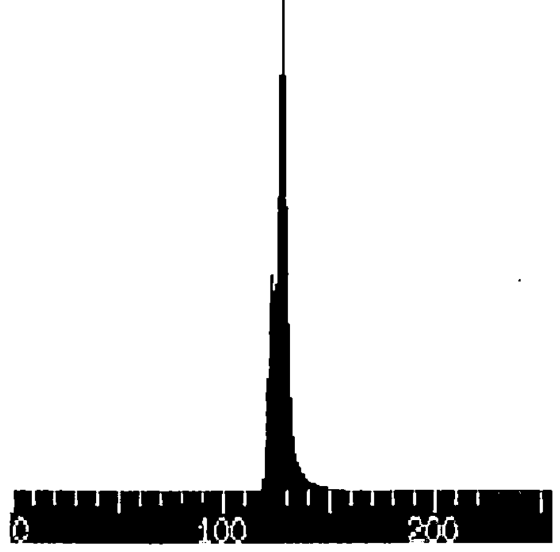

BILD 6.3.16: HISTOGRAMM VON BILD 6.3.15

Inhomogenitäten des Ausleuchtungseffekts machen sich durch Schwankungen in den Grauwerten bemerkbar. Diese Störung, die Teile der Bildinformation überlagert, kann durch zwei arithmetische Pixeloperationen, nämlich erstens eine Subtraktion mit einem Referenzbild, das den gleichen Ausleuchtungseffekt enthält, und zweitens einer anschließenden Addition eines konstanten Grauwertes eliminiert werden. Das Ergebnis dieser Operation, die vor der Grauwertbereichsstreckung durchzuführen ist, zeigt BILD 6.3.15.

KONTRASTANHEBUNG
Nach der Eliminierung der Ausleuchtungsinhomogenitäten wird die zur Konstrastanhebung notwendige Grauwertbereichstreckung vorgenommen. Zur Erfassung der Grauwertverteilung von Bild 6.3.15 wird zunächst das Histogramm erstellt, das in BILD 6.3.16 zu sehen ist. Die arithmetischen Operationen haben die minimalen und maximalen Grauwerte des entstörten Bildes auf Werte von 99 bzw. 175 verschoben. Im Histogramm ist ein absolutes

Maximum für den Grauwert 128 zu erkennen. Das Ergebnisbild der vorgenommenen Grauwertstreckung ist in BILD 6.3.17 gezeigt. Zum Vergleich dazu ist in BILD 6.3.18 noch einmal das Ausgangsbild (Bild 6.3.12) daneben abgebildet. Deutlich sichtbar ist der wesentlich verbesserte Kontrast. Haben die aufgenommenen Bilder die beschriebenen Bildoperationen durchlaufen, so können sie über einen Video-Printer ausgegeben und analysiert werden. Es empfiehlt sich von den digitalen Bilddaten Sicherheitskopien anzufertigen, die auch für die Bilddokumentation verwendet werden können. Zu beachten ist dabei die relativ hohe Datenmenge, die bei digitalisierten Bildern anfällt. Typische Werte liegen bei ca. 17 MByte pro Bild.

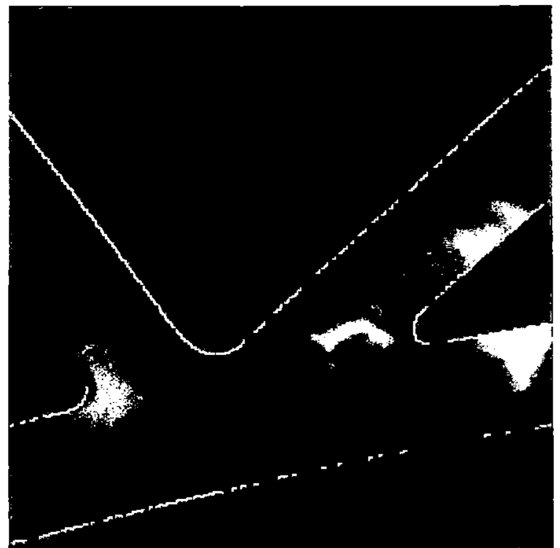

BILD 6.3.17: ERGEBNISBILD										**BILD 6.3.18: AUSGANGSBILD**

6.3.6 Automatisierte Bildauswertung

Das Vorliegen von Bildern in digitalisierter Form liefert die Möglichkeit, die Bildbewertung ebenfalls mit Hilfe von Softwareprogrammen, d.h. also automatisierbar, ablaufen zu lassen. Im Hinblick auf die große Vielfalt von unterschiedlichen Prüfaufgaben hat eine solche automatisierte Bildauswertung normalerweise "maßgeschneidert" zu erfolgen. Trotz der spezifischen Probleme des jeweiligen Falls, lassen sich allgemeine Gesichtspunkte formulieren, die bei einer solchen Aufgabe von Wichtigkeit sind.

Eine vollautomatische Prüfung ist dann von Vorteil, wenn es sich um große Stückzahlen von Prüfteilen handelt, die sicherheitsrelevante Funktionen besitzen und damit besonderen Qualitätsvorschriften unterliegen. Für solche Bauteile ist in der Regel eine hundertprozentige Prüfung vorgeschrieben, um die Funktionsfähigkeit des einzelnen Teils zu gewährleisten.

Forderungen an die automatische Prüfung sind:

■   Erkennung und Klassifizierung von allen Fehlern, die nach der Qualitätsvorschrift zum Ausschuß führen.

■   Vernachlässigbar kleine Pseudoausschußrate, das ist die Anzahl von Teilen, die vom Prüfsystem fälschlich als Ausschuß klassifiziert werden.

■   Hohe Zuverlässigkeit des Systems. Das System muß uneingeschränkt verfügbar und funktionsfähig sein. Dies ist beispielsweise durch selbständig durchzuführende Tests der Anlage sicherzustellen.

■   Hohe Prüfgeschwindigkeiten, die mindestens die Werte der visuellen Prüfung erreichen. Aus wirtschaftlichen Gründen ist eine höhere Prüfgeschwindigkeit von Vorteil.

Methodische Ansätze zur digitalisierten Bildauswertung sind sehr unterschiedlicher Art:

BILDVERGLEICH: Ein sehr schnelles und einfaches Verfahren ist prinzipiell der Vergleich des Prüfbildes mit einem Referenzbild. Voraussetzung für einen erfolgreichen Einsatz dieses Verfahrens ist eine hohe Genauigkeit bei der Positionierung beider Bilder und eine relativ einfache Geometrie des Prüfteils.

STRUKTURERKENNUNG: Bei dieser Methode wird auf die Kenntnis der Teilegeometrie aus dem Referenzbild verzichtet und der Bildinformationsgehalt im Hinblick auf die Erkennung von Strukturmerkmalen analysiert. Die prinzipielle Vorgehensweise ist in BILD 6.3.19 skizziert.

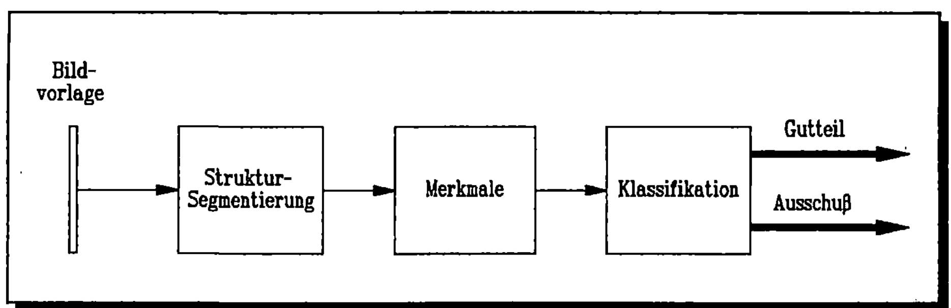

BILD 6.3.19: AUSWERTUNG DURCH STRUKTURERKENNUNG

Ausgehend von dem digitalisierten Bild wird eine Struktursegmentierung vorgenommen. Diese Segmentierung ist in der digitalen Bildverarbeitung üblich, wenn eine Klassifikation des Bildinhalts auf der Basis von strukturbezogenen Merkmalen stattfinden soll. Bei der Struktursegmentierung in industriellen Durchstrahlungsaufnahmen können je nach Prüfteil in den Bildern Strukturen von sehr geringem aber auch sehr starkem Kontrast auftreten, die nebeneinander vorkommen und sich auch noch überlagern können. Zur Merkmalsbildung im Hinblick auf die Fehlerklassifizierung besteht jedoch eine hohe Anforderung an die Sicherheit und Güte der Strukturerkennung. Gearbeitet wird mit lokalen Histogrammen, dynamischen (ortsabhängigen) Schwellwerten, Schwellwertfunktionen und Schwellwertklassifikatoren. Hiermit gelingt es in vielen Fällen die Bauteilstrukturen (Kanten, Hohlräume, Verbindungen etc.) und Fehlerstrukturen voneinander zu trennen. Die Auswertung der Fehlerstrukturen erlaubt eine Klassifikation der Fehler und damit eine Sortierung der Prüfteile in Ausschuß und Gutteile.

Die beiden behandelten Methoden stellen zwei sehr unterschiedliche Ansätze dar. Je nach Prüfteil und zu klassifizierenden Fehlern werden auch Kombinationen beider Verfahren eingesetzt. Sicherlich wird hier die Weiterentwicklung der digitalen Bildverarbeitungstechnik und der Rechnertechnik noch weitere Einsatzgebiete und Verbesserungen bewirken.

Vollautomatische Prüfsysteme sind bis jetzt vor allem bei der Durchstrahlungsprüfung von Leichtmetall-Gußteilen der Automobilindustrie im Einsatz. Hierbei handelt es sich oft um sicherheitsrelevante Teile, wie z.B. Räder und Lenkgetriebegehäuse, die besonderen Qualitätsvorschriften genügen müssen. Die Anzahl der zu prüfenden typengleichen Teile ist sehr hoch, weswegen eine automatische Prüfung wirtschaftlich interessant ist. Die Erfahrungen, die beim industriellen Einsatz gewonnen wurden, sind offensichtlich positiv und der Vergleich der automatischen Prüfung mit der visuellen, individuellen Auswertung durch Prüfer ist sicherlich ein Gebiet, das neben der Weiterentwicklung dieser Verfahren, ein interessantes Feld der zerstörungsfreien Prüfung hinsichtlich Qualitätskontrolle und Qualitätssicherung ist.

Es sind auf diesem Gebiete erste Vergleiche zwischen den Prüfergebnissen von unterschiedlichen Prüfern und Prüfanlagen mit automatischer Fehlerauswertung durchgeführt worden. Das Ergebnis hängt von einer Vielzahl von Randbedingungen ab. Je besser die Bewertungskriterien quantitativ formuliert werden, desto besser ist das Ergebnis der automatisierten Bewertung. Aus diesem Grunde ist hierfür ein nicht unerheblicher Aufwand erforderlich. Diese Investition ist in den meisten Fällen sicher lohnend und zahlt sich bei einem automatisierten System mit hohem Prüfdurchsatz aus, da die objektive Fehlerbewertung gegenüber der subjektiven hinsichtlich Vergleichbarkeit und der Möglichkeit Fehler zu übersehen deutliche Vorteile besitzt, wie in einigen Vergleichen sehr eindrucksvoll gezeigt werden konnte. Gerade die Anwendung moderner "Teach-In"-Verfahren für die automatisierte Auswertung wird sicherlich noch wesentliche Verbesserungen erwarten lassen.

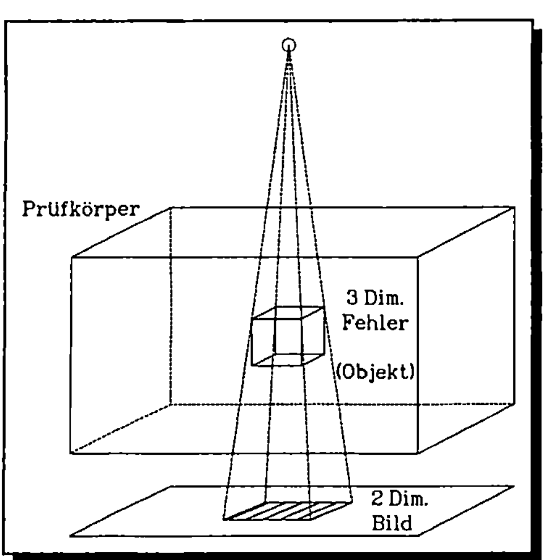

BILD 6.4.1:   ZWEIDIMENSIONALE   FEHLER-PROJEKTION

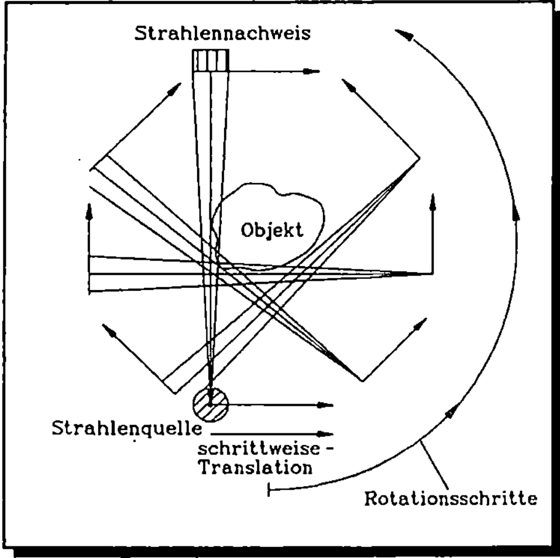

BILD 6.4.2:   ARBEITSPRINZIP DER TOMO-GRAFIE

6.4 Tomografie

Beim Durchstrahlungsverfahren wird bei der Strahlungsabbildung, die im Abschnitt 3.5 behandelt ist, eine zweidimensionale Abbildung eines dreidimensionalen Fehlers in der Nachweisebene vorgenommen. Dieser Sachverhalt ist in Bild 6.4.1 skizziert. Die Informationen, die aus dem Bild gewonnen werden können, sind, daß ein Fehler vorhanden ist sowie seine Abmessungen senkrecht zur Strahlrichtung.

Nicht erhältlich sind seine Lage im Prüfkörper und seine dreidimensionale Form. Diese Information ist jedoch oftmals für eine Beurteilung des Fehlers von großer Wichtigkeit.

Die Gewinnung der Information über Lage und Form eines Fehlers ist möglich, wenn eine Abbildung durch Projektion des Fehlers nicht nur aus einer einzigen Richtung, sondern aus mehreren Richtungen vorgenommen wird. Dazu gibt es prinzipiell zwei Möglichkeiten, indem der Prüfkörper bezüglich der Strahlrichtung gedreht (Rotation) und/oder senkrecht zu ihr verschoben wird (Translation). Diese beiden Möglichkeiten sind in Bild 6.4.2 skizziert. Es wird hier so vorgegangen wie bei der Schnittbild-Mikroskopie, indem die Projektionsbilder "scheibenweise" aufgenommen werden. Da die Scheibe im Griechischen die Bezeichnung "TOMOS" besitzt, entstand für dieses Verfahren der Name TOMOGRAFIE, die in ihrer rechnergestützten Form (Computerized Tomography, CT) erstmals von McCormack und Hounsfield im Jahre 1979 für medizinische Zwecke entwickelt wurde.

6.4.1 Grundlagen der CT - Methode

Die Grundlage der CT-Methode basiert auf der Messung der Strahlungsschwächung in verschiedenen Ebenen des zu prüfenden Körpers, so wie es in Bild 6.4.2 schematisch dargestellt ist. Die Basis für die Bestimmung der Strahlungsschwächung ist das exponentielle Schwächungsgesetz (siehe Gl. 3.2.5), welches im Abschnitt 3.2.2 behandelt ist. Das Ziel der CT-Methode ist über die Strahlungsschwächung entlang unterschiedlicher Wege im Prüfkörper und in ihm enthaltener Fehler, eine dreidimensionale Darstellung, vor allem der Fehler, zu erhalten.

Die prinzipielle Vorgehensweise ist in Bild 6.4.3 dargestellt. Die Strahlenquelle und der

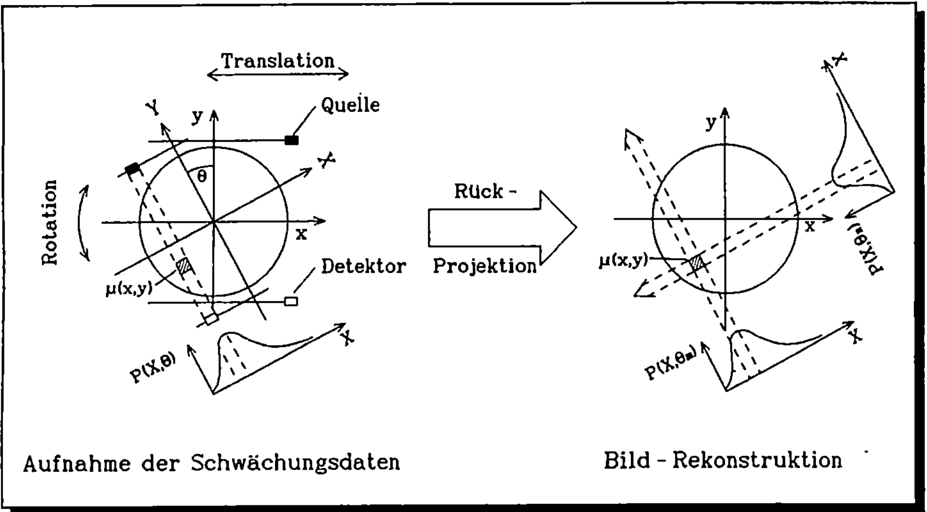

BILD 6.4.3: METHODIK DER COMPUTERTOMOGRAFIE

Strahlungsdetektor werden am Prüfkörper entlang und um den Prüfkörper herum bewegt und bei jedem Schritt die Strahlungsschwächung bestimmt. Entsprechend Gleichung (3.2.5) erfolgt die Schwächung gemäß

$$I_s = I_s(0) \, \exp\left(-\int_{-\infty}^{+\infty} \mu(x,y)\,dw\right) \qquad (6.4.1)$$

wobei

$I_s(0)$	=	Anzahl von Strahlungsquanten, die auf den Prüfkörper auftreffen
I_s	=	Anzahl von Strahlungsquanten, die zum Detektor gelangen
$\mu\,(x,y)$	=	Schwächungskoeffizient im Element (x,y)
w	=	Strahlungsweg durch den Prüfkörper
x,y, X,Y	=	Kartesische Koordinaten
θ	=	Rotationswinkel

Aus Gleichung (6.4.1) läßt sich das logarithmische Verhältnis der Anzahl von Strahlungsquanten I_s und $I_s(0)$ wie folgt berechnen:

$$P(X,\theta) = \ln(\frac{I_s(0)}{I_s}) = \int_{-\infty}^{+\infty} \mu(X\cos\theta - Y\sin\theta , X\sin\theta - Y\cos\theta)\, dw \qquad (6.4.2)$$

Die einfachste Methode der Bild-Rekonstruktion aus den berechneten Verhältniswerten P ist die sog. "Rück-Projektion", die in BILD 6.4.3 mit dargestellt ist. Bei diesem sehr einfachen Verfahren tritt eine Bildunschärfe auf, die sich mit Hilfe einer Filterfunktion $\varphi(x)$ reduzieren läßt. Die Bildrekonstruktion erfolgt dann mit Hilfe des Schwächungskoeffizienten $\mu(x, y)$, der sich aus folgendem Faltungsintegral bestimmen läßt.

$$\mu(x,y) = \frac{1}{2\pi}\int_0^{2\pi}\int_{-\infty}^{+\infty} P(\acute{X},\theta)\cdot \varphi(X-\acute{X})\, d\acute{X}d\theta \qquad (6.4.3)$$

Die Computer-Tomografie liefert auf diese Weise ein Bild einer Schicht des Untersuchungsobjektes in Form seiner ortsabhängigen Schwächungskoeffizienten. Es sind verschiedenartige Rekonstruktionsalgorithmen entwickelt worden, die eine schnelle Bilderstellung erlauben.

Prinzipiell wird dabei zwischen der zweidimensionalen (2D)-Tomografie und der dreidimensionalen (3D)-Tomografie unterschieden. Bei der zweidimensionalen Tomografie wird mit Hilfe einer Strahlenquelle und einem Zeilendetektor eine Querschnittsebene

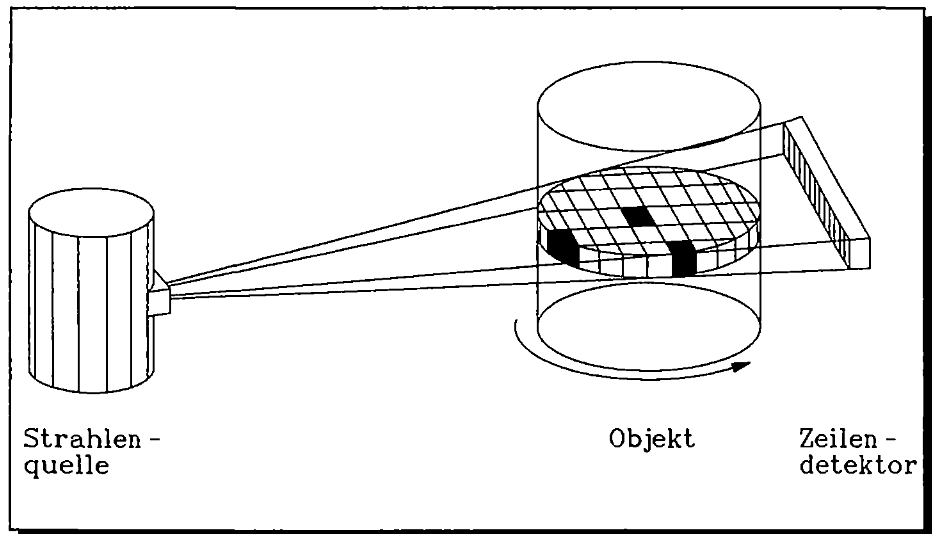

BILD 6.4.4: 2D - TOMOGRAFIE

ausgemessen, so wie es in BILD 6.4.4 dargestellt ist. Das Ergebnis der Messung ist ein Querschnittsbild, wobei jeder Bildpunkt ein Volumenelement im Objekt darstellt.

Die Größe des Volumenelements, die für die Ortsauflösung maßgebend ist, hängt hauptsächlich von den Abbildungseigenschaften des Systems ab (vgl. Abschnitt 3.5), d.h. vor allem von der Brennfleckgröße, den Detektordimensionen und der Vergrößerung. Eine vollständige Untersuchung von Prüfkörpern durch mehrere parallele Schnittbilder erfordert einen hohen Zeitaufwand. Aus diesem Grunde bietet sich hierfür die 3D-Tomografie an, deren Arbeitsweise in BILD 6.4.5 skizziert ist. Durch Einsatz eines Flächendetektors werden gleichzeitig mehrere Schnittebenen unter Ausnutzung des vollen Strahlenkegels aufgenommen.

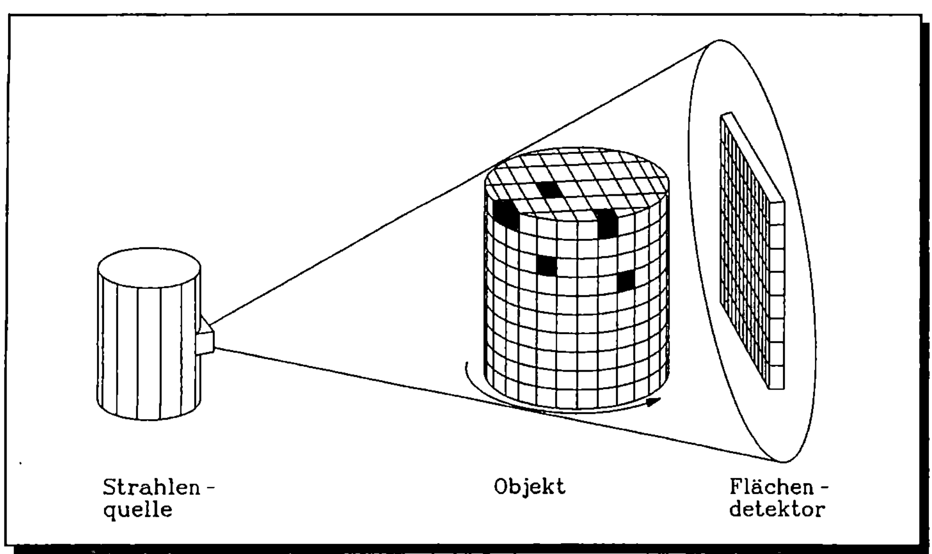

BILD 6.4.5: 3D - TOMOGRAFIE

6.4.2 Anwendungen der CT-Methode

Zur Erstellung von dreidimensionalen Bildern (3D-Verfahren) mit Hilfe der Computer-Tomografie ist ein entsprechend höherer gerätetechnischer Aufwand erforderlich als dies für normale zweidimensionale Projektionen notwendig ist. Den prinzipiellen Aufbau einer derartigen 3D-Anlage zeigt Bild 6.4.6. Als Strahlenquelle eignen sich besonders solche, die einen kleinen Brennfleck besitzen, also besonders Mikrofokusröhren, die im Abschnitt 5.1 behandelt sind. Bei Verwendung eines Flächendetektors im Bildwandler (siehe Abschnitt 6.2) kann die kegelförmige Abstrahlung der Strahlenquelle genutzt und somit die Rekonstruktion vieler Schnittebenen mit einer Messung ermöglicht werden. Besitzt der Flächendetektor eine gleichmäßige Empfindlichkeit, so liefert dieses Verfahren eine in alle drei Raumrichtungen gleiche Ortsauflösung. Die Verwendung eines geeigneten Grafikprogramms läßt auf dem Bildschirm die Darstellung beliebiger Schnittebenen durch das rekonstruierte Objekt zu.

Die große Menge anfallender Meßdaten für die verschiedenen Schnittebenen (mehrere hundert Megabytes pro Messung) und die Anwendung der Rekonstruktionsalgorithmen für die Bilderstellung zusammen mit den Programmen für die Visualisierung erfordert eine recht leistungsfähige und schnelle Rechenanlage. Von dem weiteren Fortschritt auf diesem Gebiet wird der Einsatz der Computertomografie noch erheblich profitieren, so daß ihre Anwendung in Zukunft sicherlich deutlich zunehmen wird. Gerade bei sicherheitsrelevanten Bauteilen ist die Kenntnis von Fehlerlage und Fehlergeometrie von ausschlaggebender Bedeutung um mit Hilfe bruchmechanischer Berechnungen eine Aussage über die Tolerierbarkeit von Fehlern zu erreichen. Aber auch bei der Prüfung von Verbundwerkstoffen und der Entwicklung neuer Werkstoffe hat die Computertomografie ein weites Anwendungsfeld.

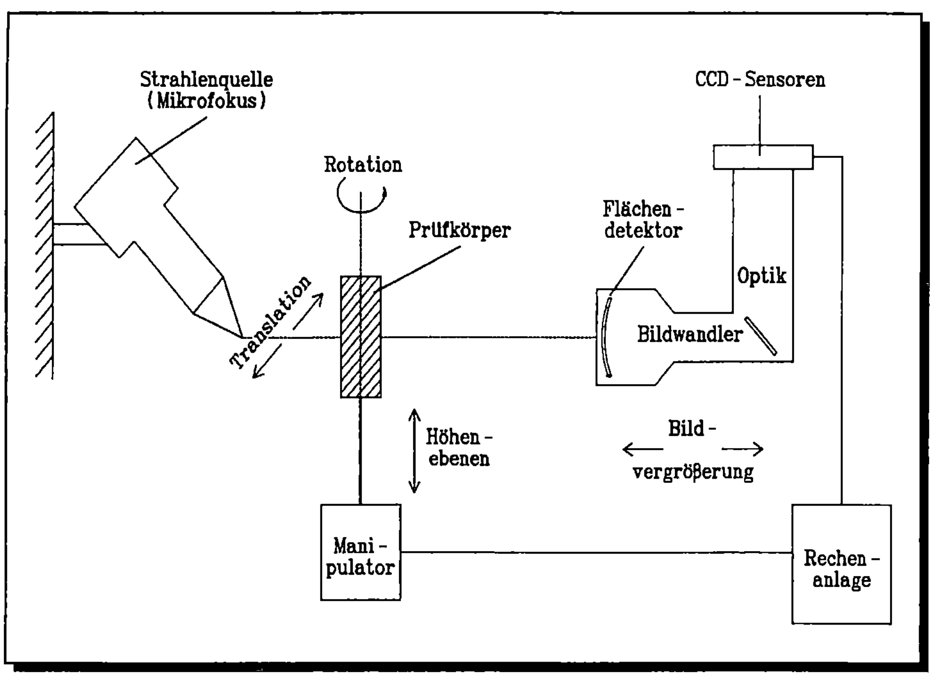

BILD 6.4.6: PRINZIPIELLER AUFBAU EINES COMPUTER - TOMOGRAFEN

Wie oben gezeigt (vgl. Bild 6.4.1) liefert die konventionelle Durchstrahlungsprüfung ein zweidimensionales Projektionsbild des durchstrahlten Objekts. Durch die Überlagerung der inneren Objektstrukturen bei der Aufnahme geht die Tiefeninformation verloren. Mit Hilfe der Laminografie und der Stereoradioskopie kann diese Tiefeninformation jedoch auf relativ einfache Art gewonnen werden.

LAMINOGRAFIE

Zur Abbildung einer diskreten Schicht eines Prüfobjektes können mit Filmtechnik arbeitende Laminografiesysteme oder auf der Basis von Bildverstärker und Videokamera aufgebaute Verfahren wie die Digital Tomo Syntesis (DTS) eingesetzt werden.

Bei beiden Verfahren sind die Strahlenquelle und der Detektor mechanisch so miteinander gekoppelt, daß sie während der Belichtungszeit in entgegegesetzter Richtung verfahren werden können. Diese Bewegung kann je nach Versuchsanordnung translatorisch oder rotatorisch erfolgen, wie es in BILD 6.4.7 anschaulich dargestellt ist. Hierbei befindet sich die scharf auf dem Detektor abgebildete Schicht des Prüfobjektes immer in der gleichen Position der Detektorebene.

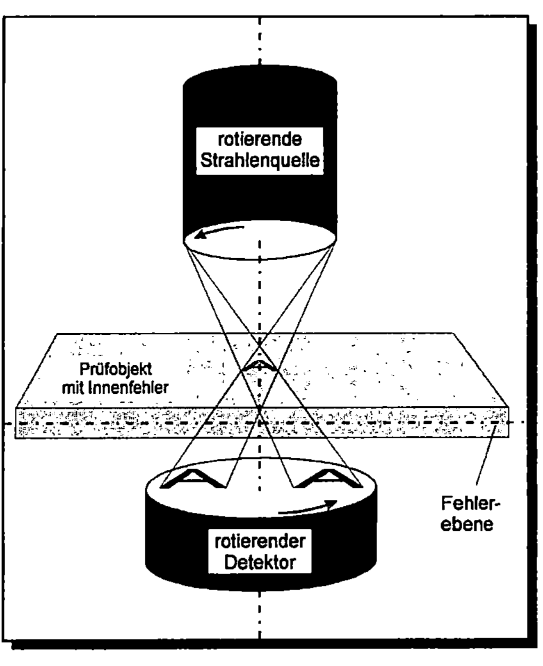

BILD 6.4.7 : LAMINOGRAFIE

STEREORADIOSKOPIE

Ein im Gegensatz zu CT-Verfahren bezüglich Meß- und Rechenzeit mit wesentlich geringerem Aufwand verbundenes Verfahren zur Bestimmung der Fehlertiefenlage im Prüfobjekt stellt die Stereoradioskopie dar (BILD 6.4.8). Bei dieser Stereo-Technik werden für die Berechnung des Abstandes eines Fehlerschwerpunktes zur Prüfobjektoberfläche mit Triangulation lediglich zwei unter verschiedenen Winkeln

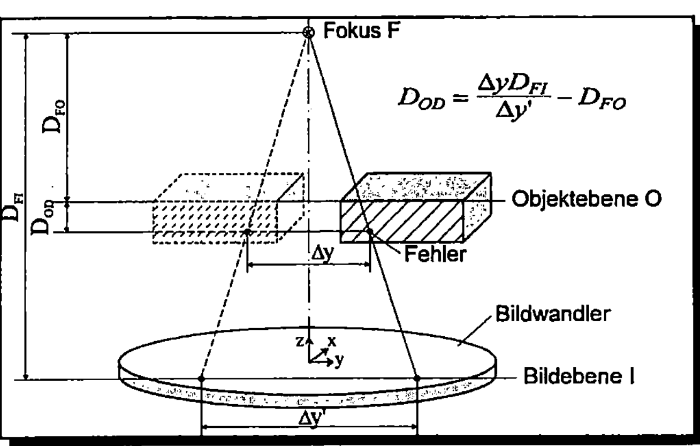

$$D_{OD} = \frac{\Delta y D_{FI}}{\Delta y'} - D_{FO}$$

BILD 6.4.8: STEREORADIOSKOPIE

aufgenomme und digitalisierte Abbildungen des Prüfobjektes benötigt, wie aus BILD 6.4.8 ersichtlich.

138

7 Anwendungsbeispiele der Mikrofokustechnik

In diesem Abschnitt sollen einige ausgewählte Beispiele für die Anwendung der Mikrofokustechnik aus unterschiedlichen Gebieten der Technik zusammengefaßt werden.

7.1 Halbleitertechnik

Ein weites Einsatzgebiet der Mikrofokus-Röntgentechnik als zerstörungsfreies Prüfverfahren ist die Halbleitertechnik. Es wird hier auch von RÖNTGEN-MIKROSKOPIE gesprochen. Bei der Fertigung lassen sich mit ihr Halbleiter- und Substrat-Lötverbindungen sowie Eutectic Legierungen und Epoxy-Klebungen zerstörungsfrei auf Verbindungsfehler untersuchen. In BILD 7.1.1 und 7.1.2 ist als Beispiel eine fehlerhafte Epoxy-Klebung dargestellt. BILD 7.1.1 zeigt das Originalbild und BILD 7.1.2 das gleiche Bild mit Kontrastanhebung, um bei der Bildauswertung die fehlerhafte Verbindungsfläche besser bestimmen zu können. Der prozentuale Anteil der fehlerhaften Fläche ist ausschlaggebend für die Lebensdauer dieses Bauteils.

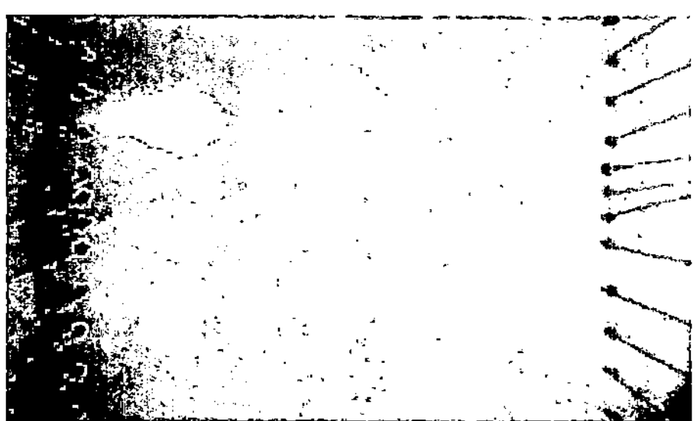

BILD 7.1.1: FEHLERHAFTE VERBINDUNG ORIGINALAUFNAHME (Quelle FEINFOCUS)

BILD 7.1.2: FEHLERHAFTE VERBINDUNG KONTRASTANHEBUNG (Quelle FEINFOCUS)

Wie im Abschnitt 3.5 gezeigt, ist mit der Mikrofokus-Röntgentechnik besonders gut eine Bildvergrößerung möglich. Bei entsprechenden Vergrößerungsfaktoren läßt sich mit der Röntgenmikroskopie auch die Bonding-Qualität kontrollieren. Hierzu zeigen BILD 7.1.3 und 7.1.4 ein Beispiel.

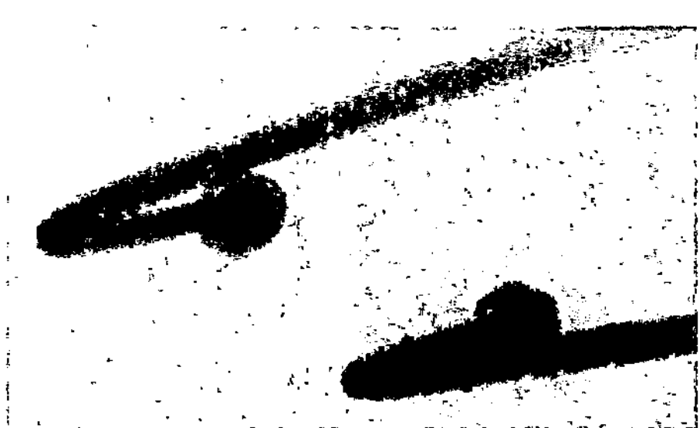

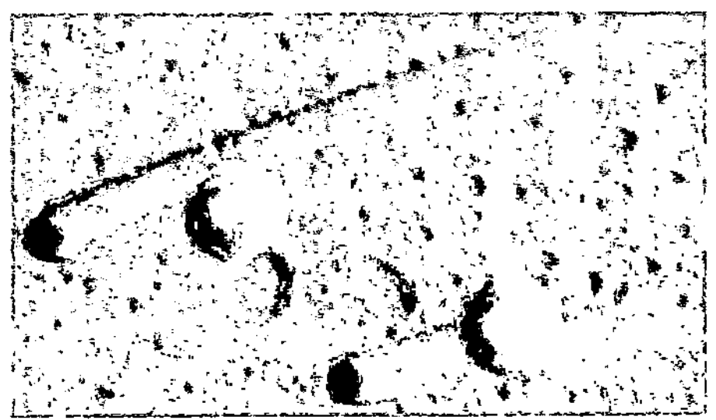

BILD 7.1.3: BALL-BONDING ORIGINALAUFNAHME (Quelle FEINFOCUS)

BILD 7.1.4: BALL-BONDING PSEUDO-3D-EFFEKT(Quelle FEINFOCUS)

In BILD 7.1.3 ist wiederum die Originalaufnahme dargestellt, während BILD 7.1.4 zur besseren Visualisierung eine Pseudo-dreidimensionale-Darstellung zeigt. Deutlich sichtbar sind Fehlstellen (voids), die beim Bonding-Prozeß aufgetreten sind.

Wie aus den gezeigten Beispielen ersichtlich, erlaubt das Verfahren Serien- oder Stichprobenkontrollen unmittelbar nach dem Bond-Prozeß, bevor die kostenintensive Weiterverarbeitung erfolgt. Jedoch nicht nur bei der Fertigung können diese Kontrollen erfolgen, sondern ebenso bei fertigen oder gekapselten Bauelementen, z.B. in der Wareneingangskontrolle beim Gerätehersteller. Aufgrund der hohen Ortsauflösung durch die Bildvergrößerung erlaubt die Röntgenmikroskopie darüber hinaus die Prüfung von sog. VERWEHUNGEN in gekapselten IC's. Es wird darunter eine unzulässige Annäherung von zwei Bonddrähten beim Kapseln verstanden. Nähern sich diese Drähte bei auf wenige Mikron, so kann beim späteren Betrieb durch Ionenwanderung ein Kurzschluß im IC hervorgerufen werden. Fehler der beschriebenen Art bilden eine latente Gefahr für Spätausfälle. Der röntgenmikroskopische Test, individuell für jedes Bauteil, erlaubt eine sicherere Aussage über das Langzeitverhalten im Betrieb als das mit statistischen Aussagen durch Burn-In-Tests oder klassische elektrische Prüfmethoden der Fall ist.

SMD-Lötstellen-Inspektion
Mit der Röntgen-Mikroskopie lassen sich Lötstellenfehler in SMD (Surface Mounted Device)-Schaltungen schnell und zuverlässig testen. Da bei der SMD-Technik die Lötanschlüsse häufig unterhalb der Bauelemente liegen, reichen optische Prüfverfahren für eine sichere Inspektion nicht mehr aus.

Zu den Fehlerarten, die mit der Röntgen-Mikroskopie erfaßt werden können, gehören:

- Gaseinschlüsse, Porosität
- Schlechte Benetzung
- Lötmittelfäden und -kügelchen
- Zu viel oder zu wenig Lot
- Verbogene Anschlüsse, Brückenbildung
- Risse und Brüche
- Bauelemente-Versatz.

Am folgenden Beispiel sollen an einem typischen Fall die Möglichkeiten der Mikrofokus-

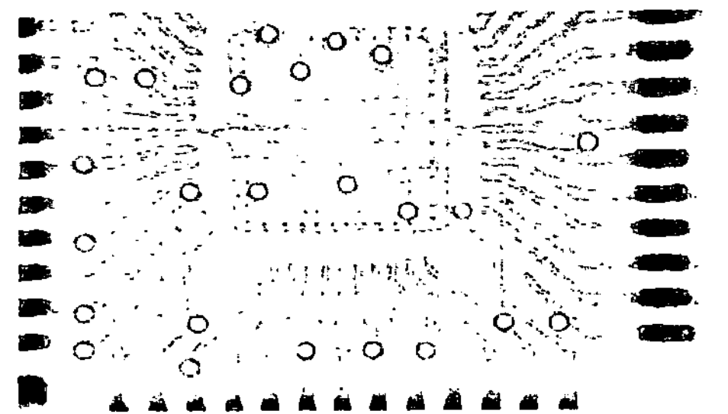

BILD 7.1.5: LEITERPLATTE, GESAMT
(Quelle FEINFOCUS)

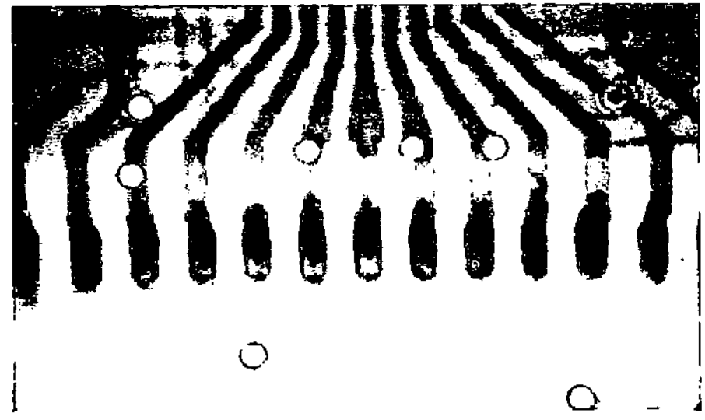

BILD 7.1.6: LEITERPLATTE, AUSSCHNITT
(Quelle FEINFOCUS)

Lötstelleninspektion geschildert werden. BILD 7.1.5 zeigt die Originalaufnahme der gesamten Leiterplatte, deren Lötstellen einer Inspektion unterzogen werden. Mit Hilfe einer ersten

Bildvergrößerung (siehe Abschnitt 3.5) ist in BILD 7.1.6 ein Ausschnitt der Leiterplatte dargestellt. Da hohe Vergrößerungsfaktoren ohne zu großen Verlust der Ortsauflösung möglich sind, können Gruppen von zu prüfenden Lötstellen sehr detailliert dargestellt werden, was in der Originalaufnahme in BILD 7.1.7 gut zu erkennen ist. Dieses Originalbild kann nun mit den Verfahren der digitalen Bildverarbeitung, wie sie im Abschnitt 6.3 beschrieben sind, weiter behandelt werden, um eine möglichst günstige Bildauswertung und Fehlerbewertung zu erreichen. In BILD 7.1.8 wird das Ergebnis einer Kontrastanhebung gezeigt, um die Fehlstellen in der Lötung klarer herauszuarbeiten.

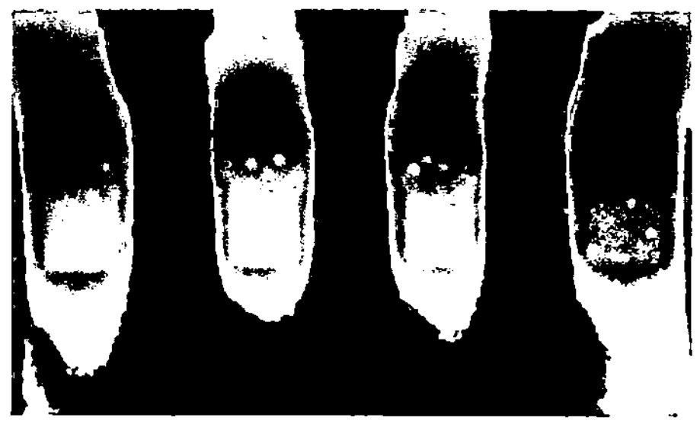

BILD 7.1.7: LÖTSTELLENGRUPPE ORIGINALAUFNAHME (Quelle FEINFOCUS)

BILD 7.1.8: LÖTSTELLENGRUPPE KONTRASTANHEBUNG (Quelle FEINFOCUS)

Der Einsatz eines Kantenfilters ist in BILD 7.1.9 zu sehen. Die Verbesserung des Bildes ist deutlich sichtbar. Das Ergebnis des Einsatzes eines Kantenextraktionsfilters zeigt BILD 7.1.10 als Positiv-Darstellung.

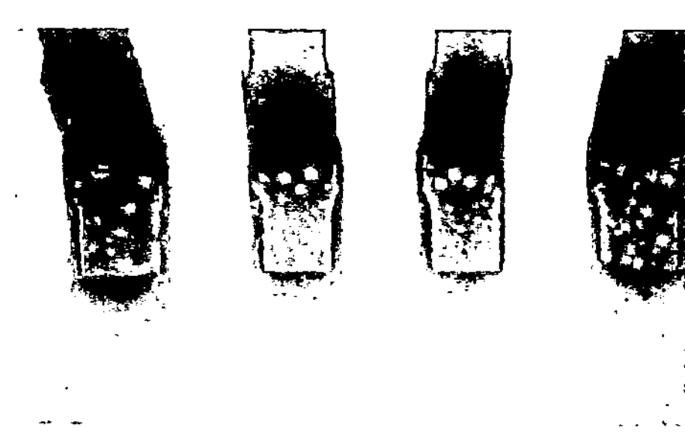

BILD 7.1.9: LÖTSTELLENGRUPPE KANTENFILTER (Quelle FEINFOCUS)

BILD 7.1.10: LÖTSTELLENGRUPPE, KANTEN-EXTRAKTIONSFILTER (Quelle FEINFOCUS)

Gewählt werden kann auch die Negativ-Darstellung der Aufnahme, wie in BILD 7.1.11 gezeigt, oder eine Darstellung mit Pseudo-3D-Effekt, wie in BILD 7.1.12. Es wird an diesem Beispiel sehr deutlich, daß die Mikrofokustechnik mit anschließender Bildverarbeitung ein schnelles und zuverlässiges Verfahren für die Prüfung von Lötstellen darstellt.

**BILD 7.1.11: LÖTSTELLENGRUPPE, NEGATIV-
DARSTELLUNG (Quelle FEINFOCUS)**

**BILD 7.1.12: LÖTSTELLENGRUPPE, PSEUDO-
3D- EFFEKT (Quelle FEINFOCUS)**

Leistungshalbleiter

Die Montage von Leistungshalbleitern auf Kühlkörper erfolgt durch Aufbonden, wobei der Kontakt zwischen Halbleiter und Kühlkörper sehr gut sein muß, um die Wärmeleistung aus dem Halbleiter sicher an den Kühlkörper abzuführen. Hierfür wird eine besonders hohe DIE BONDING-Qualität verlangt. Schon relativ kleine Flächen mangelhafter Verbindung können durch die dadurch verschlechterte Wärmeleitfähigkeit aufgrund zu hoher Temperaturen im Halbleiter bereits zu Spätausfällen führen. Die Röntgenmikroskopie erlaubt auch hier eine schnelle und sichere Testmethode für das DIE BONDING. Ein Beispiel aus der Halbleiter-Fertigung zeigen BILD 7.1.13 und BILD 7.1.14. BILD 7.1.13 zeigt den Leistungshalbleiter. Bei der Fabrikation wird das DIE BONDING unmittelbar im Anschluß an den Bond-Prozeß geprüft. In BILD 7.1.14 ist die Aufnahme des DIE BONDING gezeigt. Die hellen Bereiche sind Fehlstellen ohne Verbindung zwischen Chip und Kühlkörper. Besteht die Prüfanlage aus dem Mikrofokus-System und einem auf die Prüfung von Leistungshalbleitern ausgelegten Handhabungssystem, so können Durchsätze von bis zu 2.500 Bauteilen pro Stunde erreicht werden.

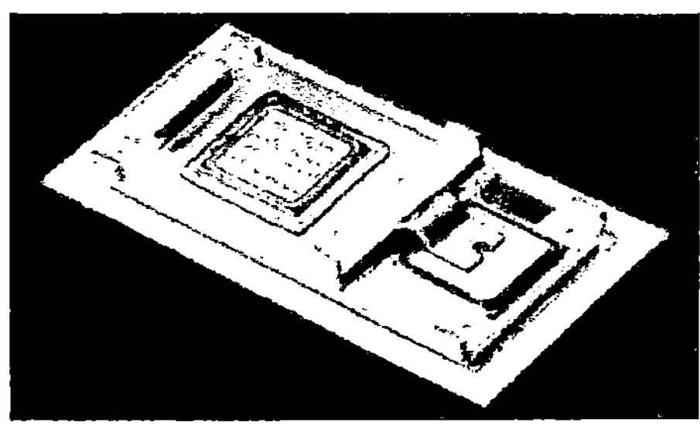

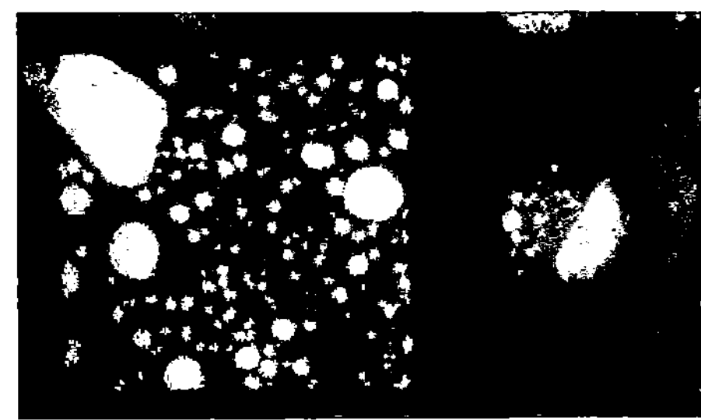

**BILD 7.1.13: LEISTUNGSHALBLEITER
(Quelle FEINFOCUS)**

**BILD 7.1.14: DIE BONDING FEHLER
(Quelle FEINFOCUS)**

7.2 Leiterplatten / Multilayer

Die Röntgen-Mikroskopie erlaubt auch bei der Leiterplatten-Fertigung die Prüfung von Qualitätskriterien. Dazu zählen z.B. die Kontrolle der Qualität von Lochmetallisierungen durchkontaktierter Leiterplatten und die Messung und Inspektion innenliegender Leiterbahnen bei Multilayern.

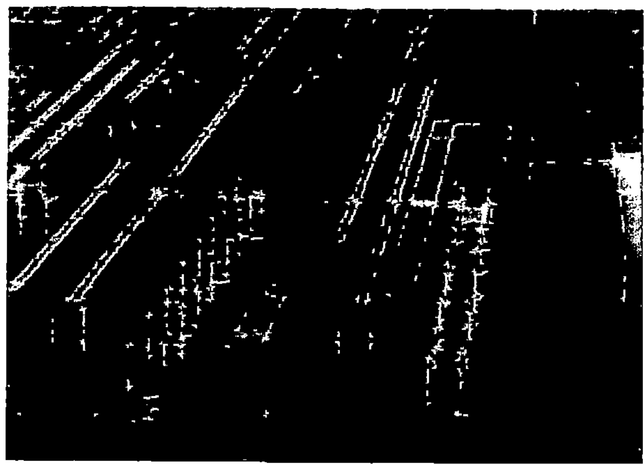

BILD 7.2.1:   LOCHMETALLISIERUNG
                (Quelle FEINFOCUS)

Bei der Inspektion der Lochmetallisierung erfolgt eine Schrägdurchstrahlung der Leiterplatte, so daß die Wände der Löcher sichtbar werden. Ein Beispiel einer derartigen Aufnahme zeigt BILD 7.2.1. Fehlerhafte Anbindung kennzeichnet sich durch die hellen Flecken in den Lochwänden.

Beim Pressen von Multilayer-Platten können sich die Innenlagen gegenüber ihren Sollpositionen versetzen oder verziehen. Die Ursachen für Versatz- oder Verzugfehler können vielfältiger Art sein. Sie sind zum Teil abhängig von Temperatur und Druck beim Verpressen. Der Verzug, infolge von Dehnung und/oder Schrumpfung der Lagen ist außer von den verwendeten Materialien auch noch von der Art des Leiterbahnbildes abhängig.

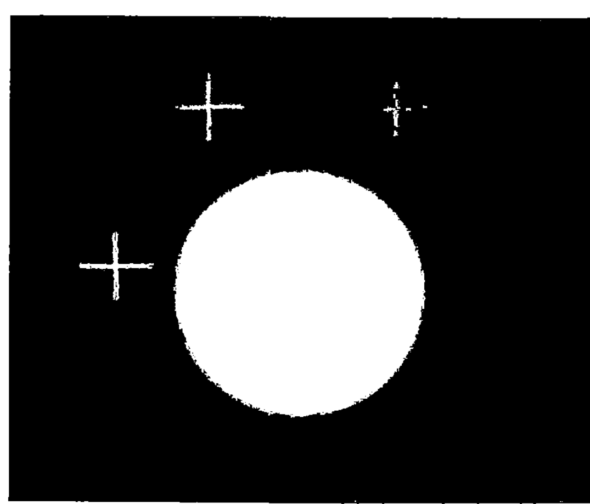

BILD 7.2.2:   KONTAKT-PAD-VERMESSUNG
                (Quelle FEINFOCUS)

Um letztlich eine zuverlässige Anbindung der Innenlagen an die Lochmetallisierung eines Multilayers zu erzielen, muß gewährleistet sein, daß nach dem Bohren der Löcher an jedem inneren Kontakt-Pad ein ausreichend breiter Kupfer-Restring stehen bleibt.
Die Röntgen-Mikroskopie läßt sich zu einer exakten Messung der Koordinaten der inneren Kontakt-Pads einsetzen. Ein Beispiel zeigt BILD 7.2.2. Das in den Tester integrierte Röntgenmikroskop projiziert dabei die übereinanderliegenden Pads zugleich in eine Ebene auf den Bildschirm.

Dabei werden die von der idealen Sollposition abweichenden Ist-Koordinaten gemessen und daraus die für das Bohren optimalen Bohrloch-Mittelpunkte berechnet. Ein Verbohren teurer Multilayer-Leiterplatten läßt sich damit verhindern. Ist der Versatz einer oder mehrerer Lagen so groß, daß trotz Optimierung der Bohrkoordinaten die minimal erlaubte Restringbreite an irgendeiner Stelle unterschritten wird, so meldet der Tester die betreffende Leiterplatte als Ausschuß. Das Verfahren ist geeignet für Tests von bis zu 50lagigen Leiterplatten höchster Dichte.

7.3 Metall-Industrie

In der metallverarbeitenden Industrie wird die Mikrofokus-Röntgentechnik ebenfalls erfolgreich eingesetzt. Wegen ihrer hohen Ortsauflösung wird sie dort vor allem zum Nachweis von kleinen Fehlern in oftmals komplexen Bauteilen herangezogen.

Mit der Radiografie werden zeitunabhängige Vorgänge untersucht und die Aufnahmen des zu prüfenden Bauteils können zweidimensional oder mit Hilfe der Computer-Tomografie (vgl. Abschnitt 6.4) auch dreidimensional erfolgen. Mit der Radioskopie können auch zeitabhängige Vorgänge untersucht werden, was insbesondere zur Erforschung von Prozeßabläufen und den dabei auftretenden Fehlerursachen interessant ist, mit dem Ziel, die Fehlerursachen schon im Prozeß aufzuklären und damit von vornherein zu vermeiden.

Für die Anwendung der Mikrofokustechnik in der metallverarbeitenden Industrie wurden Beispiele aus den Bereichen Gießen und Schweißen ausgewählt.

Turbinen-Schaufeln

Für Hochtemperatur-Turbinen großer spezifischer Leistung müssen die oftmals kleinen Schaufeln gekühlt werden. Beim Herstellungsprozeß durch Gießen sind deshalb die Kühlkanäle in die Form mit einzubringen. In der fertigen Schaufel muß sichergestellt sein, daß die Kühlkanäle die vorgesehene Lage im Schaufelkörper haben, um die sichere Kühlung zu gewährleisten. Als Beispiel zeigt BILD 7.3.1A die zweidimensionale Aufnahme einer Turbinenschaufel mit einer Mikrofokus-Röntgenröhre.

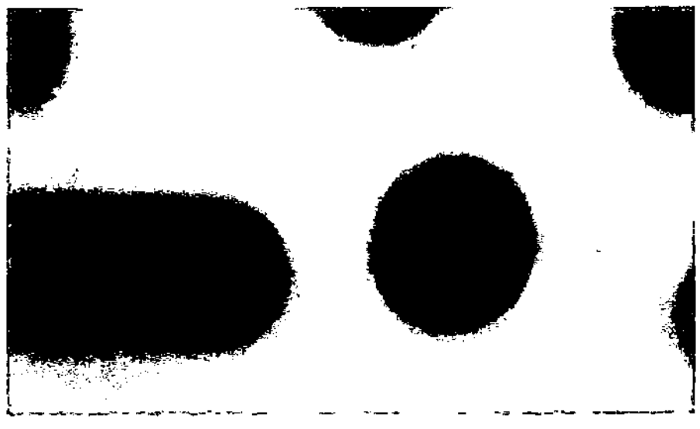

BILD 7.3.1A: TURBINENSCHAUFEL, GESAMT (Quelle FEINFOCUS)

BILD 7.3.1B: TURBINENSCHAUFEL, AUSSCHNITT (Quelle FEINFOCUS)

Eine zweidimensionale Aufnahme liefert nur die Projektion der Kühlkanäle innerhalb der Schaufel, jedoch nicht deren detaillierten Verlauf. BILD 7.3.1B zeigt einen vergrößerten Ausschnitt der Schaufel. Die Projektionen der Kühlkanäle sind als dunkle Bereiche gut zu erkennen. Mit Hilfe der Computer-Tomografie (CT) können nun Schnittaufnahmen durch die Schaufel gemacht werden und der Verlauf der Kühlkanäle im Innern der Schaufel verfolgt werden.

Die Autoren S.F. BURCH und P.F. LAWRENCE haben ein Mikrofokus-Echtzeit-Tomografiesystem eingesetzt, um Turbinenschaufeln und andere Bauteile zu prüfen. Die Prüfanlage war für folgende Anwendungen ausgelegt:

(1)   Wanddicken-Messungen komplexer Bauteile (z.B. Schaufeln von Flugzeugturbinen, Gußteile in der Automobilindustrie und aus anderen Industriebereichen)

(2)   Sichtbarmachung von internen Details komplexer Strukturen, um z.B. den Zusammenbau zu prüfen

(3)   Messung von Dimensionen, Formen und internen Diskontinuitäten, wie z.B. Risse, Lunker, Einschlüsse und Porositäten.

(4)   Untersuchung von Dichteänderungen in fortgeschrittenen Materialien.

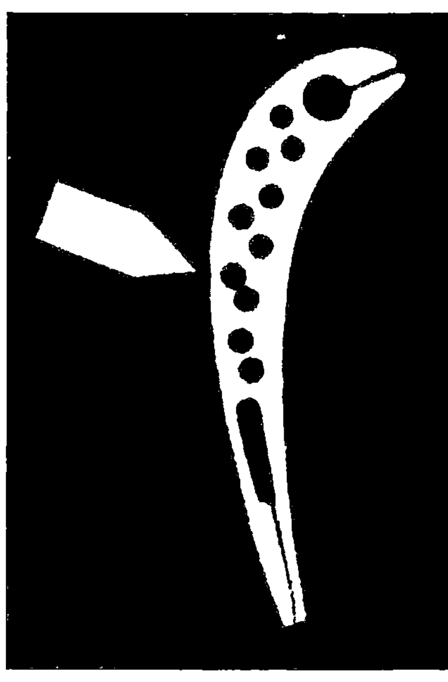

**BILD 7.3.2: TURBINENSCHAUFEL
CT-SCHNITT (Quelle BURCH)**

Verwendet wird die 3D-Tomografie, die in Abschnitt 6.4 beschrieben ist. Unter Einsatz eines Bildwandlers als Flächendetektor werden gleichzeitig mehrere Schnittebenen unter Ausnutzung des vollen Strahlenkegels aufgenommen. Der Prüfkörper ist auf einen programmierbaren Drehtisch gestellt und die Aufnahmen werden unter verschiedenen Drehwinkeln aufgenommen. Die CT-Bilder werden durch Abtasten des Bildwandlers erhalten und repräsentieren horizontale Querschnitte durch den Prüfkörper, zu denen die Rotationsachse senkrecht liegt. ·

Als Mikrofokus-System wurde eine Anlage mit einer Betriebsspannung von maximal 225 KV und einem Brennfleckdurchmesser im Bereich von 10-20 Mikron eingesetzt. Als Beispiel ist in BILD 7.3.2 das CT-Schnittbild einer Flugturbinenschaufel gezeigt. An dieser Aufnahme wird der Vorteil der Computer-Tomografie sehr deutlich. Das Schnittbild zeigt klar erkennbar einen Fehler in der Schaufel (siehe Pfeil), der in einer unzulässigen Verbindung zwischen zwei Kühlkanälen besteht, der die Kühlung nachhaltig beeinträchtigen würde. Aus einer zweidimensionalen Projektionsaufnahme sind derartige Fehler nicht erkennbar.

Leichtmetall-Kokillenguss
Üblicherweise wird die Prüfung von Gußteilen nach dem Abguß im erkalteten Zustand vorgenommen und die entstehenden Fehler analysiert.

Wird die Frage nach der Ursache der Fehler gestellt, mit dem Ziel, sie zu vermeiden, so können mögliche Ursachen nur in der Art und dem Ablauf des Gießprozesses liegen. Der Gießprozeß gliedert sich in verschiedene zeitabhängige Etappen, nämlich Einfüllvorgang, Erstarrung und Abkühlung, die mit Hilfe der Radioskopie während ihres Ablaufs untersucht werden können.

Die Autoren K. FEISTE, D. STEGEMANN und W. REIMCHE untersuchen den Ablauf des Gießprozesses zeitabhängig. Das Ziel der Untersuchungen ist das Auffinden von Zusammenhängen zwischen den Prozeßparametern und den Erstarrungsvorgängen sowie der Fehlerentstehung und Fehlerentwicklung im Gußteil. Durch die gezielte Beeinflussung des Gießprozesses und der Vorgänge im Gußteil, kann die Produktion fehlerfreier Gußteile erreicht werden. Der Versuchsauffbau ist in BILD 7.3.3 gezeigt.

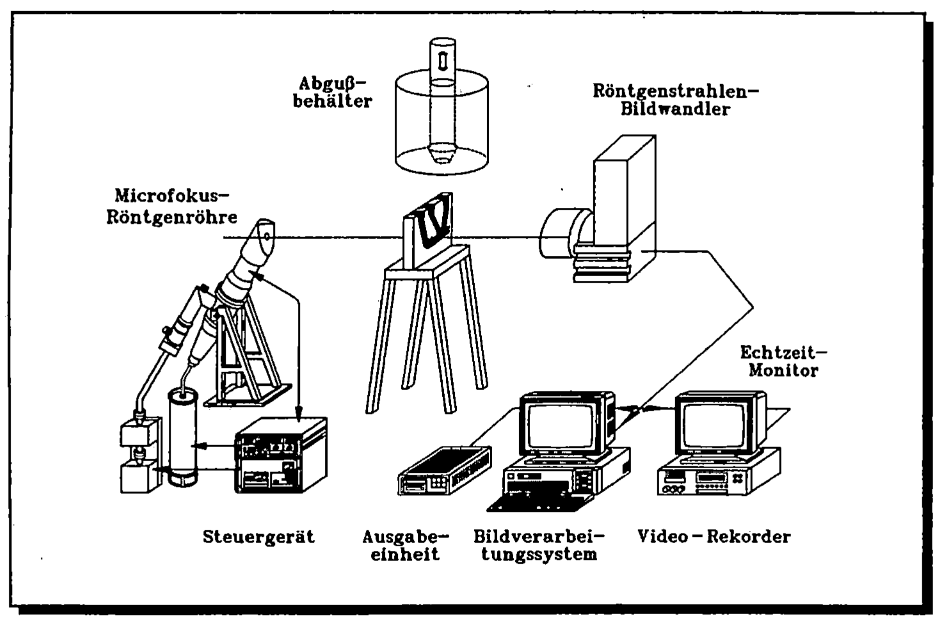

BILD 7.3.3: ONLINE MIKROFOKUS-PRÜFANLAGE FÜR GIESSPROZESSE

Die zwischen einer Mikrofokus-Röntgenröhre und einem Bildwandler befindliche Kokille wird aus strahlungstechnischen Gründen mit Hilfe eines ferngesteuerten Gießbehälters befüllt. Die vom Bildwandler erzeugten Bilddaten werden verstärkt, mittels Videokamera aufgenommen und auf einem Monitor ausgegeben. Parallel dazu werden die Videosignale von einem Videorekorder aufgenommen und dem Bildverarbeitungssystem zugeführt. Durch die Anwendung von geeigneten Bildverarbeitungsalgorithmen auf die Bilddaten können dynamische Vorgänge im Gußteil, wie der Erstarrungsablauf, die Fehlerentstehung und die Fehlerentwicklung, analysiert werden.

Die bei den Untersuchungen eingesetzte Kokille ist in BILD 7.3.4 gezeigt. Sie ermöglicht die Simulation von Problemen, wie sie z.B. beim Leichtmetallkokillenguß von Autofelgen auftreten. Das in der Kokille entstehende Gußteil besteht aus vier Speichen, die in Winkeln von 30°, 60° und 90° zueinander angeordnet sind.

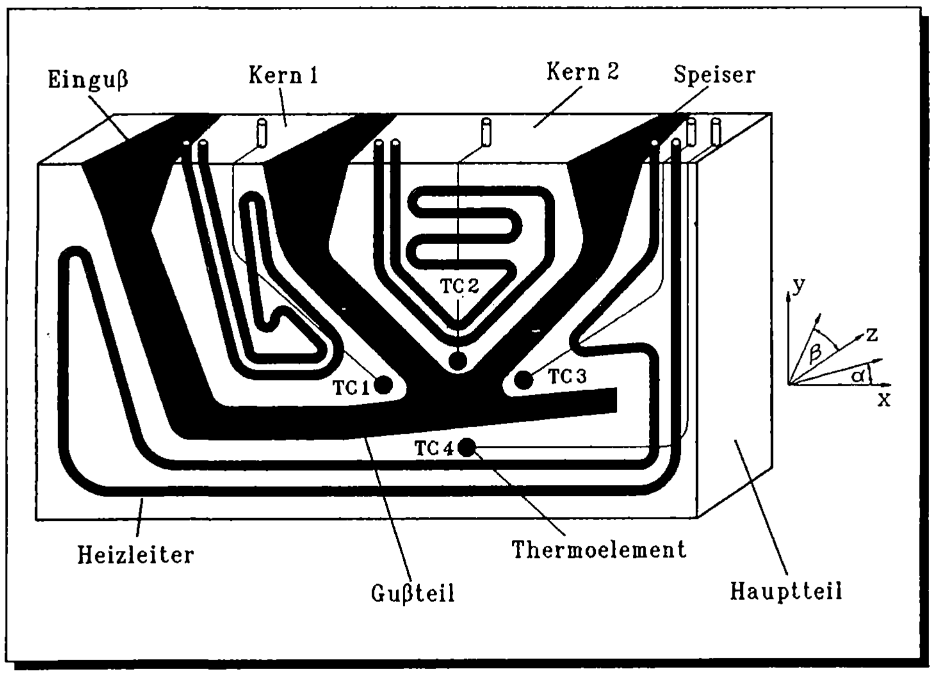

BILD 7.3.4: GUSS-KOKILLE

Die starke Materialanhäufung im zentralen Gußteilbereich (Knoten) und schroffe Querschnittsübergänge erschweren die Produktion von fehlerfreien Gußteilen. Die Kokille ist mit Thermoelementen instrumentiert und mit Mantelheizleitern bestückt. Hiermit wird eine Temperaturführung in der Kokille ermöglicht.

Als typisches Ergebnis sind vier ausgewählte Bilder aus der Gesamtfolge in den BILDERN 7.3.5 bis 7.3.8 dargestellt. Dabei sind folgende Festlegungen getroffen worden. Die Stahlkokille ist schwarz, flüssige Bereiche sind grau und Bereiche, die eine Dichteerhöhung aufgrund der Erstarrung erfahren haben, sind weiß dargestellt. In BILD 7.3.5 (Detailaufnahme) ist der Beginn der Erstarrung, etwa 5 Sekunden nach dem Abguß der Schmelze in die Kokille, zu sehen. Erkennbar sind erstarrte Bereiche in den Speichen. Mit fortschreitender Zeit breitet sich die Erstarrung bis in den Knotenbereich aus und ist nach etwa 18 Sekunden abgeschlossen. Diesen Zustand zeigt BILD 7.3.6. Bis auf fehlerbehaftete Bereiche, deren Dichteabnahme der Dichtezunahme aufgrund der Erstarrung entgegenwirkt, wird das gesamte Gußteil weiß dargestellt.

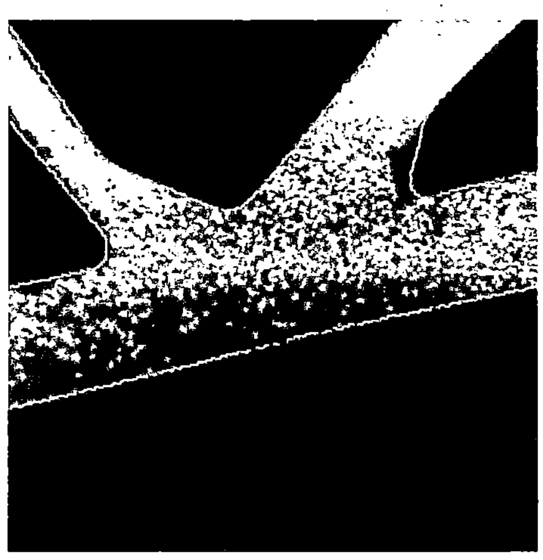

BILD 7.3.5: ERSTARRUNGSBEGINN   **BILD 7.3.6: ERSTARRUNGSABSCHLUSS**

Daran anschließend ist in BILD 7.3.7 (Detailaufnahme) die Entstehung von Einfallstellen im Bereich des 30°-Winkels deutlich zu erkennen. Die auftretenden Einfallstellen dienen als Ursprung bzw. Fehlerkeim für die ober- und unterhalb des 30°-Winkels entstehenden Volumendefizite.
Das BILD 7.3.8 (Detailaufnahme) zeigt, daß es sich bei den 30°-Winkellunkern um einen verzweigten, zusammenhängenden Fehler handelt. Dieser entsteht ca. 5 Sekunden nach dem Abguß und ist nach weiteren 13 Sekunden völlig ausgebildet.

BILD 7.3.7: EINFALLSTELLE   **BILD 7.3.8: WINKELLUNKER**

Die Fehlerbildung hat nun vielfältige Ursachen. Eine sehr wichtige ist die Temperaturverteilung in der Kokille, die dafür ausschlaggebend ist, wann und wo Erstarrung erfolgt, wodurch wiederum die Materialnachführung behindert werden kann. Durch Beheizung oder auch Kühlung der Kokille kann eine Temperaturführung erreicht werden. Hierdurch wird es möglich, fehlerfreie Gußstücke herzustellen.

Diese Untersuchungen sind ein gutes Beispiel dafür, daß mit Hilfe der Mikro-Radioskopie zeitabhängige Vorgänge mit guter Ortsauflösung bestimmt werden können, die insbesondere zur Vermeidung von Fehlern ein wichtiges Hilfsmittel liefern.

Schweissen
Ein weiteres interessantes Anwendungsgebiet für die Mikro-Radioskopie ist die Schweißnahtprüfung. Da im Normalfall die Anzahl der radiografischen Aufnahmen sehr groß ist, besteht naturgemäß ein großes Interesse an einer weitgehend automatisierten Auswertung. Auf diesem Gebiet gibt es eine Reihe von Entwicklungen. W. DAUM, P. ROSE, H. HEIDT und J.M. BUILTJES verwenden einen Segmentierungs-Algorithmus, um die Fehler zu erkennen, nachdem von der ursprünglichen radiografischen Aufnahme der Untergrund abgezogen wurde. Das Untergrund-Bild wird aus einer SPLINE-Nährung abgeleitet. Eine ähnliche Vorgehensweise wird von B. ECKELT, N. MEYENDORF, W. MORGNER und U. RICHTER eingesetzt, jedoch wird in diesem Fall das Untergrund-Bild durch den Einsatz unterschiedlicher Tiefpaßfilter erzeugt.

Die Autoren A. GAYER, A. SAYA und A. SHILOH verwenden zur automatisierten Schweißnahtprüfung ein Mikrofokus-Röntgensystem. Der Grund ist, vor allem die hohe Bildgüte auszunutzen, die mit diesen Systemen erzielbar ist, um damit dann auch mit Radioskopie-Systemen ein Ergebnis zu erhalten, das den üblichen Filmaufnahmen vergleichbar ist. Mit einem Vergrößerungsfaktor um 10 wurden die digitalisierten Röntgenbilder nach verschiedenen Algorithmen ausgewertet. Ausgehend von der Tatsache, daß Fehler in der Schweißnaht ein unregelmäßiges Aussehen besitzen, wurde eine Art örtliche Frequenzanalyse durchgeführt und mit abgeleiteten Funktionen gearbeitet, um die Fehlstellen zu erkennen. Die so erkannten Fehler wurden dann mit einer Ähnlichkeitsanalyse weiter ausgewertet, wozu bekannte Schweißfehler die Grundlage bilden. Die praktischen Ergebnisse, die an Aluminium-Schweißnähten gewonnen wurden, lassen das Verfahren als erfolgversprechend erscheinen.

Punktschweissen
Der Einsatz von Punktschweiß-Verbindungen im Verkehrsmittelbau stellt eine sehr kostengünstige und qualitativ hochwertige Alternative zu anderen Fügeverfahren (z.B. Nieten, Kleben) dar. Eine gesicherte zerstörungsfreie Prüfung ist daher von besonderem Interesse.

Die Möglichkeiten der Qualitätssicherung beim Widerstandspunktschweißen von Aluminiumwerkstoffen durch Einsatz der Mikrofokus-Durchstrahlungstechnik wurde von L. LEHMANN untersucht. Eine Kenntnis über die erreichte Punktgüte kann nur durch solche Prüfverfahren erweitert werden, welche die während der Erstarrung und Abkühlung auftretenden Kristallisations- und Seigerungsvorgänge deutlich sichtbar machen. Die Mikrofokus-Radioskopie bietet alle Voraussetzungen, um vergrößerte Gefüge- und Erstarrungsbilder einer Schweißlinse schnell und mit hoher Auflösung sichtbar zu machen und daraus Kriterien zur Bewertung der Punktgüte abzuleiten. Grundlage hierfür ist die Tatsache, daß sich beim

Entstehen einer Schweißlinse nach Erreichen des schmelzflüssigen Zustandes charakteristische Gefügezonen ausbilden. Einer inneren globulitisch erstarrten Zone schließen sich die äußere dendritische Zone, die von der Aufschmelzlinie begrenzt wird und die wärmebeeinflußte Zone des Grundwerkstoffes an. BILD 7.3.9 zeigt die Mikrofokus-Durchstrahlungsaufnahme (Positiv) eines einwandfreien Schweißpunktes, der mit 1,6 mm dicken Blechen des Werkstoffs 7475 mit einer Vergrößerung von ca. 16 aufgenommen wurde. Zu erkennen sind die charakteristischen Gefügezonen. BILD 7.3.10 zeigt dazu im Gegensatz einen rißbehafteten Schweißpunkt,der mit dem gleichen Material und ebenfalls bei einer Vergrößerung von 16 aufgenommen wurde.

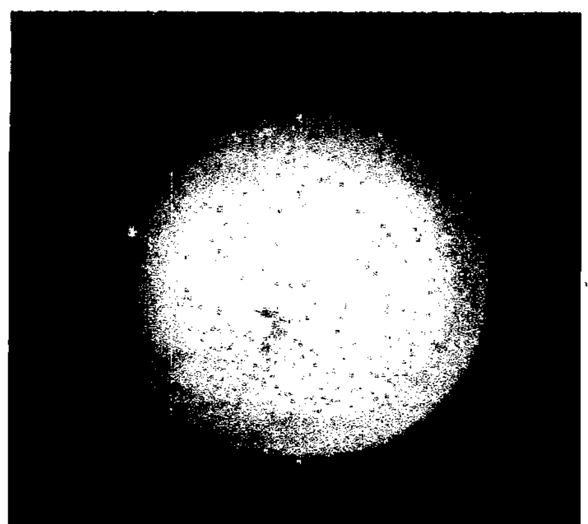

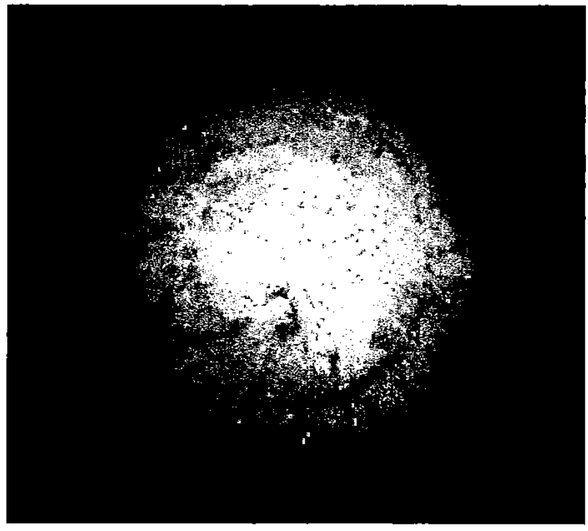

BILD 7.3.9: EINWANDFREIER SCHWEISS-PUNKT (Quelle LEHMANN)

BILD 7.3.10: RISSBEHAFTETER SCHWEISS-PUNKT (Quelle LEHMANN)

Dies sind zwei extreme Beispiele. Allgemein läßt sich sagen, daß über den Hell-/Dunkelunterschied an der Aufschmelzlinie der Linsendurchmesser ermittelt werden kann, woraus Rückschlüsse auf die entsprechend des Festigkeitszustandes des Grundwerkstoffes zu erwartende Scherzugkraft des Punktes möglich werden. Die Bildbeispiele zeigen auch, daß hier eine gute Möglichkeit einer automatisierten Bildauswertung gegeben ist.

7.4 Keramik

Keramische Werkstoffe werden vor allem für Hochtemperaturanwendungen entwickelt. Die Erzielung einer möglichst hohen Bruchzähigkeit ist dabei von besonderer Wichtigkeit. Aus diesem Grunde sind kleine Risse (10-200 Mikron) und ungleichförmige Dichteverteilung (0,1-2 %) durch poröse Bereiche zu vermeiden. Es werden zur Fehlererkennung deshalb hochauflösende Prüfverfahren benötigt, so daß hier ein weiterer Einsatzbereich der Mikrofokustechnik vorliegt. Außer rein keramischen Werkstoffen spielen natürlich auch Verbundwerkstoffe (Metall-Keramik etc.) für die zerstörungsfreie Prüfung eine große Rolle.
Da gerade bei keramischen Werkstoffen wegen der geringen Bruchzähigkeit die Fehlerform für weiterführende bruchmechanische Rechnungen zur Beurteilung wichtig ist, hat die

Computer-Tomografie (CT) in diesem Bereich eine besondere Bedeutung. Die Autoren H. RIESEMEIER, J. GOEBBELS, B. ILLERHAUS, Y. ONEL und P. REIMERS haben sich bei ihren CT-Anwendungen auch speziell mit Keramik-Werkstoffen unter Einsatz der Mikro-Radioskopie beschäftigt. BILD 7.4.1 zeigt den schematischen Aufbau des verwendeten 3D-Microcomputertomografs mit Mikrofokus-Röntgenröhre, die eine Spannung von 20-200 KV liefert mit Brennfleckgrößen <10 Mikron. Der 5-Achsen-Präzisionsmanipulator hat eine relative Positioniergenauigkeit von 1 bzw. 5 Mikron und trägt Proben bis zu 10 kg. Vergrößerungen sind bis zu 50fach für Objektdurchmesser bis 3 mm realisierbar. Die Anlage verfügt über ein Bildwandler-System, das aus dem Bildwandler, einer Winkeloptik und einem CCD-Sensor mit 1024x1024 Pixel bei einer Pixelgröße von 19x19 Mikron besteht.

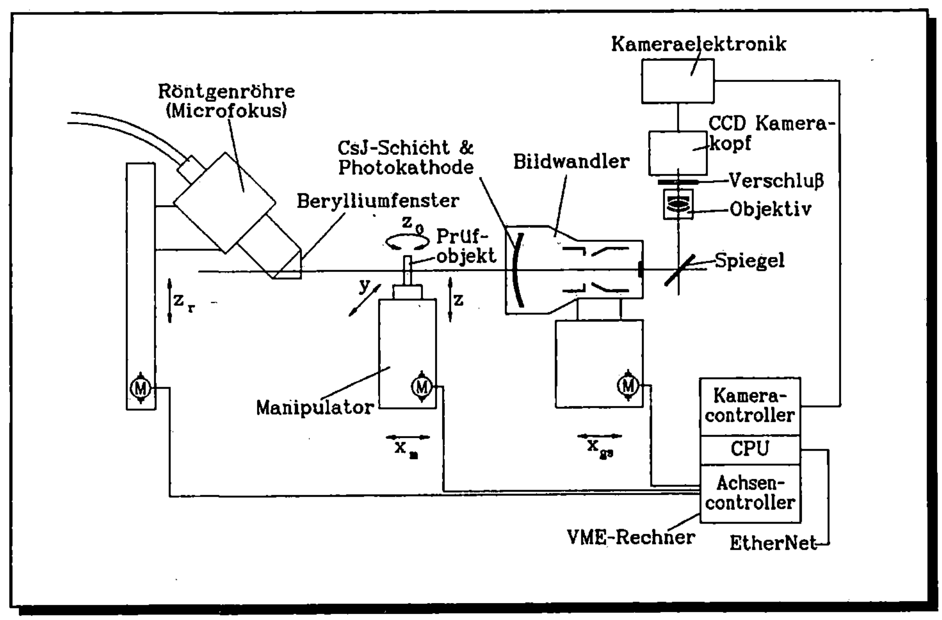

BILD 7.4.1: 3D-COMPUTER TOMOGRAF (Quelle BAM)

Die folgenden Anwendungsbeispiele basieren ausschließlich auf Messungen mit 511x511 Detektorelementen. Sie stammen aus dem Bereich von kohlefaserverstärkten Keramiken. Dieses Material zeichnet sich durch ein geringes Gewicht bei hoher Temperaturstabilität sowie hoher Festigkeit aus und ist als Wärmeschutzkachel für Raumfahrzeuge vorgesehen. Bei der Herstellung dieser komplexen Werkstoffe kann die Computertomografie einen erheblichen Beitrag zur Charakterisierung der Zwischen- und Endprodukte liefern. In BILD 7.4.2 sind Querschnittsbilder aus drei verschiedenen Herstellungsstufen von C/SiC-Keramik gezeigt. Zur Gewinnung des Ausgangsmaterials wird ein Kohlefaser-Kunststoff (CFK)-Formling (Bild oben) bei 900° C unter Luftabschluß karbonisiert. Hierbei wird die Polymermatrix vollständig zu reinem Kohlenstoff umgewandelt. Danach wird dieser C-C-Formling (Bild Mitte) unter Argonatmosphäre bei 1600° C mit flüssigem Silizium versetzt.

BILD 7.4.2: QUERSCHNITTSBILDER VON SiC-KERAMIK (Quelle BAM)

Das niedrig viskose Silizium dringt durch Kapillarwirkung innerhalb weniger Minuten in die während der Pyrolyse entstandenen Kanäle des C-C-Körpers ein. Parallel dazu erfolgt die chemische Reaktion zu SiC, das die Funktion eines Oxidationsschutzes für die lasttragenden Kohlefasern übernimmt (Bild unten).

Die Verteilung und Größe der bei der Pyrolyse entstandenen Poren ist für die Qualität des Endproduktes entscheidend, da zu kleine Poren einen Porenverschluß vor der vollständigen Imprägnierung zur Folge haben, zu große Poren andererseits die rasche Infiltration verhindern. Die Mikro-Computer-Tomografie (MCT) läßt sich für den zerstörungsfreien Nachweis der Porenverteilung und -größe und somit für die Optimierung des Herstellungsprozesses nutzen.

BILD 7.4.3: 3D-CT-DARSTELLUNG VON C/SiC-KERAMIK (Quelle BAM)

BILD 7.4.4: CT-SCHNITTBILD VON C/SiC-KERAMIK (Quelle BAM)

BILD 7.4.3 zeigt eine räumliche Darstellung der C/SiC-Keramik. Die Ausformung und der Verlauf der mit SiC gefüllten Kanäle sind gut erkennbar.

Dies ist gleichfalls gegeben in der Darstellung als Schnittbild, wie es in BILD 7.4.4 der Fall ist. Die Kanäle der hier untersuchten Probe haben eine mittlere Breite von ca. 30 Mikron bei einer Länge von ca. 300 Mikron. Um die Festigkeit des Materials zu testen, werden Materialproben Biegebelastungen unterworfen. Bei diesen Versuchen wird erwartet, daß die zuerst auftretenden Schäden durch Delaminationen in dem schichtweise aufgebauten Werkstoff gekennzeichnet sind. BILD 7.4.5 zeigt CT-Querschnittsaufnahmen von vier Proben nach unterschiedlichen Biegebelastungen. Es treten Delaminationen auf, doch zeigen die Aufnahmen auch Risse senkrecht zu den Schichten.

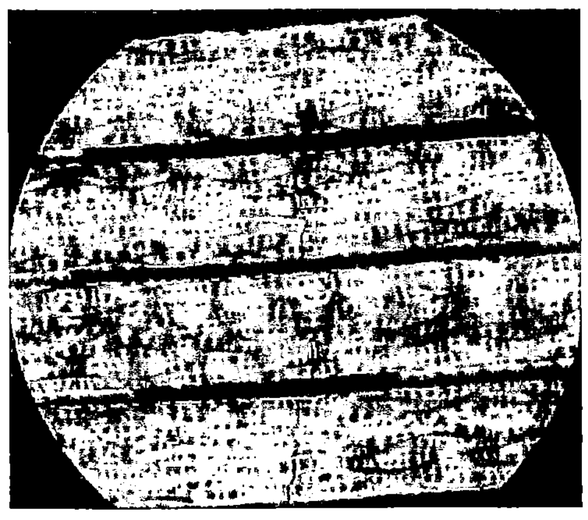

BILD 7.4.5: C/SiC-PROBEN NACH BIEGEBE-LASTUNG (Quelle BAM)

Die hier gezeigten Beispiele belegen die hohe Leistungsfähigkeit der 3D-Mikrocomputertomografie bei der Charakterisierung von Werkstoffen und bei der Detektion von Rissen und Delaminationen nach gezielter Schädigung. Für die Untersuchung eines Probenvolumens von 511^3 Elementen wird mit der gezeigten Anlage eine Meßzeit von ca. 1-2 Stunden bei einer Winkelschrittweite von 1 bzw. 0,5 Grad benötigt. Bei fortschreitender Computer-Technologie werden die Meßzeiten weiter abnehmen. Diese Zeiten sind auch zu vergleichen mit dem Zeitaufwand für zerstörende Prüfungen, wenn die gleiche Information mit der Anfertigung von Schliffen und nachfolgender mikroskopischer Untersuchung gewonnen werden soll. Auch unter diesem Aspekt ist das 3D-MCT-Verfahren als zukunftsträchtig einzuordnen.

7.5 Verbundwerkstoffe

Bei den Verbundwerkstoffen ist eine einwandfreie Verbindung der beteiligten Werkstoffe Voraussetzung für eine gute Qualität. Aus diesem Grunde verlangt die zerstörungsfreie Prüfung von Verbundwerkstoffen Verfahren mit hoher Ortsauflösung, die Porositäten in den Werkstoffen und Bindefehler in Form von Delaminationen im Verbund feststellen können. Da für Faserverbunde kleine Fehler schon kritisch sein können, liefert die Mikro-Computertomografie wertvolle Informationen zur Analyse und Optimierung von Herstellungsverfahren oder dient der Kontrolle von Produktionsparametern.

Die Autoren M. MÜNKER und H.-A. CROSTACK verwenden eine Mikro-Computertomografie-(MCT)Anlage zur Untersuchung von Verbundwerkstoffen. Die Anlage besteht aus einer Mikrofokusröhre (160 KV, 3 mA; Brennfleck 10 Micron) und einem Bildwandler (vgl. Abschnitt 6.2), dessen laterale Auflösung 0,1 mm/Pixel bei kleinstem Eingangsfeld beträgt. Die Objekte wurden je nach Durchmesser mit bis zu 20facher geometrischer Vergrößerung abgebildet.

Jeder gemessene Datensatz, bestehend aus 720 Projektionen zu jeweils 1.024 Meßpunkten, wird durch gefilterte Rückprojektion in eine Matrix aus 1.024 x 1.024 Bildpunkten rekonstruiert.

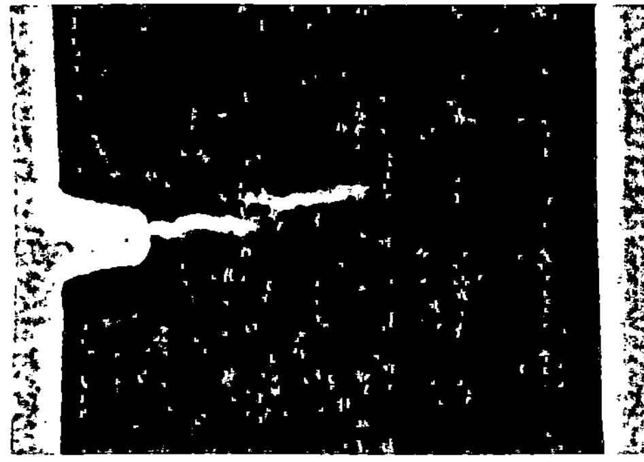

BILD 7.5.1: DURCHSTRAHLUNGSBILD EINER ZWEILAGIGEN ZUGPROBE (Quelle CROSTACK)

Die MCT-Anlage wurde eingesetzt, um Untersuchungen zum Schädigungsverhalten von Metall-Verbunden (MCC) an Zugproben thermisch gespritzter MCC's durchzuführen. Hierzu dienten Wolframfasern in thermisch gespritzter NiCrAl-Matrix.

Unvorbereitete Materialproben werden zur Feststellung herstellungsbedingter Vorschädigungen (Risse, Faserbrüche) im Vorfeld der Belastungprüfung durchstrahlt. Eine weitere radioskopische Untersuchung des dann zur Zugprobe ausgearbeiteten Materials wird im angeschwungenen Zustand (Beginn der Rißbildung) zur Detektion eventuell aufgetretener Schädigungen durchgeführt. Das Ergebnis einer derartigen Aufnahme zeigt BILD 7.5.1. Bei einlagigen oder gegebenenfalls auch zweilagigen Objekten kann dabei die Faserlage in der Durchstrahlungsaufnahme beurteilt werden.

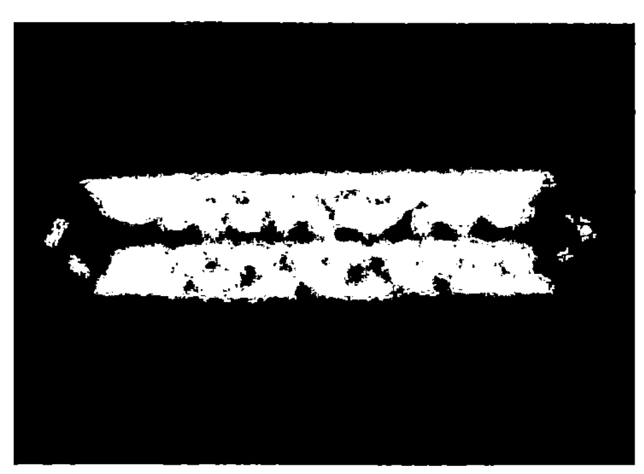

BILD 7.5.2: TOMOGRAFISCHE AUFNAHME (Quelle CROSTACK)

Ergänzend hierzu wurden tomografische Aufnahmen gemacht. Ein Ergebnis zeigt BILD 7.5.2. Das CT-Schnittbild wurde in der Nähe des Kerbs aufgenommen, der in BILD 7.5.1 zu sehen ist. Wie ersichtlich, können neben der Faserverteilung auch Dichteunterschiede in der Matrix abgebildet werden. Insbesondere zeigen sich deutliche Inhomogenitäten (verringerte Dichte) unmittelbar an den Fasern. Zur Kontrolle angefertigte Schliffbilder von denen eins in BILD 7.5.3 gezeigt ist, belegen den hohen Porengehalt, besonders unter den Fasern. Über tomografische Messungen können weitere Informationen zur Faser-Matrix-Haftung, zur Rißentstehung und -ausbreitung in der Matrix bis hin zum Faserbruch gewonnen werden.

Als weiteres Ergebnis sei die Möglichkeit der getrennten Darstellung von Faser und Matrix am Beispiel von Titanfasern in keramischer Matrix gezeigt. Eine getrennte Darstellung ist erstens abhängig von den Größenverhältnissen von Faser und Matrix (Ortsauflösung) und zweitens von den Absorptionseigenschaften der Werkstoffe (Kontrastauflösung). Ein CT-Schnittbild von Titanfasern in keramischer Matrix zeigt BILD 7.5.4. Bei dieser relativ großen Materialprobe (Schnittfläche 2 mm x 12 mm) wurde durch geometrische Vergrößerung eine Auflösung von 15 Micron/Pixel erreicht. Deutlich zu erkennen sind einzelne fehlende Fasern, Wellen in den Faserlagen und Inhomogenitäten in der Matrix.

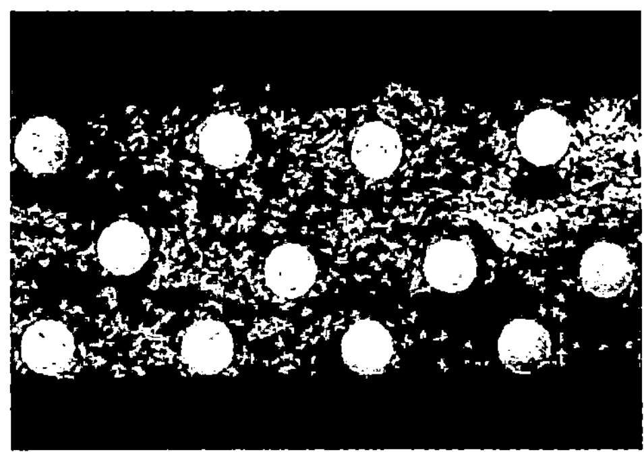

BILD 7.5.3: SCHLIFFBILD (Quelle CROSTACK)

Aus den gezeigten Beispielen wird deutlich, daß die Mikro-Tomografie unter Einsatz von Mikrofokusröhren, Bildwandlern und Bildverarbeitungssssystemen ein großes Anwendungspotential auch im Bereich der Verbundwerkstoffe besitzt.

7.6 ANLAGENTECHNIK

Die Mikrofokus-Röntgenröhre hat als offenes System gegenüber geschlossenen Systemen den Vorteil, daß Stabanoden eingesetzt werden können (vgl. Abschnitt 5.1). BILD 7.6.1 zeigt zwei Beispiele von Stabanoden, die als Panoramastrahler Verwendung finden. Da Stabanoden in Längen bis etwa 2 m an die Mikrofokusröhre angebracht werden können, besteht hiermit die Möglichkeit, die Strahlenquelle in das Innere des Anlagenteils zu bringen und somit sonst unzugängliche Stellen zu prüfen. Die in BILD 7.6.1 gezeigten Stabanoden sind speziell für Panoramaaufnahmen ausgelegt, so daß zusammen mit dem kleinen Brennfleck eine RingsumAufnahme mit guter Schärfe für Prüfzwecke angefertigt werden kann.

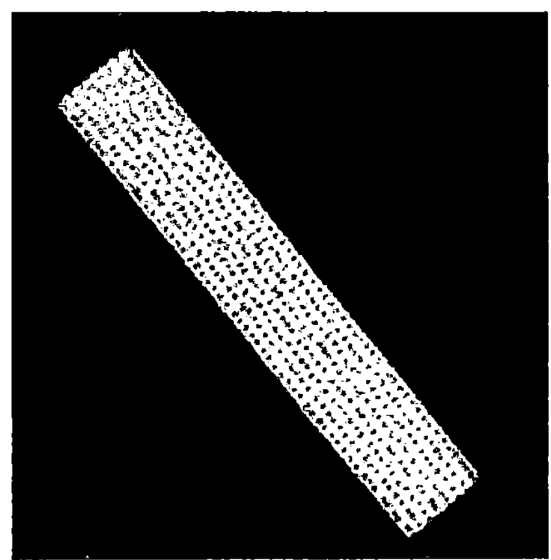

BILD 7.5.4: CT-SCHNITTBILD VON TITANFASERN IN KERAMISCHER MATRIX (Quelle CROSTACK)

Auf diese Weise wurden von P.R. VAIDYA, B.K. GAUR und P.G. KULKARNY mit Hilfe der Mikrofokustechnik Dampferzeugerröhre, die nur von einer Seite zugänglich waren, hinsichtlich ihrer Schweißnähte untersucht. Das Prüfproblem ist in BILD 7.6.2 skizziert. Die Konstruktion des Wärmetauschers ist links oben im BILD 7.6.2 zu sehen.

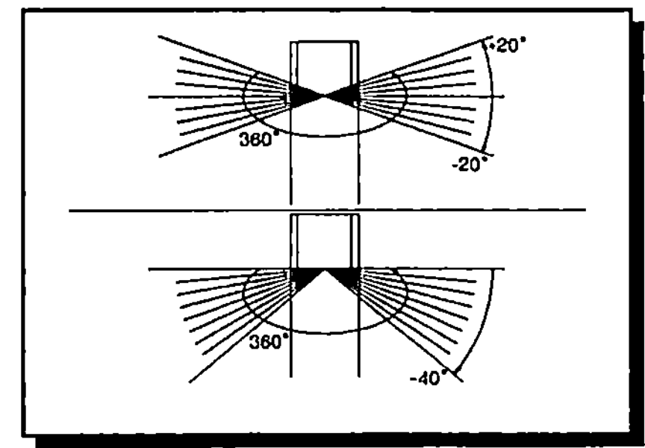

BILD 7.6.1: STABANODEN

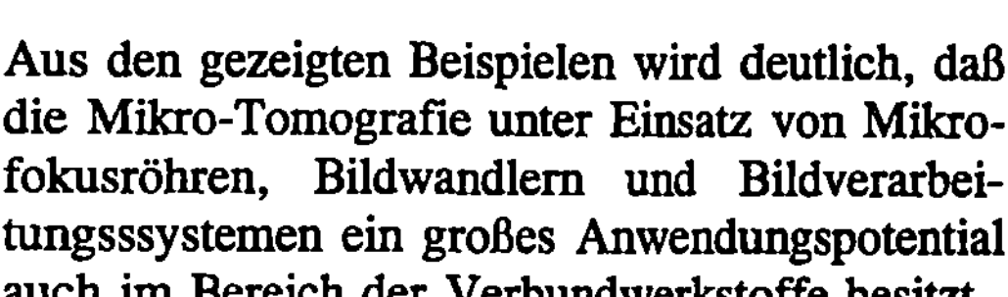

Die Rohre sind aus Inconel und haben eine Wandstärke von 1 mm und einen Innendurchmesser von 14 mm. Das Schweißbett hat eine Breite von 3 mm und seine Dicke variiert zwischen 1 und 2 mm. Die Stabanode hat einen Durchmesser von 11 mm und eine Länge von 400 mm. Sie ist vom Typ, wie sie im unteren Teil von BILD 7.6.1 gezeigt ist und

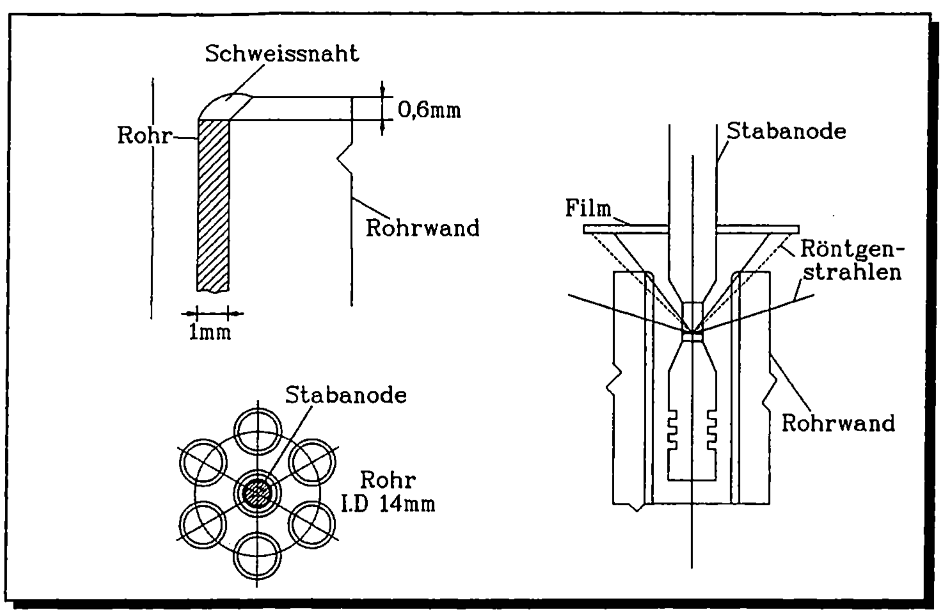

BILD 7.6.2: PRÜFANORDNUNG MIT STABANODE (Quelle VAIDYA)

besitzt einen Winkel von 48°. Als optimale Belichtungsgeometrie ergab sich für die Plazierung der Stabanode ein Abstand zwischen Target und Rohroberkante von 13 mm. Für diese Geometrie lag die optimale Betriebsspannung der Mikrofokusröhre bei 105 KV. Für die Panorama-Aufnahme wurde eine besondere Filmkassette mit Loch hergestellt, durch die die Stabanode gesteckt wurde. Eine Bildgütebestimmung wurde mit Kupferdrähten im Dickenbereich von 26 bis 100 Mikron vorgenommen, da keine Inconel-Drähte verfügbar waren. Die Drähte wurden an der Innenseite des Rohrs über der Schweißnaht angebracht. Die kleinste erkennbare Drahtdicke betrug 44 Mikron bei einer Vergrößerung von etwa 2,5. Von E. SPERLICH wurde die Echtzeit-Mikroradioskopie mit extrem langen Stabanoden in Verbindung mit einer Bildverarbeitung zur Prüfung von Tankschweißnähten eingesetzt. Die zu prüfenden Tanks sind Treibstofftanks der Oberstufe (EPS-Tanks) der europäischen Trägerrakete Ariane 5. Die Tanks haben identische Durchmesser von 1415 mm; das unterschiedliche Volumen wird durch unterschiedlich hohe, zylindrische Äquatorringe erreicht. Ein Beispiel ist in BILD 7.6.3 dargestellt. Die Tanks bestehen aus folgenden Komponenten, die durch vier Schweißnähte zu einem Tank zusammengefügt werden:

- zwei Halbkugelschalen
- einer oberen und einer unteren Polkappe
- einem zylindrischen Ring, der je nach Tankversion unterschiedlich hoch ist.

Um das Tankgewicht möglichst gering zu halten, bestehen die Tanks aus Al 2219, einer hochfesten Aluminium-Legierung mit einer Fließgrenze von 345 MPa und einer Bruchfestigkeit von 450 MPa. Der Auslegungsdruck der Tanks beträgt 21,3 bar. Aufgrund der hohen Anforderungen an die Gewichtsminimierung wurden die Tanks so ausgelegt, daß die Betriebslasten nur 10% unter der Fließgrenze des Materials liegen, d.h. es wurden Sicherheitsfaktoren von 1,1 gegen Fließen und 1,25 gegen Bersten angewandt.

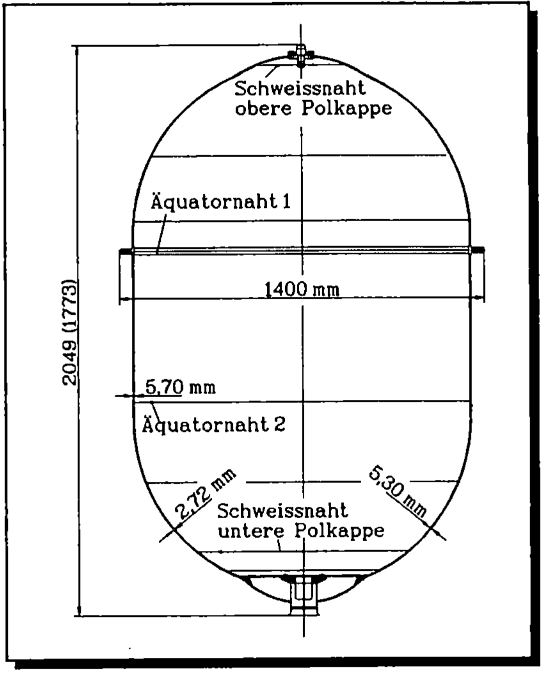

BILD 7.6.3: TREIBSTOFFTANK (Quelle SPERLICH)

Um bei diesen äußerst geringen Sicherheitsmargen höchsten Sicherheitsansprüchen zu genügen, werden hohe Anforderungen an die Detektierbarkeit von Fehlern, wie z.B. Rissen im Material oder volumigen Fehlern in Schweißnähten gestellt. Zerstörungsfreie Prüfverfahren werden daher als 100% - Kontrolle sowohl für die Prüfung von Komponenten wie auch der Schweißnähte fertigungsbegleitend und nach dem abschließenden Drucktest eingesetzt. Für die Bestimmung volumiger Fehler in Schweißnähten wird die Mikrofokus-Röntgentechnik eingesetzt. Die nachfolgenden Größen wurden durch die bruchmechanische Analyse vorgegeben und müssen mit 95%iger Wahrscheinlichkeit und einem Vertrauensgrad von 90% gefunden werden:

- zur Tankoberfläche hin offene Risse mit 0,6 mm Tiefe
- volumige Fehler in Schweißnähten mit mehr als 0,2 mm Durchmesser direkt nach dem Schweißen
- volumige Fehler in Schweißnähten mit mehr als 0,5 mm Durchmesser nach dem abschließenden Drucktest des Tanks.

Bei der Auswahl der Prüfverfahren mußte berücksichtigt werden, daß nach dem Schweißen der Polkappen der Tank nur noch durch ein Loch mit 52 mm Durchmesser zugänglich ist. Aus diesem Grunde wurde eine spezielle Stabanode mit einer Länge von 2.100 mm eingesetzt, mit der durch die Öffnung bis auf 40 mm Targetabstand an die Schweißnaht herangefahren wird. Die Anordnungen der Stabanode für die Prüfung der verschiedenen

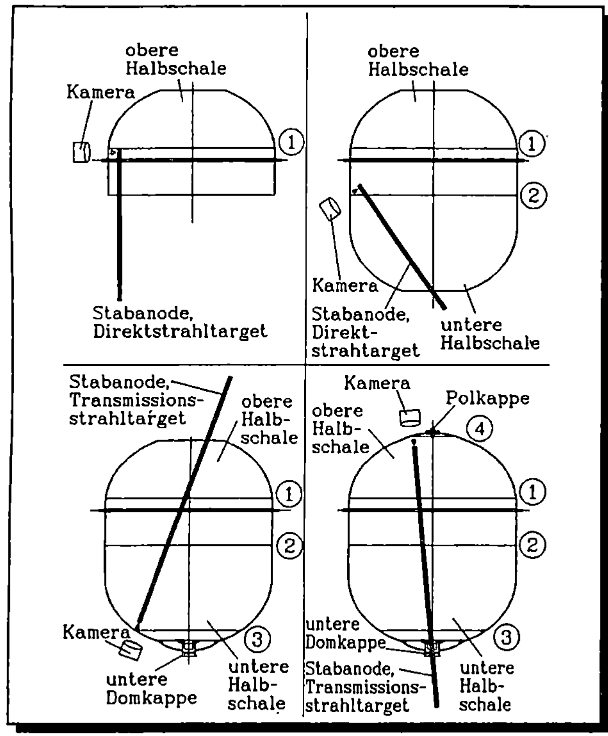

BILD 7.6.4: PRÜFANORDNUNG DER STABANODEN (Quelle SPERLICH)

Schweißnähte ist in BILD 7.6.4 skizziert. Mit Hilfe der Stabanoden ist es außerdem möglich, nach der Druckprüfung des Tanks zweiwandiges Durchstrahlen bei der Prüfung der Äquatornähe zu vermeiden. Eine Durchstrahlungsprüfung wird nach dem Schweißen jeder Tanknaht durchgeführt. Dazu wird der bis dahin fertiggestellte Teil des Tanks in einem Manipulator am Äquatorring aufgenommen. Mit dem Tankmanipulator kann der Tank zum Prüfen und Einführen der Stabanode in die vertikale Lage geschwenkt werden. Mit Hilfe des Manipulators kann der Tank dann ferngesteuert mit 0-6 Umdrehungen/min um die Tanklängsachse gedreht werden. Zum Prüfen der Tanknähte wird eine Stabanode mit 1600 bzw. 2100 mm Länge verwendet, die auf einem fahrbaren Gestell verschiebbar genau in Höhe der Tankachse bei horizontaler Manipulatorstellung befestigt ist. Auch der Bildverstärker (Kamera) ist auf diesem Wagen befestigt und kann in Wagenlängsrichtung verfahren werden. Damit kann der Abstand der Kamera vom Tank variiert werden und somit eine Vergrößerung der zu prüfenden Schweißnaht auf dem Kontrollbildschirm erreicht werden.

Nach dem Anordnen von Tank und Prüfgerät wird die jeweilige Naht in Echtzeit geprüft. Dazu wird die Tankschweißnaht durch ferngesteuertes Drehen des Tanks im Manipulator zwischen Target und Bildverstärker hindurch bewegt. Die Tankposition während der Prüfung wird durch einen am Tankmanipulator angebrachten Winkelkodierer laufend registriert und auf einem Display angezeigt. Dadurch ist jederzeit das auf dem Bildschirm angezeigte Röntgenbild der Schweißnaht eindeutig der jeweiligen Tankposition zuzuordnen und jede Tankposition auf 0,02 mm genau reproduzierbar.

Während der Auswertung ist es möglich, durch ferngesteuertes Verfahren des Bildverstärkers die Vergrößerung der Naht zu verändern. Eine nachgeschaltete Bildverarbeitung ermöglicht kontrasterhöhend Fehler am Kontrollbildschirm optisch aufzuarbeiten (vgl. Abschnitt 6.3) und verbessert die Detektionsmöglichkeiten. Die entdeckten Fehler werden per Videoband dokumentiert.

Zur Verfahrensqualifikation werden bei der EPS-Tank-Prüfung mit der Mikrofokustechnik Aluminiumdrähtchen mit 0,25 mm Durchmesser und etwa 2-5 mm Länge auf die Original-Tanknaht geklebt, die die Prüfer mit 95 %iger Wahrscheinlichkeit finden müssen.

Abgesehen von den technischen Vorteilen bei der Prüfung der Polkappen-Schweißnaht ist die Anwendung der Mikroradioskopie beim EPS-Tank auch deutlich schneller als konventionelles Röntgen, da gleich nach dem Ausrichten von Bauteil, Anode und Bildverstärker die Auswertung und Dokumentation durchgeführt wird und Zeit für das Kleben und Entwickeln der Röntgenfilme gespart wird.

8 Literaturhinweise

ANDERSON, W.L.; ONG, P.S.; COOK, B.D.
Compton Scattered X-Rays for NDE of Steel Corrosion Under Thermal Insulation
Nondestructive Evaluation, (1993), Vol 11, S 43-47

ASTM STANDARDS E 1000-84
Standards Guide for Radiologie Real Time Imaging

ASTM STANDARDS E 1165-87
Standard Test Method for Measurment of Focal Spots of Industrial X-ray Tubes by Pinhole
Imaging

BOERNER, H.; STRECKER, H.
Automated Y-Ray Inspection of Aluminium Castings
IEEE Trans. on Pattern Analysis and Maschine Intelligence
Vol 10, No 1., 1988

BRAGG, W.H. und W.L.
The Crystalline State
Proc. Roy. Soc. 88A (1913), 428

BRIDGE, B.
A Theoretical Feasibility Study of the Use of Compton-Backscatter Gamma-Ray
Tomography (CBGT) for Underwater Offshore NDT
British Journal of NDT (1985), S 357-363

BRUNNER, A.; NORDSTROM, R.; FLÜELER, P.
Untersuchungen zur Mode-I-Rißausbreitung in faserverstärkten Kunststoffen mit Echtzeit-
Röntgen-Durchstrahlungsprüfung und simultaner Schallemissionsanalyse
DGZfP-Tagung 1992, Fulda, Berichtsband 33, S 230-237

BURCH, S.F.; LAWRENCE, P.F.
Recent Advances in Computerized X-Ray Tomography
Using Real-Time Radiography Equipment
British Journal of Non-Destructive Testing,(1992), 34, S. 129-133

DAUM, W.; ROSE, P.; HEIDT, H.; BUILTJES, J.H.
Automatic recogniton of weld defects in X-Ray inspection
British Journal of NDT, 29 (2), (1987), S. 79-82

DIN 54116
Betrachtung von Durchstrahlungsaufnahmen, Deutsches Institut für Normung, 1973

DIN EN 584

Industrielle Filme für die Durchstrahlung
DIN, Deutsches Institut für Normung e.V.
Normenausschuß Materialprüfung (NMP)

DIN 54109
Bildgüte von Durchstrahlungsaufnahmen
DIN, Deutsches Institut für Normung e.V.

DÖLLE, H.; LEMMER, K.
Comparison of Codes and Standards for Radiographic Inspection and Experimental and
Theoretical Studies on Unsharpness and Sensitivity Requirements
Materials Evaluation, 43 (1985), S. 188-195

DORNER, R.; VOGT, H.G.
Physik Daten Nr. 28: Schwächung der Photonenstrahlung von Radionukliden
Fachinformationszentrum Energie, Physik, Mathematik GmbH,
Eggenstein-Leopoldshafen, 1976

ECKELT, B.; MEYENDORF, N.; MORGNER, W.; RICHTER, U.
Use of automatic image processing for monitoring of welding process and weld inspection
Proceedings 12th World Conference on NDT, (1989), S. 37-41

FEISTE, K.; STEGEMANN, D.; REIMCHE, W.
Mikrofokus-Radioskopie beim Leichtmetallkokillenguß
DGZfP-Tagung, 1993, Garmisch-Partenkirchen, Berichtsband 37, Teil 2, S. 801-807

FILBERT, D.; KLATTE, R.: HEINRICH, H.; PURSCHKE, M.
Computer Aided Inspection of Castings
IEEE IAS, Anual Meeting, Atlanta 1987

GAYER, A.; SAYA, A.; SHILON, A.
Automatic Recognitron of Welding Defects in Real-Time Radiography
NDT International, (1990), 23 (3), S. 131-136

GEBUREK, D.; PETERMANN, D.; STEGEMANN, D.
Determination of the Focal Spot Size of Microfocus
X-Ray Sources
Non-Destructive Testing (Proc. 12th World Conference), Vol 1, S. 42-47,
Elsevier Science Publishers B.V., Amsterdam, 1989

GLOCKNER, R.
Materialprüfung mit Röntgenstrahlen
Springer Verlag, Berlin, Heidelberg, New York

GOEBBELS, J.
Mikro-Computertomografie in der industriellen Anwendung
4. FEINFOKUS-SYMPOSIUM, Garbsen, April 1993

GOEBBELS, K.; REINHOLD, A.
Advances in Mikrofocus X-ray Equipement and State of the Art in High Resolution Defect
Detection in Ceramics with X-rays
Ceramic Materials and Components for Engines
Proc. of the 2nd International Symposium, Lübeck, Travemünde, 1986

GRIDER, D.E.; AUSBURN, P.K.
An Investigation of the Focal Spot Size in a Microfocus X-ray Tube
British Journal of NDT (1987),1, S. 15-17

HABERÄCKER, P.
Digitale Bildverarbeitung, Grundlagen und Anwendungen
Carl Hanser Verlag, 1987

HALMSHAW, R.
Industrial Radiology, Theory and Practice
Applied Science Publishers, London, New Jersey, 1982

HARDING, G.
X-Ray Scatter Imaging in Non-Destructive Testing
International Advances in Nondestructive Testing (1985), Vol 11, S. 271-295

HAUK, V.; MACHERAUCH, E.
Eigenspannungen und Lastspannungen
HTM-Beiheft
Carl Hanser Verlag, München

HECKER, H.; FILBERT, D.
Fehlerdetektion in industriellen Durchleuchtungsaufnahmen durch Strukturerkennung
DGZfP-Tagung 1993, Garmisch-Partenkirchen, Teil 2, S. 772-777

HEIDT, H.; NABEL, E.
Übersicht über Mikrofokus-Röntgenanlagen, Vergleichsuntersuchungen und
Meßmethoden/Stichproben
Materialprüfung 28 (1986), 10, S. 320-325

ICRP: Schutz gegen ionisierende Strahlung aus äußeren Quellen-Daten
International Commission on Radiological Protection
Hefte 15 und 21, Fischer Verlag Stuttgart, 1976

JÄNCHEN, L.; FILBERT, D.
Schnelle Computertomographie durch algebraische Rekonstruktionsverfahren

DGZfP-Tagung, 1992, Fulda, S. 843-850

KEHOE, A.
IKB defect classification system for "automated" industrial radiographic inspection
Expert System, (1991), Vol 8, No 3, S. 149-157

KLATTE, R.
Automatic Detection of Defects in Castings by Processing the Context Information of X-Ray
Images
Acta Imeko (1985), Prag

KOLB, K.
Grundlagen u. Methodik der Gamma-Radiographie in der Zerstörungsfreien Werkstück- und
Werkstoffprüfung
Band 243, Kontakt & Studium, Werkstoffe, Expert Verlag, 1988

KRISCHNER, H.
Einführung in die Röntgen-Feinstruktur-Analyse
Vieweg, Braunschweig/Wiesbaden

LAUE, M. von
Röntgenstrahl Interferenzen
Akadem. Verlagsgeselsch. Leipzig, 1960, 476 S

LEHMANN, K.
Möglichkeiten   der   Qualitätssicherung   beim   Widerstandspunktschweißen   von
Aluminiumwerkstoffen durch Einsatz der Mikrofokus-Durchstrahlungstechnik
4. FEINFOCUS-SYMPOSIUM, April 1993, Garbsen

LINK, R.; GRIMM, R.; NUDZIG, W.; GOTTWALD, R.; WIACKER, H.
Computertomografie mit Bildverstärkern. Möglichkeiten, Anwendungen und Grenzen
DGZfP-Jahrestagung (1991), Luzern, Berichtsband 28, S. 23-26

LÜTHI, T.
Möglichkeiten der dreidimensionalen Computertomographie
DGZfP-Jahrestagung (1991), Luzern, Berichtsband 28, S. 27-32

MAISL, M.; REITER, H.; HOELLER, P.
Micro-radiography and tomography for high resolution
NDT of advanced materials and microstructural components
Journ. Eng. Mater. Technol. Trans ASHME 112 (2), (1990), S. 223-226

MANDOUR, A.M; GHANEM, E.
New X-Ray bildup factors including the effect of bremstrahlung
KERNTECHNIK 52, (1988), S. 57-62

MATTIS, A.; WINTERBERG, K.-H.; REININGER, J.
Digitale Radiographie-Umsetzung in die Prüfpraxis
DGZfP-Tagung 1993, Garmisch-Partenkirchen, Teil 1, S. 305-311

MÜNKER, M.; CROSTACK, H.-A.
Mikro-CT an Verbundwerkstoffen
DGZfP-Tagung Garmisch-Partenkirchen 1993, Berichtsband 37, S. 786-792

NABEL, E.; HEIDT, H.
Schnelle Methoden für die Überwachung von Mikrobrennflecken
DGZfP-Jahrestagung, Lindau, 1987

NIEMANN, W.; ROYE, W.
Neuartige Anwendungen der Compton-Rückstreutechnik "CamScan" in der Archäologie und
Denkmalpflege
DGZfP-Tagung, 1993, Garmisch-Partenkirchen, Berichtsband 37, S. 157-164

NOTEA, A.
Film-based industrial tomography
NDT International, Vol 16 (1985), No 4, S. 179-184

PURSCHKE, M.
Vollautomatisches Röntgenprüfsystem
Erfahrungen mit der Gußteilprüfung
Bild und Ton, Bd. 44 (1991), Heft 5/6, S. 177-182

RIESEMEIER, H.; GOEBBELS, J.; ILLERHAUS, B.; ONEL, Y.; REIMERS, P.
3-D-Mikrocomputertomograf für die Werkstoffentwicklung und Bauteilprüfung
DGZfP-Tagung, 1993, Garmisch-Partenkirchen, Berichtsband 37, Teil 1, S. 280-287

RÖNTGEN, W.C.
Enstehung von X-Strahlen
Ann. Phys., Leipzig, 64,(1898), 1

RÖNTGENVERORDNUNG
Verordnung über den Schutz vor Schäden durch Röntgenstrahlen
Stand: 1.5.1990
R. König, Verlags-GmbH, München

ROYE, W.
The Compton Backscatter Technique
Non-Destructive Testing (Proc. 12th World Conference),(1989), Vol 1, S. 31-36
Elsevier

SCHRÖDER, G.; PAULY, F., FELDEN, P., LINK, R.; GRIMM, R.; NUDING, W., WIACKER, H.
X-Ray Examination of Aircraft Turbine Blades with Microfocus Radiography and High-Resolution Image Processing
Proc. 13th World Conference NDT, Sao Paulo, (1992), Vol 2, S. 669-673
Elsevier

SPERLICH, E.
Echtzeit-Mikroradioskopie in der Fertigung von Ariane 5 - Treibstofftanks
4. Feinfocus-Symposium, Garbsen, (1993)

STEGEMANN, D.; SCHMIDBAUER, J.; REIMCHE, W.; CAMERINI, C.; SPERANDIO, A.; FONTOLAN, M.R.; MOURA NETO, R.J.
Microfocus-Radiography, Uses and Perspectives
Proceeding of the 13th World Conference on NDT (1992), Vol 1, S. 674-678
Elsevier

STEGEMANN, D.; RUNKEL, J.; FIEDLER, J.; NEUNDORF, B., OSTERMEYER, H.
Prüftechnik und Sensorik
SFB 264 "Automatisierte Fertigung unter Wasser"
Universität Hannover
Arbeits- und Ergebnisbericht 1994

STEGEMANN, D.; REIMCHE, W.; SCHMIDBAUER, J.
Investigation of Light Metal Casting Process by Realtime Microfocus Radioscopy
European Journal of NDT (1992), Vol 1, No 3, S. 107-117

STOKES, J.A.; ALVAR, K.R.; COREY, R.L.; COSTELLO, D.G.; JOHN, J.; KOCINSKI, S.; LURIE, N.A.; THAYER, D.D.; TRIPPE, A.P.; YOUNG, J.C.
Some New Applications of Collimated Photon Scattering For Nondestructive Examiniation
Nuclear Instruments and Methods 193, (1982), S: 261-267

VAIDYA, P.P.; GAUR, B.K.; KULKARNI, P.G.
Radiography of single-side-access heat exchanger welds using microfocal rod anode
Proc. 13th World Conference NDT, Sao Paulo, (1992), Vol 2, S. 684-688
Elsevier

VOGT, H.-G.; SCHULTZ, H.
Grundzüge des praktischen Strahlenschutzes
2. Auflage 1992
Carl Hanser Verlag, München-Wien

9 Sachwortverzeichnis

Abbremsung durch Stoßprozesse 7
Abbremsung durch elektrische Felder 6
Absorptionskoeffizient 18
Aktivität 9
Angeregte Zustände 9
Anlagentechnik, Prüfung 154
Anode 5
Anregung 43
Äquivalentdosis 26
Äquivalentdosisleistung 27
Arbeitsbehälter 110
Atommodell 4
Auswertung, automatisierbare 114
Auswertung, visuelle 113

Belichtung 40
Belichtungsdiagramme 39
Belichtungsfaktor 40
Belichtungsvorgang 39
Belichtungszeit 39
Bequerel 10
Betatron 109
Beugung von Röntgenstrahlen 74
Beugungsmechanismen 75
Beugungsverfahren 74
Bewegungsunschärfe 56
Bildaufbereitung, Methoden 123
Bildauswertung, automatisierte 129
Bildcharakterisierung 121
Bildgüte 59
Bildgüteklasse 62
Bildgüteprüfkörper 59
Bildgütezahl 61
Bildkontrast 57
Bildmatrix 118
Bildmittelung 119
Bildunschärfe, gesamte 54
Bildverarbeitung, digitale 118
Bildvergleich 130
Bildvergrößerun 52
Bildwandler 46
Bildwandlung 117
Binärbild 118
Braggsche Reflexionsbedingung 77
Breitstrahlgeometrie 21
Bremsspektrum 6

Brennfleck 5
Brennfleckgröße, Bestimmung 94
Build-Up-Faktor 22

Caesium-137 9
Charakteristische Röntgenstrahlung 7
Charakteristische Filmkurven 34
Comptoneffekt 14
Computer-Tomografie 132
Computertomografie, 3D 150
Comscan-System 82

Dosis-Abstands-Kurve 25
Dosiszuwachsfaktor 22
Drahtmethode 94
Durchstrahlungsverfahren 12

Echtzeit-Bilddarstellung 47
Eckenschwankungsfunktion 54
Elektromagnetische Strahlung 1
Elektromagnetische Linse 88
Elektronenbeschleuniger 107
Elektronenkanone 87
Elektronenschalen 7
Elektronvolt 2
Energie 2
Energiedosis 25
Energiedosisleistung 26
Energieverteilung 6

Fehlerabbildung 49
Feinstrukturanalyse 78
Filmbestrahlung 29
Filmdigitalisierung 114
Filmdosimeter 73
Filmeigenschaften 31
Filmempfindlichkeitskurve 33
Filmempfindlichkeit 32
Filmentwicklung 29
Filmfixierung 29
Filmgradient, logarithmischer 34
Filmgradient, linearer 30
Filmschwärzung 29
Filmsystem 28
Filmtechnik 113
Filmtyp 31

Filteroperationen 126
Fluoreszensdetektor 44
Fluoreszensfolien 38
Fluoreszensmaterial 45
Fokusgrößen 52
Frequenz 1

Gammaquanten 9
Gammastrahler 11
Gammastrahlung 8
Gigabequerel 10
Gitterkappe 88
Goldmaske 97
Gradient-Rausch-Verhältnis 36
Charakteristische Gammastrahlung 9
Comptoneffekt 14
Computer-Tomografie 132
Computertomografie, 3D 150
Comscan-System 82

Dosis-Abstands-Kurve 25
Dosiszuwachsfaktor 22
Drahtmethode 94
Durchstrahlungsverfahren 12

Echtzeit-Bilddarstellung 47
Eckenschwankungsfunktion 54
Elektromagnetische Strahlung 1
Elektromagnetische Linse 88
Elektronenbeschleuniger 107
Elektronenkanone 87
Elektronenschalen 7
Elektronvolt 2
Energie 2
Energiedosis 25
Energiedosisleistung 26
Energieverteilung 6

Fehlerabbildung 49
Feinstrukturanalyse 78
Filmbestrahlung 29
Filmdigitalisierung 114
Filmdosimeter 73
Filmeigenschaften 31
Filmempfindlichkeitskurve 33
Filmempfindlichkeit 32
Filmentwicklung 29

Filmfixierung 29
Filmgradient, logarithmischer 34
Filmgradient, linearer 30
Filmschwärzung 29
Filmsystem 28
Filmtechnik 113
Filmtyp 31
Filteroperationen 126
Fluoreszensdetektor 44
Fluoreszensfolien 38
Fluoreszensmaterial 45
Fokusgrößen 52
Frequenz 1

Gammaquanten 9
Gammastrahler 11
Gammastrahlung 8
Gigabequerel 10
Gitterkappe 88
Goldmaske 97
Gradient-Rausch-Verhältnis 36
Graetz-Schaltung 104
Grautonbild 119
Grauwert 118
Grauwertprofil 22
Grauwertrelief 122
Gray 25
Greinacher-Schaltung 105
Grundzustand 8

Halbleitertechnik, Prüfung 138
Halbwellengleichrichtung 104
Halbwertsdicke 20
Halbwertszeit 11
Histogramme 121
Hochenergieradiografie 107
Hochspannungsversorgung 103

Inkohärente Streuung 75
Ionisation 43
Ionisationskammer 71
Iridium-192 11
Jahres-Äquivalentdosis 64

K_α-Strahlung 8
Kathode 5
Keramikprüfung 149

Kernladungszahl 4
Kilobequerel 10
Kiloelektronvolt 2
Kobalt-60 9
Kohärente Streuung 75
Kombiniertes Röntgenspektrum 8
Kontakt-Pad-Vermessung 142
Kontinuierliches Röntgenspektrum 6
Kontrast 49
Kontrastanhebung 128
Kontrollbereich 70
Körnigkeit 32
Körnigkeitsmaß 32
Kreisbeschleuniger 109
Kristallstruktur 79

Laminografie 136
Laue-Gleichungen 75
Lebensalterdosis 70
Leichtmetall-Kokillenguss 144
Leistungshalbleiter, Prüfung 141
Leiterplatten, Prüfung 142
Lichtgeschwindigkeit 1
Linac 108
Linearbeschleuniger 108
Linienstrahlung 7
Lochmetallisierung, Prüfung 142
Look-Up-Tabelle 124

Megabequerel 10
Megaelektronvolt 2
Microton 110
Mikrodensitometer 115
Mikrofokus 52
Mikrofokusanlagen 87
Mikrofokustechnik, Anwendungsbeispiele 138
Minifokus 52
Modulations-Übertragungsfunktion 98
Molybdäntarget 91
Multilayer, Prüfung 142

Negatron 15
Normalfokus 52

Online-Mikrofokusprüfanlage 145
Operationen, logische 125

Optische Dichte 29
Ortsdosisleistung 71

Paarerzeugung 15
Panoramatarget 103
Periodische Systeme der Elemente 4
Personendosismessung 71
Photoeffekt 13
Photoelektron 13
Pixel 118
Plancksche Konstante 2
Positron 15
Primärreaktionen 63
Prüfinformation, Verarbeitung 113
Punktoperationen, arithmetische 123

Quellen, radioaktive 110

Rad 25
RBW-Faktor 26
Relative Biologische Wirksamkeit 26
Röntgen 25
Röntgenanlagen 101
Röntgenröhren 101
Röntgenstrahlung 4
Rückstreu-Computertomografie 84
Rückstreuung 80
Rückstreuverfahren, ebenes 83
Rückstreuverfahren, lineares 82
Rückstreuverfahren 79

Schärfe 49
Schmalstrahlgeometrie 21
Schutzmaßnahmen gegen Strahlung 65
Schwächungsfaktor 66
Schwächungsgesetz 16
Schwächungsgesetz, exponentielles 16
Schwächungskoeffizient 16
Schwächungskoeffizient, totaler 18
Schwächungskoeffizient, linearer 17
Schwächungskoeffizient, Massen 17
Schwächungsprozesse 13
Schwärzung 29
Schwärzungs-Dosis-Kurve 31
Schwärzungsmodulation 99
Schweißnaht-Dickenbestimmung 116
Schweißprüfung 148

Screen-Mottle 39
Sekundärreaktionen 64
Sekundärstrahlung 20
Sievert 27
Signal-Rausch-Verhältnis 36
Skalierung 123
SMD-Lötstelleninspektion 139
Spannungen, elastische 79
Stabanoden 154
Stabdosimeter 72
Strahlenabschirmung 65
Strahlenbelastung, natürliche 64
Strahlenbelastung, künstliche 64
Strahlenbiologische Wirkungskette 63
Strahlenfilter 106
Strahlengrenzwerte 70
Strahlenquellen 87
Strahlenschutz 63
Strahlenschutzbereiche 70
Strahlenschutzmeßgeräte 71
Strahlenwirkung 63
Strahleraktivität 9
Strahlungsabbildung 49
Strahlungsdosis 24
Strahlungseigenschaften 1
Strahlungsfilterung 106
Strahlungsmessung 28
Strahlungsmessung mit Detektoren 42
Strahlungsmessung mit Filmen 28
Strahlungsnachweis 28
Strahlungsschwächung 13
Streuquant 14
Streustrahlung 20
Strukturerkennung 130
Szintillationen 45
Szintillationsdetektor 45
Szintillator 45

Targetbelastbarkeit 91
Targetgeometrie 102
Targetwinkel 102
Thulium-170 11
Titantarget 91
Tomografie 132
Treibstofftank, Prüfung 156
Turbinenschaufel, Prüfung 143

Übertragungssystem, radiografisches 98
Überwachungsbereich 70
Unschärfe, innere 55
Unschärfe, geometrische 50
Unschärfe, gesamte 54
Unschärfe-Methode 96

Verbundwerkstoffe, Prüfung 152
Vergrößerungsfaktor 52
Vernichtungsstrahlung 15
Verstärkerfolien 36
Villard-Schaltung 105
Voxel-Verfahren 81

Wattsekunde 2
Wellenlänge 1
Wirkung, biologische 26
Wolframtarget 91

Zehntelwertsdicke 20
Zerfallprozesse 9
Zerfallsgesetz 10
Zweipegelbild 118